零点起飞学
Excel
函数与公式

◎ 杨诚 杨阳 编著

U0313570

清华大学出版社
北京

内 容 简 介

本书根据函数的不同分类对章节进行划分，共 12 章。依次讲解公式与函数基础知识、日期和时间函数、财务函数、统计函数、查找与引用函数、文本函数、逻辑函数、信用函数和工程函数等内容。每种分类函数都是按照英文字母的顺序进行排列的，以方便读者查询和学习。书中的每个案例都非常简单实用，浅显易懂。

本书适合所有使用 Excel 和喜爱 Excel 的读者朋友，在阅读过程中既可以按章节顺序阅读，也可以按需要直接阅读任意一个章节，是一本学习 Excel 不可或缺的工具书。

图书在版编目（CIP）数据

零点起飞学 Excel 函数与公式/ 杨诚，杨阳编著. --北京：清华大学出版社，2014
（零点起飞）
ISBN 978-7-302-34023-2

Ⅰ. ①零…　Ⅱ. ①杨… ②杨…　Ⅲ. ①表处理软件　Ⅳ. ①TP391.13

中国版本图书馆 CIP 数据核字（2013）第 234310 号

责任编辑：袁金敏
封面设计：张　洁
责任校对：徐俊伟
责任印制：何　芊

出版发行：清华大学出版社
　　　　　网　　　址：http://www.tup.com.cn, http://www.wqbook.com
　　　　　地　　　址：北京清华大学学研大厦 A 座　　　邮　　编：100084
　　　　　社 总 机：010-62770175　　　　　　　　　邮　　购：010-62786544
　　　　　投稿与读者服务：010-62776969，c-service@tup.tsinghua.edu.cn
　　　　　质量反馈：010-62772015，zhiliang@tup.tsinghua.edu.cn
印　刷　者：北京富博印刷有限公司
装 订 者：北京市密云县京文制本装订厂
经　　销：全国新华书店
开　　本：185mm×260mm　　印　张：23.5　　字　数：589 千字
版　　次：2014 年 6 月第 1 版　　　　　　　印　次：2014 年 6 月第 1 次印刷
印　　数：1～3500
定　　价：49.00 元

产品编号：054079-01

前　言

　　函数是 Excel 最重要的组成部分之一，Excel 中所有的运算都是通过函数和公式来实现的，这些运算被广泛应用于数据的统计、查询、转换和分析等方面。通过函数，可以将复杂的数据处理需求变得更加容易实现，正是因为这些函数的存在，才使得 Excel 拥有众多的用户群体，被广大用户所喜爱。为了能够让广大读者有一个全面的函数学习手册，我们特意组织编写了本书。

　　本书按照函数的不同分类对章节进行划分，内容涉及几乎所有函数，而且每个分类都按照英文字母的顺序进行排列，更加方便读者查询和学习。对于每一个函数，都对其功能、参数及使用时的注意事项进行了说明。并且通过 1～2 个相关案例进行了演示。可以让读者朋友快速掌握函数的使用方法。

本书内容

　　本书分为 12 章，依次介绍了公式与函数基础知识、日期和时间函数、财务函数、统计函数、查找与引用函数、文本函数、逻辑函数、信用函数和工程函数，并在最后增加了一章实例以帮助读者更好地掌握函数与公式的应用。在写作过程中，我们对每个案例都经过了认真选择，在写作思路上，力求简洁、实用，目的是帮助读者更容易掌握函数应用的方法。

　　当然，这是一本工具书，并不需要读者能够掌握每一个函数，只要在使用某些函数时能够快速找到并通过相关的内容掌握其用法，这也是本书的初衷。

适合人群

　　本书适合所有使用 Excel 和喜爱 Excel 的读者朋友，在阅读过程中既可以按章节顺序阅读，也可以按需要直接阅读任意一个章节，是学习 Excel 不可或缺的案头手册。

本书作者

　　本书主要由杨诚、杨阳编写，另外曹培培、胡文华、尚峰、蒋燕燕、张阳、李凤云、李晓楠、吴巧格、唐龙、王雪丽、张旭、伏银恋、张班班、张丽、孟倩、马倩倩等人也参与了部分内容的编写工作，在此一一表示感谢。当然，虽然笔者在写作过程中力求完美、精益求精，但仍难免有不足和疏漏之处，恳请广大读者予以指正。

特别感谢

　　本书得以顺利出版，要特别感谢 IT 部落窝的站长杨阳女士，她专门为本书读者开辟了交流的平台。

技术支持

如果在阅读本书的过程中，或者今后的办公中遇到什么问题和困难，欢迎加入本书读者交流群（QQ1 群：200167566 和 QQ2 群 330800646）与笔者取得联系，或者与其他读者相互交流。

另外，还可以登录 IT 部落窝网站（http://www.blwbbs.com），找到本书论坛地址进行交流！

目　　录

第1章 公式与函数基础

使用 Excel 离不开数据处理，Excel 2013 具有强大的数据计算功能，可以通过公式与函数实现对数据的计算和分析。在对函数进行学习前，先对公式和函数的一些必要基础知识进行简单介绍。本章先对公式、函数及数组公式的输入、公式中的运算符、名称的定义、错误检查与纠正等方面的知识进行学习。

1.1 公式基础

公式是用户为了减少输入或方便计算而设置的计算公式，它可以对工作表中的数据进行加、减、乘、除等运算。公式可以引用同一个工作表中其他单元格，同一个工作簿不同工作表中的单元格，或者其他工作簿的工作表中的单元格。用户使用公式是为了有目的地进行计算，因此，Excel 的公式必须且只能返回值。

1.1.1 公式的组成

公式是 Excel 工作表中进行数值计算的等式，公式以等号"="开头，等号后面由单元格引用、运算符、值或常量、函数等几种元素组成。例如，在公式"=(A1+B2)*35"中，A1 和 B2 是单元格地址，+和*是运算符，35 则是常量。

1.1.2 理解运算符与优先顺序

运算符是构成公式的基本元素之一，每个运算符分别代表一种运算。计算时有一个默认的次序（遵循一般的数学运算优先级规则），但也可以使用括号更改该计算次序。

1. 运算符的分类

Excel 公式中使用的运算符包括算术运算符、比较运算符、文本运算符和引用运算符 4 种类型。

（1）算术运算符

算术运算符是最基本的数学运算符号，可以进行加法、减法、乘法或除法运算，以及连接数据和计算数据结果等。下面对该类运算符进行详细介绍。

- +（加号）和 −（减号）：用于加法和减法运算，如"=2+6-3"等于 5。
- −（负号）：表示一个负数，如"=4*-3"等于-12。
- *（星号）和/（正斜线）：用于乘法和除法运算，如"=5*8 / 4"等于 10。
- %（百分号）：用于百分比，如"=8*30%"等于 2.4。
- ^（脱字符号）：用于乘幂运算，如"=3^4"等于 81。

（2）比较运算符

比较运算符主要用于比较数据的大小，包括文本或数值的比较。当比较对象为两个值时，结果为逻辑值，比较成立，则为 TRUE，反之，则为 FALSE。下面对该类运算符进行详细介绍。

- ＝（等号）：表示两个值相等，如 A1=B1。
- ＜（小于号）：表示一个值小于另一个值，如 A1<B1。
- ＞（等号）：表示一个值大于另一个值，如 A1>B1。
- <=（等号）：表示一个值小于或等于另一个值，如 A1<=B1。
- >=（等号）：表示一个值大于或等于另一个值，如 A1>=B1。
- <>（不等号）：表示两个值不相等，如 A1<>B1。

（3）文本运算符

文本运算符是使用&（与号）将文本或字符串进行连接、合并，从而产生一个新的文本字符串，如公式"="Excel"&"2013""的运算结果为 Excel 2013。

（4）引用运算符

引用运算符是 Excel 特有的运算符，主要用于单元格的引用。在默认情况下，Excel 2013 使用的是 A1 引用样式。下面对该类运算符进行详细介绍。

- ：（冒号）：区域运算符，引用相邻的多个单元格区域，如"=SUM(A1:A4)"表示计算 A1 到 A4 单元格区域所有数值之和。
- ，（逗号）：联合运算符，引用不相邻的多个单元格区域，如"=SUM(A1:A4,B2:B7)"表示计算 A1:A4 单元格区域与 B2:B7 单元格区域所有数值之和。
- _（空格）：交叉运算符，引用选定的多个单元格的交叉区域，如"=SUM(A1:A4, A2:B7)"表示计算 A1:A4 单元格区域与 A2:B7 单元格区域中重合的数值之和，即"A2+A3+A4"。

2. 运算符的优先顺序

在某些情况下，执行计算的次序会影响公式的返回值。因此，了解如何确定计算次序及如何更改次序以获得所需结果非常重要。

（1）公式按照运算符优先级计算

Excel 按照公式中每个运算符的特定顺序从左到右进行计算，当公式中使用多个运算符时，Excel 将根据各运算符的优先级进行计算，对于同一级次的运算符，则按从左到右的次序计算。具体的优先顺序如表 1-1 所示。

表 1-1　运算符的优先级

序号	符　　号	说　　明
1	：　_（空格），	引用运算符
2	－	算术运算符：负号（取得与原值正负号相反的值）
3	%	算术运算符：百分比
4	∧	算术运算符：乘幂
5	*和/	算术运算符：乘和除
6	+和−	算术运算符：加和减

序号	符　号	说　　明
7	&	文本运算符：连接文本
8	=, <, >, <>, >=, <=	比较运算符：比较两个值

（2）使用括号改变公式计算时的顺序

括号的优先级次高于表 1-1 中所有运算符，因此，可以在公式中使用括号调整运算的优先级次。例如，公式 "=10-2*3" 的计算结果为 4，Excel 是先进行乘法运算，后进行减法运算的；如果用括号将该公式改为 "=(10-2) *3"，Excel 会先进行减法运算，后进行乘法运算，计算出的结果则为 24。

如果在公式中嵌套括号，其计算顺序由最内层的括号逐级向外进行运算。如公式 "=INT(B1+B2+B3+B4)"，先进行 B1+B2+B3+A4 运算，再将得到的结果除以 4，最后由 INT 函数取整。

1.1.3　理解普通公式与数组公式

在 Excel 中，凡是以等号 "=" 开始的，具有计算功能的单元格内容就是所谓的公式，如 "=B1+B2+B3"，"=SUM(A1:D1)" 这些都是公式。

简单地说，数组公式是指区别于普通公式，并以按下 Ctrl＋Shift＋Enter 组合键来完成编辑的特殊公式。作为标识，Excel 会自动在编辑栏中给数组公式的首尾加上大括号{}。如 "={B2:B6*C2:C6}"。

数组公式是相对于普通公式而言的，普通公式（如上面的 "=B1+B2+B3"，"=SUM(A1:D1)" 等）只占用一个单元格，只返回一个结果，而数组公式可以占用一个单元格，也可以占用多个单元格，它对一组数或多组数进行多重计算，并返回一个或多个结果。

如图 1-1 所示为使用普通公式在 C7 单元格中计算出商品的总销售额，而图 1-2 所示为使用数据公式在 C7 单元格中计算出商品的总销售额。

图 1-1　普通公式计算效果

图 1-2　数据公式计算效果

1.1.4　公式中的单元格地址引用

公式中可包含工作表中的单元格引用（即单元格名字或单元格地址），从而单元格的内容可参与公式中的计算。单元格地址根据它被复制到其他单元格时是否会改变，可分为相对引用、绝对引用和混合引用三种。

1. 相对引用

相对引用是直接以列名+行名的引用方式，如 A1、B5 等。当把一个含有单元格地址的公式复制到一个新的位置或用一个公式填入一个区域时，公式中的单元格地址会随着改变。

例如，E2 单元格的公式为"=B2+C2+D2"，如图 1-3 所示。如果将 E2 的内容复制到 E3，则 E3 单元格的公式就会变为"=B3+C3+D3"，如图 1-4 所示。默认情况下，公式使用的都是相对引用。

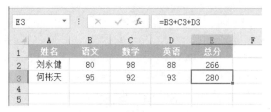

图 1-3　单元格的相对引用　　　　　　图 1-4　相对引用的公式变化

2. 绝对引用

绝对引用是指被引用的单元格不会因为公式的位置改变而发生变化。在行和列前加上"$"符号就构成了绝对引用，如"$A$5"。

还以上面的公式为例，如果 E3 单元格的公式为"=$B$2+$C$2+$D$2"，若将 E2 的内容复制到 E3，则 E3 单元格的公式仍是"=$B$2+$C$2+$D$2"，而不会发生改变，如图 1-5 所示。

3. 混合引用

混合引用是指包含一个绝对引用坐标和一个相对引用坐标的单元格引用，或者绝对引用行和相对引用列（如 A$5），或者绝对引用列和相对引用行（如$A5）。如果公式所在单元格的位置改变，则相对引用改变，而绝对引用不变。

还以上面的公式为例，如果 E3 单元格的公式为"=$B$2+C2+D2"，若将 E2 的内容复制到 E3，则 E3 单元格的公式变成"=$B$2+C3+D3"，如图 1-6 所示。

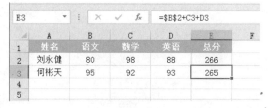

图 1-5　绝对引用的公式变化　　　　　　图 1-6　混合引用的公式变化

1.1.5　公式中的工作表地址引用

如果公式中需要引用同一工作簿中另一工作表的单元格，只要在单元格的前面把工作表的名称加上，然后加上一个"!"即可，即"工作表!单元格"。比如，在 Sheet1 工作表中某个单元格的公式中想引用 Sheet2 工作表中的 D3 单元格，那么，这个 D3 就可以表示为"Sheet2!D3"，如果需要绝对引用，则表示为"Sheet2!$D$3"。

此外，Excel 还可以引用别的工作簿中的单元格，其表示方法为"[工作簿 1]工作表!单元格"。如"[工资表]Sheet3!$A$2"，表示引用的单元格位置是工资表文件中 Sheet3 工作表中的 A2 单元格，而且是绝对引用。

1.1.6　保护和隐藏工作表中的公式

如果不希望工作表中的公式被其他用户看到或修改，可以对其进行保护和隐藏。保护和隐藏公式的具体操作步骤如下。

（1）打开"成绩表"素材文件，选中整个工作表，然后右击鼠标，在弹出的快捷菜单选择"设置单元格格式"命令，如图 1-7 所示。

（2）打开"设置单元格格式"对话框，切换至"保护"选项卡，取消勾选"锁定"复选框，然后单击"确定"按钮，如图 1-8 所示。

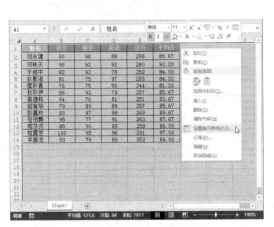

图 1-7　选择"设置单元格格式"命令　　　　图 1-8　取消勾选"锁定"复选框

（3）单击"开始"选项卡下"编辑"选项组中的"查找和替换"下拉按钮，选择"公式"命令，可选择工作表中的所有公式。或者从中选择"定位条件"命令，打开"定位条件"对话框，再选择"公式"选项，如图 1-9 所示。

（4）单击"确定"按钮，即可一次性选中工作表中所有包含公式的单元格，如图 1-10 所示。

图 1-9　"定位条件"对话框　　　　　图 1-10　选中包含公式的所有单元格

（5）再次打开"设置单元格格式"对话框，勾选"锁定"和"隐藏"复选框，然后单击"确定"按钮,如图 1-11 所示。

(6) 单击"审阅"选项卡下"更改"选项组中的"保护工作表"按钮,打开"保护工作表"对话框,单击"确定"按钮,如图 1-12 所示。即可将所选区域内的公式用户也可在"取消工作表保护时使用的密码"框中设置保护密码,进一步提高隐藏设置的安全性。

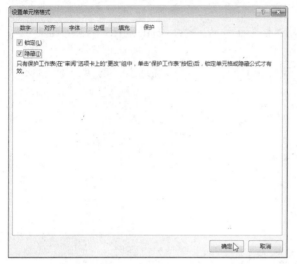

图 1-11　勾选"锁定"和"隐藏"复选框　　　　图 1-12　"保护工作表"对话框

至此,如果我们选中这些公式所在的单元格(如 E4),可看到在编辑栏中将不显示 E4 中的公式,如图 1-13 所示;如果试图编辑被保护的单元格中的公式,都会被拒绝,并且弹出如图 1-14 所示提示框。

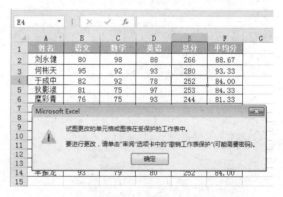

图 1-13　公式被隐藏效果　　　　　　　图 1-14　试图更改被保护单元格时的警告

提示:如果自己需要查看或修改公式,可单击"审阅"选项卡下"更改"选项组中的"撤销工作表保护"按钮即可,如果之前曾经设定保护密码,此时需要提供正确的密码。

1.1.7　公式的输入与修改

公式是 Excel 强大数据处理功能的基本助手,简单的公式有加、减、乘、除等计算,复杂一些的公式可能包含函数、引用、运算符和常量。通过使用公式,可以轻松地实现大批量数据的快速运算,下面介绍如何输入和修改公式。

1. 输入公式

输入公式非常简单，只需要选中要输入公式的单元格，然后输入"="，再输入组成公式的函数、单元格、数据、运算符等，完成后按 Enter 键即可。

以图 1-15 中的数据为例，如果要在 C2 单元格中计算出 A2 和 B2 这两个单元格内数值的和，可单击 C2 单元格，然后在单元格内先输入"="，接着输入"35+67"，最后按 Enter 键确认输入，显示计算结果为 102，如图 1-16 所示。

图 1-15　原数据

图 1-16　显示计算结果

在 Excel 中，不但可以通过在编辑栏或单元格中直接输入数值的方法来输入公式，也可以通过引用数值所在的单元格的方法来输入公式，其具体操作步骤如下。

（1）单击 C2 单元格，然后在单元格内先输入"="，然后单击 A2 单元格，再输入"+"，接着单击 B2 单元格，如图 1-17 所示。

（2）按 Enter 键确认输入，完成使用公式计算，结果如图 1-18 所示。

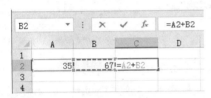
图 1-17　引用单元格来输入公式

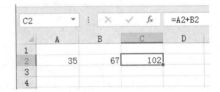
图 1-18　显示计算结果

2. 修改公式

公式输入完成后，若发现输入的公式存在错误，可以对公式进行修改，具体操作步骤如下。

（1）在如图 1-19 所示的数据表中，双击需要修改的数据单元格，如 D2，进入单元格编辑状态。

（2）将公式修改为"=A2*B2+C2"，如图 1-20 所示，按 Enter 键确认输入即可。

图 1-19　双击 D2 单元格

图 1-20　修改公式

1.1.8　公式的移动和复制

在 Excel 中，单元格中的公式也可以像单元格中的其他数据一样进行移动和复制。

1. 移动公式

公式编辑完成后，便成了一个整体，我们可以根据排版的需要在相应的范围内进行挪移。例如，要将如图 1-21 所示的 D5 单元格中的公式移动到 C8 单元格中，可通过以下两种方法来实现。

方法一：使用剪贴板法。选中 D5 单元格，单击"开始"选项卡下"剪贴板"选项组中的"剪切"按钮 ✂，如图 1-21 所示。然后选中 C8 单元格，单击"开始"选项卡下"剪贴板"选项组中的"粘贴"按钮 📋 或直接按 Enter 键，完成公式的移动，如图 1-22 所示。

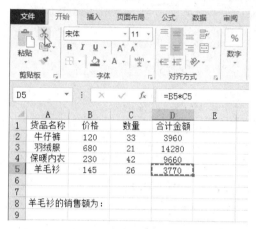

图 1-21　单击"剪切"按钮

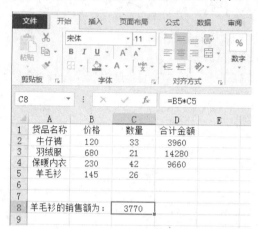

图 1-22　移动公式效果

方法二：鼠标拖曳法。选中 D5 单元格，将鼠标移动到该单元格的边框上，当鼠标指针变为黑色十字箭头图标时，如图 1-23 所示。按住鼠标左键不放并拖曳至 C8 单元格，如图 1-24 所示。松开鼠标左键即可将公式拖至所需位置（即 C8 单元格中）。

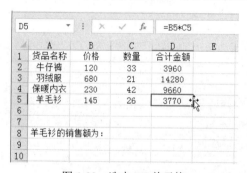

图 1-23　选中 D5 单元格

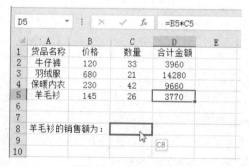

图 1-24　拖曳过程

2. 复制公式

在 Excel 中，对于同类数据的计算，可以通过公式的复制来快速完成。复制公式时，需保持复制的单元格数目一致，而公式中引用的单元格会自动改变。如图 1-25 所示的成绩表，如果要将 D3 单元格中公式复制到 D4:D14 单元格区域，可按如下方法进行操作。

（1）单击公式所在的单元格 D3，将鼠标指针指向填充柄（单元格右下角的黑色小方块），当其变成黑色十字形状时，按住鼠标左键并向下拖动至 D14 单元格，如图 1-25 所示。

（2）释放鼠标左键，即可完成复制公式操作，效果如图 1-26 所示。

图 1-25　向下拖曳填充炳　　　　　　图 1-26　复制公式效果

使用自动填充方式复制公式，只能将公式复制到相邻的单元格或单元格区域，如果要复制公式到不相邻的单元格或单元格区域，可使用"复制"和"粘贴"命令来实现，具体操作步骤如下：

（1）选中 D3 单元格，然后单击"开始"选项卡下"剪贴板"选项组中的"复制"按钮，如图 1-27 所示。

（2）选中单元格区域 H3:H14，单击"开始"选项卡下"剪贴板"选项组中的"粘贴"下拉按钮，在展开的下拉列表中选择"公式"按钮，即可完成复制公式操作，如图 1-28 所示。

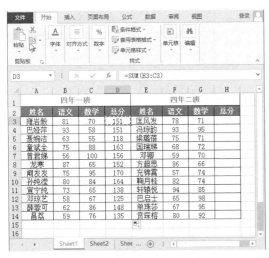

图 1-27　单击"复制"按钮

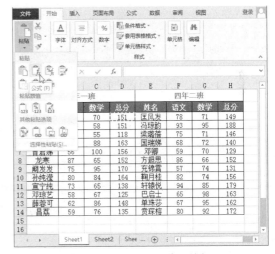

图 1-28　选择"公式"按钮

1.1.9　公式与值的相互转换

单元格中的公式执行后显示的是计算结果，按 Ctrl＋~ 组合键或者单击"公式"选项卡下"公式审核"选项组中的"显示公式"按钮，如图 1-29 所示，可进行公式与数值显示的转换，方便公式编辑和计算结果查看。

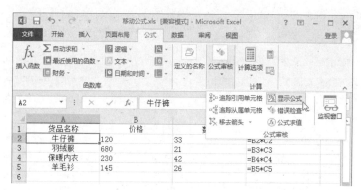

图 1-29　单击"显示公式"按钮

1.1.10　名称的定义与使用

如果 Excel 工作表中的公式比较长，或者公式函数引用的单元格区域为多个不连续区域，可先将其定义一个名称，然后使用公式或函数时输入名称即可引用名称定义的公式或区域。

1. 在名称框直接定义

直接定义的方法非常简单，在如图 1-30 所示的"成绩表"中，选中要定义名称的区域，如 C2:C14，然后用鼠标单击"名称框"，输入"数学成绩"，按 Enter 键即可完成定义。

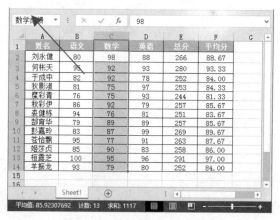

图 1-30　在名称框中输入名称

2. 利用定义名称选项

选中需要定义名称的区域，如 D2:D14，然后单击"公式"选项卡下"定义的名称"选项组中的"定义名称"命令，在弹出的"新建名称"对话框中输入名称"英语成绩"，还可以选择应用的范围，以及重新定义引用位置，输入完成后单击"确定"按钮即可，如图 1-31 所示。

3. 批量定义名称

如果需要同时对多个单元格区域分别定义名称，Excel 还提供了一种方法，可以根据用户指定的区域批量定义名称。具体操作方法如下：

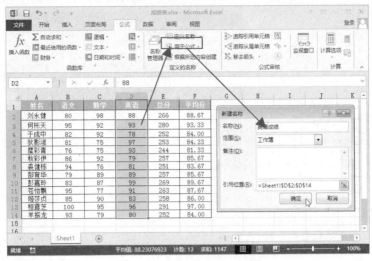

图 1-31　利用"定义名称"命令定义

（1）选中要定义名称的区域，如"A1:E14"，然后单击"公式"选项卡下"定义的名称"选项组中的"根据所选内容创建"命令，如图 1-32 所示。

图 1-32　选择区域并单击命令

（2）在打开的"以选定区域创建名称"对话框中，选择"首行"选项，单击"确定"按钮，即可完成名称的创建，如图 1-33 所示。

（3）单击"定义的名称"选项组中的"名称管理器"命令，可以看到新定义的名称，每个名称的名字均为字段名，如图 1-34 所示。

4. 使用名称

定义名称后，可以直接使用名称进行运算。使用名称的公式比使用单元格引用位置的公式更易于阅读和记忆。例如，公式"=销售-成本"比公式"=F6-D6"易于阅读。

下面举例说明使用名称进行运算的具体操作方法。

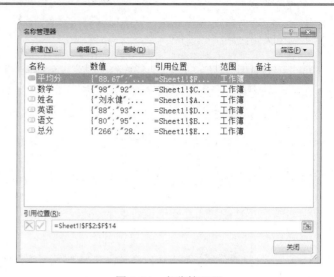

图 1-33　以选定区域创建名称　　　　　　　　图 1-34　名称管理器

　　如图 1-35 所示，工作簿中定义了 B2:B7 区域名称为"销售额"，如果要在 B9 单元格内计算出总销售额，可首先选中 B9 单元格，然后直接输入公式"=SUM(销售额)"，按 Enter 键确认输入即可完成计算，如图 1-36 所示。

图 1-35　定义区域名称为"销售额"　　　　　　图 1-36　使用名称计算效果

　　除了上述方法外，在单元格的公式中调用名称时，用户也可以在输入公式"=SUM("后，单击"公式"选项卡下"定义名称"选项组中的"用于公式"下拉按钮，在展开的下拉菜单中选择"销售额"名称，如图 1-37 所示。或者在 B9 单元格内输入公式"=SUM(销"后，在"公式记忆式键入"列表中选择"销售额"名称，如图 1-38 所示。

图 1-37　"用于公式"下拉列表中选择名称　　　图 1-38　公式记忆式键入名称

1.1.11 快速删除名称

按 Ctrl+F3 组合键,打开"名称管理器"对话框,然后选择要删除的名称,单击"删除"按钮,如图 1-39 所示。在随后弹出的确认对话框中单击"确定"按钮,即可将所选的名称删除,如图 1-40 所示。

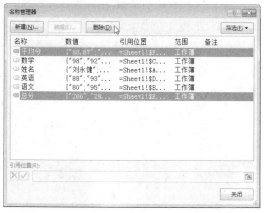

图 1-39 选择要删除的名称

图 1-40 删除名称效果

1.2 输入各种不同类型的数据

在单元格中可以输入并保存的数据包括 4 种基本类型:文本、数值、日期和公式。此外,还有逻辑值、错误值等一些特殊的数据类型。下面介绍这些数据的输入方法。

1.2.1 输入文本数据

文本的输入很简单,只需选中要输入内容的单元格,直接输入文本内容即可。默认情况下,文本输入后,单元格靠左对齐,而对于一些需要用数值表示的文本,如工号、身份证号、电话号码等,则需要采用另外一种输入方式,即先输入一个英文状态下的单引号,再输入数值,如图 1-41 所示。

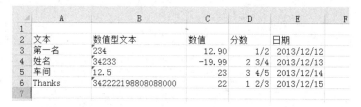

图 1-41 不同数值的输入

1.2.2 输入数值

正常的数值,也是直接在单元格中输入。默认情况下,数值输入后,单元格靠右对齐。而对于分数的输入,由于 Excel 的单元格内不支持直接显示分数的形式,而是以 1/2、3/4 等形式显示,但是这与日期的显示格式是冲突的,如果直接输入了"1/2",则会显示出

1 月 2 日。为了避免这一情况，分数的输入可以采用下面的方法。

先输入一个 0，然后输入一个空格再输入分数的数值，比如，要输入 1/2，则可以输入 "0 1/2"，要输入带分数的形式，如 2 又 4 分之 3，则可以输入 "2 3/4"，如图 1-41 所示。

1.2.3 输入日期

Excel 是将日期和时间视为数字处理的，它能够识别出大部分用普通表示方法输入的日期和时间格式。用户可以用多种格式输入一个日期，可以用斜杠 "/" 或者 "-" 来分隔日期中的年、月、日部分。比如，要输入 "2013 年 12 月 12 日"，可以在单元格中输入 "2013/12/12" 或者 "2013-12-12"。

如果要在单元格中插入当前日期，只需选中相应的单元格，然后按 Ctrl+;组合键即可。

1.2.4 输入特殊符号

对于一些特殊字符的输入，则可以通过插入菜单中的 "符号" 命令来完成，或者通过输入法中的符号键盘来实现一些符号的插入。

单击 "插入" 选项卡下 "符号" 命令，可以打开 "符号" 对话框，选择需要的符号，单击 "插入" 按钮即可，如图 1-42 所示。

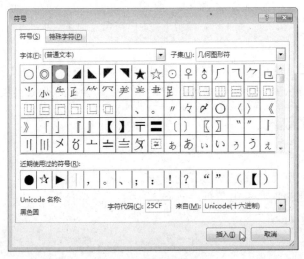

图 1-42　插入特殊符号

🔔提示：符号会因为字体的不同而不同，读者朋友可以尝试更换不同的字体再获得不同的符号。

1.2.5 快速填充相同的数据

在日常的工作中，我们常常需要在不同的单元格中输入大量相同的数据，如果逐个单元格一个一个去输入，不仅会花费很长时间，而且还比较容易出错。此时，可以利用下面简单方法实现上述的操作。

选中需要进行填充数据的单元格，不相邻的单元格可以按住 Ctrl 键选中，然后输入要填充的某个数据（如输入数字 50），如图 1-43 所示。按 Ctrl+Enter 组合键即可在所选单元格区域输入同一数据，如图 1-44 所示。

图 1-43　选择单元格并输入数　　　　　　图 1-44　填充相同的数据效果

1.2.6　填充有规律的数据

在 Excel 表格的制作过程中，经常需要输入一些"顺序"数据，如编号、日期、星期、月份或"甲、乙、丙、丁……"，这些数据按一定的顺序排列得十分规则。我们可以通过"填充柄"快速填充这些数据，以提高工作效率，其具体操作方法如下：

（1）在如图 1-45 所示的"全年商品销售量统计表"中，单击 A2 单元格，然后输入"一月"，按 Enter 键确认输入，再次单击 A2 单元格，将鼠标指针指向填充柄（单元格右下角的黑色小方块），此时指针将变成黑色十字形状。

（2）双击鼠标或按住鼠标左键并向下拖动至 A13 单元格时松开鼠标，即可完成数据的填充，效果如图 1-46 所示。

图 1-45　输入数据　　　　　　　　　　图 1-46　数据填充效果

💬提示：如果要采取此种方法输入数字序列(1、2、3……)，需要在前面两个单元格中输入前两个元素，然后拖动填充柄进行填充。

1.2.7　"自动填充选项"功能的使用

填充操作完成后，在区域框的右下角会出现一个"自动填充选项"按钮，将鼠标移至按钮上，在按钮右侧会显示下拉箭头，单击此下拉箭头可显示更多的填充选项，如"复制单元格"、"填充序列"等，如图 1-47 所示，用户可以根据需要进行选择。此选项菜单中的选项内容取决于所填充的数据类型。

除了使用"自动填充"选项按钮选择更多填充方式以外，用户还可以用鼠标右键单击并拖动填充柄，在达到目标单元格时松开鼠标，此时会弹出一个快捷菜单，此菜单显示了与上面类似的填充选项，如图 1-48 所示。与"自动填充选项"按钮的情况类似，此快捷菜单中选项内容同样取决于所填充的数据类型。

图 1-47　拖动完成后选择填充方式

图 1-48　释放右键弹出菜单

各选项的功能如下。

- 复制单元格：填充相同的单元格内容。
- 填充序列：以指定序列进行填充，如果只选择了一个单元格，步长值默认为 1。
- 仅填充格式：对目标单元格进行格式的复制，不填充内容。
- 不带格式填充：填充序列内容，但不复制原单元格的格式。
- 以天数填充：对于日期型格式的数据，以增加一天的方式进行填充。
- 以工作日填充：按工作日填充，略去周六和周日。
- 以月填充：以递增月进行填充。
- 以年填充：以递增年进行填充。

1.2.8　自定义填充序列

Excel 除了可以快速填充一些数字和日期等序列外，还可以利用一些内置的自定义序列，如一月、二月、三月……，星期日、星期一、星期二等。另外，用户也可以根据自己的需要，建立自己的"自定义序列"，如"工程一队、工程二队、工程三队……"。具体操作方法如下。

（1）选择"文件"|"选项"命令，打开"Excel 选项"对话框，选择"高级"选项卡，然后单击"常规"组中的"编辑自定义列表"按钮，如图 1-49 所示。

（2）打开"自定义序列"对话框，其左侧列表框中显示了当前 Excel 中可以被识别的序列，从中选择"新序列"选项，然后在"输入序列"下的文本框中输入序列的条目，每输入完一个按 Enter 键换行，如图 1-50 所示。

（3）输入完成后单击"添加"按钮，新序列就出现在"自定义序列"列表框中，单击"确定"按钮并关闭"Excel 选项"对话框即可完成自定义序列操作，如图 1-51 所示。

图 1-49　"Excel 选项"对话框

图 1-50　输入序列条目

（4）在单元格内输入序列中的某一项，如"工程一队"，然后将鼠标指向填充柄，按住鼠标左键并向下拖动鼠标，则"工程二队、工程三队、工程四队……"其他项目就可以用自动填充来输入了，效果如图 1-52 所示。

图 1-51　添加序列

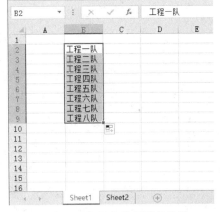

图 1-52　自定义序列填充效果

除了自己输入序列之外，如果要定义的序列正好是工作表中的某一行或某一列范围内的值，则可以直接将其导入到序列中，而无需再次输入了。只要将光标定位到"自定义序列"对话框中"从单元格中导入序列"后的文本框内，然后选择工作表中的行或列的范围，这个区域就会被输入到文本框中，单击"导入"按钮即可。

1.3　函　数　基　础

函数是由 Excel 内部预先定义并按照特定的顺序、结构来执行计算、分析等数据处理任务的功能模块。因此，Excel 函数也常被人们称为"特殊公式"。与公式一样，Excel 函数的最终返回结果为值。

1.3.1 函数的作用

虽然用户通过自行设计公式也可以实现某些计算，例如，计算单元格区域 B1:B4 数值的和，可以使用公式"=B1+B2+B3+B4"。但是如果对单元格区域 B1:B100 或者更多单元格区域求和，一个个单元格相加的做法将变得无比繁杂、低效而又易错。此时，可以使用 SUM 函数对其进行求和，公式为"=SUM(B1:B4)"。

通过 Excel 提供的大量功能强大的工作表函数，除了能够简化公式书写外，还可实现许多自编公式无法实现的需求，例如，使用 RAND 函数产生大于 10 小于 50 的随机值。

1.3.2 函数的种类

Excel 函数一共有 11 类，分别是文本函数、统计函数、日期与时间函数、财务函数、信息函数、逻辑函数、查询和引用函数、数学和三角函数、数据库函数、工程函数及用户自定义函数等。下面分别对其进行简单的介绍。

（1）文本函数

通过文本函数，可以在公式中处理文字串。例如，可以改变大小写或确定文字串的长度。可以将日期插入文字串或连接在文字串上。函数主要有 ASC、LOWER、MID、LEFT、UPPER 等。

（2）统计函数

统计工作表函数用于对数据区域进行统计分析。例如，统计工作表函数可以提供由一组给定值绘制出的直线的相关信息,如直线的斜率和 y 轴截距,或构成直线的实际点数值，也可以用来求数值的平均值、中值、众数等。函数主要有 AVERAGE、RANK、MODE、MEDIAN、LARGE 等。

（3）日期与时间函数

通过日期与时间函数，可以在公式中分析和处理日期值和时间值。函数主要有 DATE、HOUR、MINUTE、NOW、TIME 等。

（4）财务函数

财务函数可以进行一般的财务计算，如确定贷款的支付额、投资的未来值或净现值，以及债券或息票的价值。函数主要有 ACCRINT、COUPDAYS、DDB、FV、IRR 等。

（5）信息函数

可以使用信息函数确定存储在单元格中的数据类型。信息函数包含一组称为 IS 的函数，在单元格满足条件时返回 TRUE。函数主要有 CELL、ISERR、SHEET、TYPE、PHONETIC 等。

（6）逻辑函数

使用逻辑函数可以进行真假值判断，或者进行复合检验。例如，可以使用 IF 函数确定条件为真还是假，并由此返回不同的数值。函数主要有 IF、AND、FALSE、NOT、TRUE 等。

（7）查询和引用函数

当需要在数据清单或表格中查找特定数值，或者需要查找某一单元格的引用时，可以使用查询和引用函数。例如，如果需要在表格中查找与第一列中的值相匹配的数值，可以使用 VLOOKUP 函数。如果需要确定数据清单中数值的位置，可以使用 MATCH 函数。函数主要有 VLOOKUP、MATCH、CHOOSE、HLOOKUP、INDEX 等。

（8）数学和三角函数

通过数学和三角函数，可以处理数学方面的计算，例如，对数字取整、计算单元格区域中的数值总和或复杂计算。函数主要有 SUM、TRUNC、SIN、ROUND、MOD 等。

（9）数据库函数

当需要分析数据清单中的数值是否符合特定条件时，可以使用数据库函数。Excel 共有 12 个函数用于对存储在数据清单或数据库中的数据进行分析，这些函数的统一名称为 Dfunctions，也称为 D 函数，每个函数均有三个相同的参数：database、field 和 criteria。这些参数指向数据库函数所使用的工作表区域。其中，参数 database 为工作表上包含数据清单的区域；参数 field 为需要汇总的列的标志；参数 criteria 为工作表上包含指定条件的区域。函数主要有 DAVERAGE、DMAX、DMIN、DSUM、DVARP 等。

（10）工程函数

工程函数用于工程分析。这类函数中的大多数可分为三种类型：对复数进行处理的函数，在不同的数字系统（如十进制系统、十六进制系统、八进制系统和二进制系统）间进行数值转换的函数，在不同的度量系统中进行数值转换的函数。函数主要有 BN2DEC、COMPLEX、DELTA、EFR、IMPRODUCT 等。

（11）用户自定义函数

如果要在公式或计算中使用特别复杂的计算，而工作表函数又无法满足需要，则需要创建用户自定义函数。这些函数可以通过使用 Visual Basic for Applications 来创建。

1.3.3　函数的参数

函数的参数可以是常量（数字和文本）、逻辑值（TRUE 或 FALSE）、数组、错误值（例如#N/A）或单元格引用，也可以是公式或其他函数。下面将对几种典型的参数进行简单介绍。

（1）常量

常量是直接输入到单元格或公式中的数字或文本，或由名称所代表的数字或文本值，如数字"20"、日期"2013-4-3"和文本"单价"都是常量。

（2）数组

数组用于可产生多个结果，或可以对存放在行和列中的一组参数进行计算的公式。Excel 中有两类数组：常量数组和区域数组。其中，

- 常量数组将一组给定的常量用作某个公式中的参数。
- 区域数组是一个矩形的单元格区域，该区域中的单元格共用一个公式。

数组在函数中应用非常广泛，但是，当数组作为参数输入公式完成后，并不像其他参数一样输入完成后按 Enter 键就可以确认输入，而是按下 Ctrl+Shift+Enter 组合键确认输入。

（3）单元格引用

表示单元格在工作表所处位置的坐标值。例如，第 C 列和第 5 行交叉处的单元格，其引用形式为"C5"。

1.3.4　函数的输入

函数的输入可以通过以下几种方法。

方法一：直接输入函数。

如果对函数已经比较熟悉，则可以直接输入函数的名称进行运算。如一些常用的函数 SUM、IF、AVERAGE、MIN、MAX 等，从而省去了查找函数的麻烦。

方法二：利用公式编辑栏中的"插入函数"按钮 f_x，可以打开"插入函数"对话框。

方法三：单击"编辑"组中的"自动求和"按钮旁边的下拉箭头，选择"其他函数"命令，也可以打开"插入函数"对话框。

方法四：在"公式"选项卡下"函数库"选项组中，有各种分类的函数，单击其中一种可以根据需要找到合适的函数，如图 1-53 所示。也可以单击"插入函数"按钮，打开"插入函数"对话框。

图 1-53　选择其他函数命令

"插入函数"对话框如图 1-54 所示。在"选择函数"列表框中列出了一些常用的函数，用户可以在"选择类别"项里选择对应的类别，然后根据选择计算的需要选择函数，双击可打开其"函数参数"对话框，如图 1-55 所示为求和函数 SUM 的"函数参数"对话框。

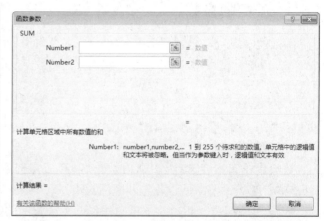

图 1-54　"插入函数"对话框　　　　　　　图 1-55　设置函数参数

在"函数参数"对话框中输入要计算的单元格区域或相应数值后，单击"确定"按钮即可得到函数运算结果。

1.4　使用外部公式

在 Excel 中，用户可以通过引用同一个工作簿不同工作表中的单元格数据，或者其他工作簿的工作表中的单元格数据来创建公式。

1.4.1　创建引用其他工作表中数据的公式

在公式中，除了可以引用当前工作表的单元格数据外，还可以引用其他工作表中的单元格数据进行计算。如图 1-56 所示的"商品销售统计表"中，假设要在 Sheet2 工作表中引用 Sheet1 工作表中的相关数据，计算出每个商品的销售金额，可按如下方法进行操作。

（1）在 Sheet2 工作表中，选中 B2 单元格，输入公式"=Sheet1!C2*Sheet1!D2"，如图 1-57 所示。

<table>
<tr><td></td></tr>
</table>

图 1-56　商品销售统计表

图 1-57　输入引用其他工作表中数据的公式

（2）按 Enter 键确认输入，即可计算出第一个商品的销售金额为 3 250，如图 1-58 所示。

（3）再次选中 B2 单元格，然后双击该单元格右下角的"填充柄"，即可计算出其余商品的销售金额，如图 1-59 所示。

图 1-58　计算销售金额　　　　　图 1-59　复制公式并显示计算结果

公式"=Sheet1!C2*Sheet1!D2"中的单元格引用由工作表名称、半角叹号（!）、目标单元格地址三部分组成。除了手动输入公式外，还可以采用"点选"模式来快速输入，具体操作步骤如下：

（1）在 Sheet2 工作表中，选中 B2 单元格，然后输入公式等号"="，如图 1-60 所示。

（2）单击 Sheet1 工作表标签切换到 Sheet1 工作表，先选中 C2 单元格，然后输入乘号"*"，再选中 D2 单元格，如图 1-61 所示。

（3）按 Enter 键即可计算出第一个商品的销售金额，然后再次选中 B2 单元格，双击单元格右下角的"填充柄"，计算出其余商品的销售金额，如图 1-59 所示。

图 1-60　输入等号"="　　　　　　　　图 1-61　选中需要的数据单元格

1.4.2　创建引用其他工作簿中数据的公式

在公式中，除了可以引用当前工作表和其他工作表中的单元格数据外，还可以引用其他工作簿中的数据进行计算。例如，要在图 1-62 所示的"工作簿 2"中引用图 1-63 所示的"工作簿 1"中"基本工资"列中的数据，计算出每个员工的应发工资金额，可按照如下方法进行操作。

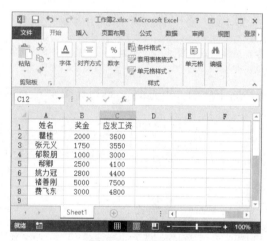

图 1-62　工作簿 2

图 1-63　工作簿 1

（1）在"工作簿 2"中，选中 C2 单元格，然后输入"=B2+"，如图 1-64 所示。

（2）在"工作簿 1"中，选中 B2 单元格，此时"工作簿 2"中的 C2 单元格内会自动写入公式"=B2+[工作簿 1.xlsx]Sheet1!$B$2"，如图 1-65 所示。

（3）按 Enter 键即可计算出员工"瞿桂"的应发工资为 3 600。由于按上述方式输入的公式为绝对引用，如果直接通过拖动"填充柄"复制 C2 单元格公式至 C3:C8，计算会出错，如图 1-66 所示。

（4）这时需要双击 C2 单元格，删除公式中的两个"$"，如图 1-67 所示。公式变为"=B2+[工作簿 1.xlsx]Sheet1!B2"后是相对引用，然后复制 C2 单元格公式填充至 C3:C5，即可正确地计算出其余员工的应发工资，如图 1-62 所示。

公式"=B2+[工作簿 1.xlsx]Sheet1!$B$2"表示：当前工作表中的 B2 单元格内的数值+"工作簿 1.xlsx"工作簿中"Sheet1"工作表中 B2 单元格内的数值。

图 1-64　输入 "=B2+"

图 1-65　创建引用其他工作簿中数据的公式

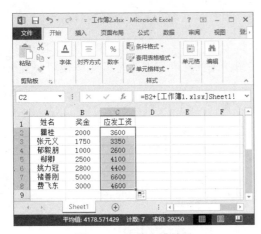

图 1-66　计算出错效果

图 1-67　修改公式

引用其他工作簿的数据，格式为：[工作簿名称]工作表名称!单元格地址

提示：在引用其他工作簿中的数据时，所引用的工作簿必须打开，如果引用的工作簿没有打开，则必须给出所引用工作簿的完整路径，否则将不能计算出正确结果。

1.5　使用数组公式

Excel 中数组公式非常有用，尤其在不能使用工作表函数直接得到结果时，数组公式显得特别重要，它可以建立产生多值或对一组值进行操作的公式。

1.5.1　数组的维数

在 Excel 函数与公式应用中，数组是指按一行、一列或多行多列排列的一组数据元素的集合，这些元素可以使数值、文本、日期、逻辑制和错误值等。

数组的维度是指数组的行列方向，一行多列的数组为水平数组，一列多行的数组为垂直数组。多行多列的数组则同时拥有横向和纵向两个维度。

数组的维数是指数组中不同维度的个数。只有一行或一列在单一方向上延伸的数组，称为一维数组。多行多列（含 2 行 2 列）同时拥有两个维度的数组称为二维数组。

在一维数组中，根据数组的方向不同，一维数组又可分为水平数组（或列数组）和垂直数组（或行数组）。其中，水平数组用半角逗号","分隔，如{1,3,5,7}；垂直数组用半角分号";"分隔，如{2;4;6;8}。而在二维数组中，同行的元素间用半角逗号","分隔，不同的行用半角分号";"分隔，如{3,5,7; 5,7,9; 7,9,11}。

1.5.2 输入数组公式

要在 Excel 中输入数组公式，首先必须选中用来存放结果的单元格区域（可以是一个单元格），在编辑栏输入公式，然后按 Ctrl＋Shift＋Enter 组合键锁定数组公式，Excel 将在公式两边自动加上括号"{}"。注意，在此千万不要手动键入大括号，否则，Excel 认为输入的是一个正文标签。

下面通过两个实例说明数组是如何输入的。

1. 单个元格数组公式计算销售总额

如图 1-68 所示的数据表，如果要计算出"总销售额"，可利用单个单元格数组公式来实现。输入数组公式的步骤如下。

（1）选中要存入公式的单元格，如"C7"，然后输入公式"=SUM(B2:B5*C2:C5)"（输入公式的方法和输入普通公式一样）。

（2）按 Ctrl+Shift+Enter 组合键，即可计算出商品的总销售额，如图 1-69 所示。同时 Excel 会自动给数组公式的首尾加上大括号{}。

图 1-68　选中 C7 单元格

图 1-69　计算总销售额

2. 多单元格数组公式计算销售金额

还是以图 1-68 所示的商品销售数据为例，如果要计算出各商品的"销售金额"，可利用多个单元格数组公式来实现。输入数组公式的步骤如下。

（1）选中单元格区域 D2:D5，然后在 D2 单元格中输入公式"=B2:B5*C2:C5"，如图 1-70 所示。

（2）按 Ctrl+Shift+Enter 组合键确认输入，即可一次性计算出每种商品的销售额，如图 1-71 所示。

图 1-70　输入公式"=B2:B5*C2:C5"　　　　图 1-71　计算各商品的销售额

1.5.3　数组公式的编辑

在 Excel 中，对多单元格数组公式有如下限制：
- 不能单独改变公式区域某一部分单元格的内容。
- 不能单独移动公式区域的某一部分单元格。
- 不能单独删除公式区域的某一部分单元格。
- 不能在公式区域插入新的单元格。

以上面的"多单元格数组公式计算销售金额"为例，如果要修改多单元格数组公式，可按如下步骤进行操作。

（1）选择公式区域，如 D2:D5，按 F2 键进入编辑模式，将公式修改为"=B2:B5*80"，如图 1-72 所示。

（2）按 Ctrl +Shift+ Enter 组合键结束编辑，数组公式变为"{=B2:B5*80}"，如图 1-73 所示。

图 1-72　修改公式　　　　　　　图 1-73　计算各商品的销售额

如果希望删除原有的多单元格数组公式，可按如下步骤进行操作。

（1）选择任意一个多单元格数组公式单元格，按 F2 键进入编辑状态。

（2）删除该单元格公式内容后，按 Ctrl +Shift+ Enter 组合键即可删除数组公式。

另外，用户还可以先选取数组公式所占有的全部区域后，然后按 Delete 键即可删除数组公式。

1.5.4　使用常量数组

常量数组是指直接在公式中写入数组元素，并用大括号{}在首尾进行标识的字符串表达式，其不依赖单元格区域，可直接参与公式的计算。

常量数组的组成元素只可以是常量元素，绝不能是函数、公式或单元格引用。常量元素中可以包含数字、文本、TRUE 或 FALSE 等逻辑值、#N/A 等错误值，但不可以包含美元符号、圆括号、逗号和百分号。

在使用常量数组时，用户必须将常量用大括号"{}"括起来，并以半角分号";"分隔不同行的值，以半角逗号","分隔不同的值。如图 1-74 所示的数据表，要计算出 2、4、6、8、10 这几个数的平方根，可先选中单元格区 B5:F5，然后输入数组公式"=SQRT({2,4,6,8,10})"，最后按 Ctrl +Shift+ Enter 组合键确认输入，即可完成计算。

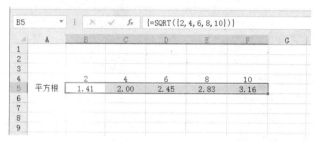

图 1-74　常量数组的应用

如果用户在手工输入数组的过程感觉非常繁琐，可以借助单元格引用来转换为常量数组。例如，在如图 1-1 所示的数据表中，要得到每种商品的第一季度的数量，可在任意一个空单元格内输入公式"=A2:B6"，如图 1-75 所示。然后按 F9 键，Excel 会自动将单元格引用转换为常量数组，如图 1-76 所示。

图 1-75　输入公式"=A2:B6" 　　　　图 1-76　得到常量数组效果

1.5.5　数组的运算

由于数组的构成元素包含数值、文本、逻辑值、错误值，因此，数组继承着各类数据的运算特性(错误值除外)，即数值型和逻辑型数组可以进行加法和乘法等常规的算术运算；文本型数组可以进行链接符运算。

下面通过两个实例说明数组的运算。

1. 两个一维数组的链接运算

如图 1-77 所示的数据表，如果要根据姓名和部门两个关键字查询人员的身份证号码，可选中 G4 单元格，输入公式"=INDEX(D2:D10,MATCH(G2&G3,B2:B10&C2:C10,0))"，按 Ctrl +Shift+ Enter 组合键确认输入即可。

公式中主要利用了将两个一维区域引用进行连接运算，如 B2:B10&C2:C10，最终生成同尺寸的一维数组，再利用 MATCH 函数进行定位判断，最终查询出指定人员的身份证号码。

G4 {=INDEX(D2:D10,MATCH(G2&G3,B2:B10&C2:C10,0))}

序号	姓名	部门	身份证号		根据姓名和部门查询身份证号码	
1	苍怡飘	销售部	320381198002084218		姓名	杨振龙
2	姬莎贞	企划部	321382198512110387		部门	销售部
3	桓露芝	行政部	310381198202181248		身份证号	321381198305224308
4	杨振龙	销售部	321381198305224308			
5	幸菊寒	财务部	320381198401122019			
6	庞霭毓	管理部	310381198012081059			
7	计芝巧	行政部	320381198302233362			
8	蓝环倩	财务部	320381198406113862			
9	何倩素	企划部	320381198710243869			

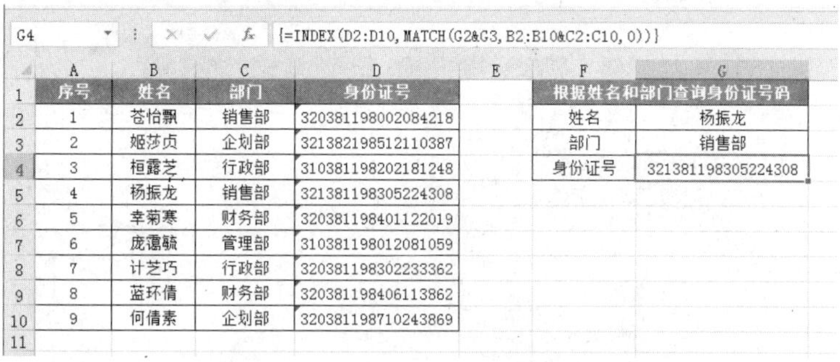

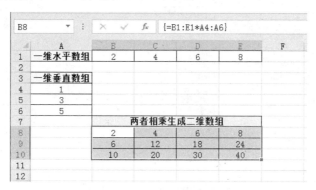

图 1-77　根据姓名和部门查询信息

2. 使用两个一维数组构造二维数组

如图 1-78 所示，B1:E1 区域的单元格的值是一个一维水平数组，A4:A6 区域的单元格的值是一个一维垂直数组，如果要将这两个一维数组进行乘法运算，生成一个新的二维数组，并将得到的结果存放在 B8:E10 区域中，具体操作步骤如下：

（1）选中单元格区域 B8:E10，输入公式“{=B1:E1* A4:A6}”。

（2）按 Ctrl +Shift+ Enter 组合键确认输入，公式结果生成 3 行 4 列的二维数组，如图 1-78 所示。第一行得到的 A4 分别乘 B1:E1 的结果，第二行得到的 A5 分别乘 B1:E1 的结果，第三行得到的 A6 分别乘 B1:E1 的结果。

B8 {=B1:E1*A4:A6}

	A	B	C	D	E
1	一维水平数组	2	4	6	8
2					
3	一维垂直数组				
4	1				
5	3				
6	5				
7		两者相乘生成二维数组			
8		2	4	6	8
9		6	12	18	24
10		10	20	30	40

图 1-78　两个一维数组构造二维数组

1.6　公式的审核

Excel 提供了跟踪引用单元格、跟踪从属单元格、错误检查、公式求值等措施，可以排查公式引用的位置、追踪错误的根源，从而进一步理解或更正公式的错误。

1.6.1　使用公式错误检查器

有时，公式虽然计算出来了数值，但仍有可能出现这样或那样的错误，而公式的错误检查功能，则可以有效减少或者避免错误的出现，单击“公式”选项卡下“公式审核”选项组中的“错误检查”按钮，如果发现了错误，则会显示如图 1-79 所示的提示信息，并给出了一些操作上的建议，比如，可以从上部复制公式，在编辑栏中编辑等。

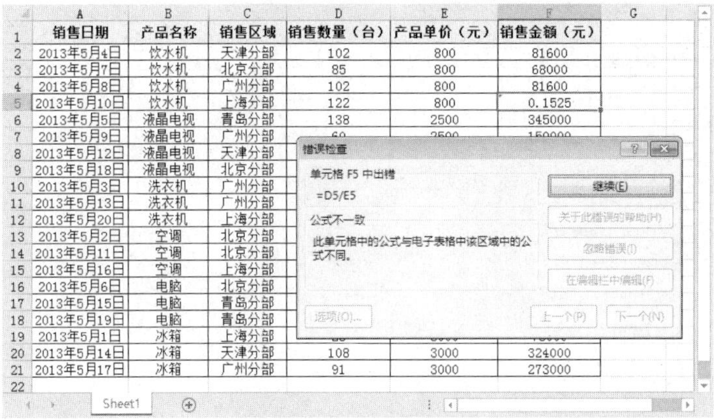

图 1-79　错误检查

如果公式没有出现计算结果，而是显示出了错误信息，则可以利用追踪错误的功能找到错误的原因，将光标定位在错误公式的单元格内，单击"错误检查"命令旁边的下拉箭头，选择"错误追踪"命令。可以看到公式引用的单元格，单击 图标会弹出一个菜单，可以看到是什么错误，从而进行相应的编辑操作，如图 1-80 所示。

图 1-80　追踪错误

1.6.2　定位特定类型的数据

在工作表中往往会含有公式、批注等一些特定的内容，对于数据量特别多的工作表，用户通过一一查找并选择特定的单元格将非常困难、麻烦，且容易出错。但是通过定位功能，可以快速地选择特定类型的单元格，然后进行修改等操作。

如图 1-81 所示的成绩表，如果要将表中的空白单元格批量修改为内容是 0 的单元格，如图 1-82 所示。可按如下方法进行操作。

（1）选择全部工作表，然后单击"开始"选项卡下"编辑"选项组中的"查找和选择"下拉按钮，从中选择"定位条件"命令，如图 1-83 所示。

（2）打开"定位条件"对话框，选择"空值"选项，如图 1-84 所示。

（3）单击"确定"按钮后，即可一次性选中工作表中所有空白的单元格，如图 1-85 所示。

（4）输入数值 0，然后按 Ctrl+Enter 组合键确认输入，所有被选择的空白单元格都会

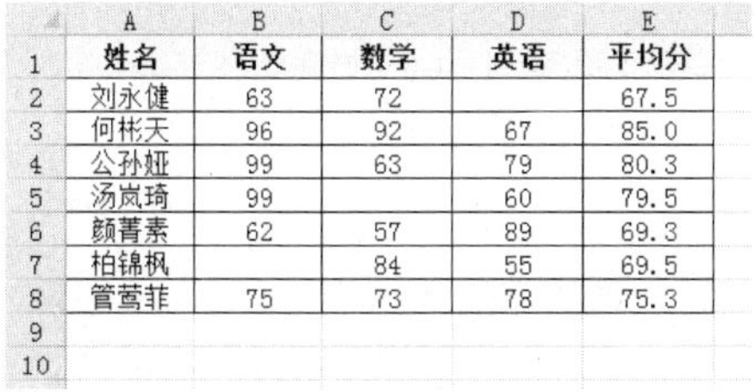

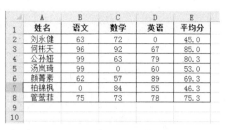

姓名	语文	数学	英语	平均分
刘永健	63	72		67.5
何彬天	96	92	67	85.0
公孙娅	99	63	79	80.3
汤岚琦	99		60	79.5
颜菁素	62	57	89	69.3
柏锦枫		84	55	69.5
管莺菲	75	73	78	75.3

图 1-81　原数据表

姓名	语文	数学	英语	平均分
刘永健	63	72	0	45.0
何彬天	96	92	67	85.0
公孙娅	99	63	79	80.3
汤岚琦	99	0	60	53.0
颜菁素	62	57	89	69.3
柏锦枫	0	84	55	46.3
管莺菲	75	73	78	75.3

图 1-82　修改后的数据表

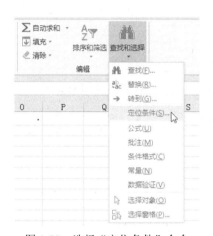

图 1-83　选择“定位条件”命令

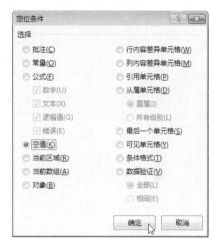

图 1-84　“定位条件”对话框

被修改成数值 0，如图 1-86 所示。

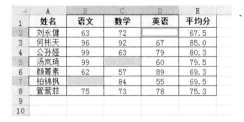

姓名	语文	数学	英语	平均分
刘永健	63	72		67.5
何彬天	96	92	67	85.0
公孙娅	99	63	79	80.3
汤岚琦	99		60	79.5
颜菁素	62	57	89	69.3
柏锦枫		84	55	69.5
管莺菲	75	73	78	75.3

图 1-85　选中所有空白单元格

姓名	语文	数学	英语	平均分
刘永健	63	72	0	45.0
何彬天	96	92	67	85.0
公孙娅	99	63	79	80.3
汤岚琦	99	0	60	53.0
颜菁素	62	57	89	69.3
柏锦枫	0	84	55	46.3
管莺菲	75	73	78	75.3

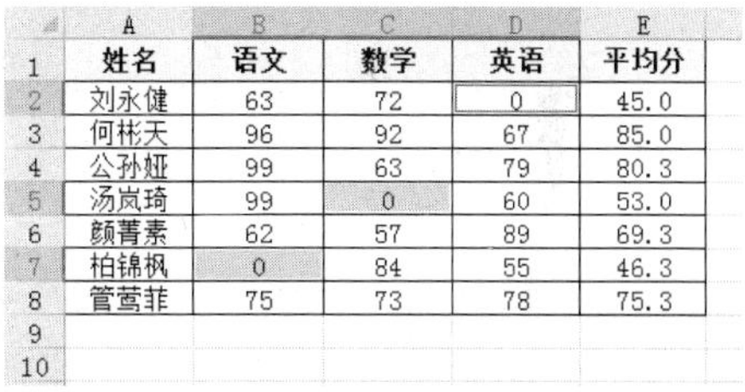

图 1-86　空白单元格修改成数值 0

1.6.3　跟踪单元格关系

如果用户需要查看某个单元格中的数据与其他单元格的关系，可通过 Excel 提供了的“追踪引用单元格”和“追踪从属单元格”功能来实现。

1. 追踪引用单元格

如果用户想查看某一单元格引用了哪些单元格，可通过“追踪引用单元格”功能来实现，具体操作步骤如下：

选择要追踪的单元格，如图 1-87 中的 D5 单元格，然后单击“公式”选项卡下“公式审核”组中的“追踪引用单元格”按钮，可以看到被引用单元格的箭头指向 D5 单元格。蓝色圆点表示所在的单元格的引用单元格，蓝色箭头表示所在单元格是从属单元格。

2. 追踪从属单元格

如果用户想查看某一单元格被哪些单元格引用，可通过"追踪从属单元格"功能来实现，具体操作步骤如下：

选择要追踪的单元格，如图 1-88 中的 C5 单元格，然后单击"公式审核"组中的"追踪从属单元格"按钮，可以看到箭头分别指向引用了 C5 单元格数据的 D5 单元格和 C10 单元格。

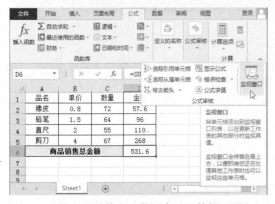

图 1-87　追踪引用单元格　　　　　　　图 1-88　追踪从属单元格

🔔**提示**：如果对箭头所指向的公式进行了修改，或者插入或删除了行或列，或者删除或移动了单元格，则所有追踪箭头都将消失。如果要在执行上述任意更改后重现追踪箭头，则必须在工作表中再次使用"审核"命令。

1.6.4　监视单元格内容

在 Excel 中，用户可以使用"监视窗口"监视工作表、单元格、公式等数据改动后的情况。在如图 1-89 所示的数据表中，如果希望对 D6 单元格中的内容进行监视，可按如下方法进行操作。

（1）选中要监视的单元格 D6，然后单击"公式"选项卡下"公式审核"选项组中的"监视窗口"按钮，如图 1-89 所示。

（2）打开"监视窗口"对话框，在该对话框中单击"添加监视点"按钮，如图 1-90 所示。

图 1-89　单击"监视窗口"按钮　　　　图 1-90　单击"添加监视"按钮

（3）打开"添加监视点"对话框，显示所选取的 D6 单元格位置，如图 1-91 所示。用户也可通过单击"拾取器"按钮，返回工作表中重新选取要监视的单元格或区域。

（4）单击"添加"按钮，返回到"监视窗口"对话框，其中显示监视的 D6 单元格数据，如图 1-92 所示。

图 1-91　显示选取的监视单元格位置　　　　图 1-92　显示监视单元格中的内容

（5）在工作表中修改 C3 单元格的数字，如图 1-93 所示。可以看到"监控窗口"对话框中的数据也跟着发生了改变，如图 1-94 所示。

图 1-93　修改 C3 单元格的数字　　　　　图 1-94　监控窗口中的数据的变化效果

提示：若要取消监视，只需要在"监视窗口"对话框中选中需要删除的监控单元格，然后单击"删除监视"按钮即可将添加的监视单元格删除。

1.6.5　使用公式求值器

对于一些复杂的公式，可以利用"公式求值"功能，分段检查公式的返回结果，以查找出错误所在。选中相应的公式单元格，单击"公式审核"选项组中的"公式求值"命令，打开"公式求值"对话框，多次按"求值"按钮，可以分段查看公式的返回结果，从而判断可能的错误所在，如图 1-95 所示。

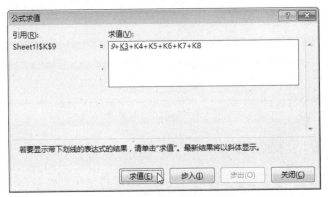

图 1-95　"公式求值"对话框

1.7 公式出错时的处理方法

在公式计算过程中，因公式输入不正确、引用参数不正确、引用数据不匹配等情况，公式经常会返回错误值，如# N/A！、#VALUE！、#DIV/O！等。下面介绍几种常见的错误值及其解决方法。

1.7.1 括号不匹配

当输入的公式少了一个括号时，系统往往会给出提示，并告诉用户要修改成什么样的公式，如果接受，则单击"是"按钮即可，如图 1-96 所示。

1.7.2 以#号填充单元格

如图 1-97 所示，其实这不是一种错误，导致这种现象最常见原因是输入到单元格中的数值太长或公式产生的结果太长，致使单元格容纳不下。可以通过修改列的宽度来解决此问题。

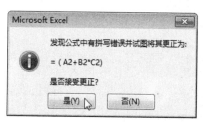

图 1-96 括号不匹配错误

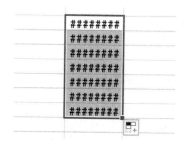

图 1-97 #号填充

1.7.3 循环引用

当公式引用了自身单元格值或引用依赖其自身单元格值单元格的公式时，就会造成循环引用的错误，如图 1-98 所示。遇到这种错误，要仔细核对公式中的引用是否有以上两种情况，并将其改正。

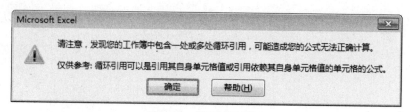

图 1-98 循环引用错误

1.7.4 "#DIV/O！"错误值

当除数为"0"或引用了空单元格时（Excel 通常将空单元格解释为"0"），会出现这种错误。要确定函数或公式中的除数不为"0"且不是空值即可避免此类错误。

1.7.5 "＃N/A"错误值

此种错误产生的原因是函数或公式中没有可用的数值。解决方法是在没有数值的单元格中输入 "#N/A"，这样，公式在引用这些单元格时，将不进行数值计算，而是直接返回 "#N/A"，从而避免了错误的产生。

1.7.6 "＃NAME?"错误值

当 Excel 不能识别公式中使用的文本时，就出现错误值 "#NAME?"。向公式中输入文本时，要将文本括在双引号中，否则 Excel 会将其解释为名称，导致出错。另外，公式中使用的名称已经被删除或使用了不存在的名称及名称拼写错误，也能产生这种错误值。请确认公式中使用的名称存在并且是正确的。

1.7.7 "＃NUM！"错误值

产生这种错误的原因是函数或公式中的数字有问题。比如，函数中使用了不正确的参数类型；公式产生的数字太大或太小等。请检查函数中使用的参数类型是否正确，或修改公式使其结果能让 Excel 正确表示。

1.7.8 "＃VALUE！"错误值

这种错误是因为使用了错误的参数或运算对象类型。比如，在需要输入数字或逻辑值时，却输入了文本；在需要赋单一数值的运算符或函数时，却赋予一个数值区域。解决方法分别是确认运算符或参数正确，且公式引用的单元格中包含有效数值；将数值区域改为单一数值。

1.7.9 "＃REF！"错误值

当引用的单元格无效时会产生这种错误，请确认所引用的单元格是否存在。

1.7.10 防患于未然——数据的有效性验证

在 Excel 的数据输入处理中，借助 Excel 的智能数据输入验证能最大程度上规避错误的发生，即使发生也能第一时间察觉并加以改正。

例如，需要在如图 1-99 所示的单元格区域 B2:D8 中，规定录入的数据是在 0 到 100,之间的整数，可按如下方法进行操作。

（1）选中单元格区域 B2:D8，然后单击 "数据" 选项卡下 "数据工具" 选项组中的 "数据验证" 按钮，如图 1-99 所示。

（2）打开 "数据验证" 对话框，在 "设置" 选项卡中可以选择要设置的有效性条件。比如，在 "允许" 框中选择 "整数"，在 "数据" 框中选择 "介于"，在 "最小值" 框中输入 "0"，在 "最大值" 框中输入 "100"，如图 1-100 所示。

（3）切换至 "出错警告" 选项卡，设置提示框的提示信息。比如，在 "标题" 框中输入 "输入出错"，在 "错误信息" 框中输入 "请输入 0 到 100 之间的整数"，如图 1-101 所示。

图 1-99　单击"数据验证"按钮　　　　　　　　图 1-100　设置有效条件

（4）单击"确定"按钮，返回到 Excel 工作表中，当在单元格 B2 中输入数据"85.6"后，按 Enter 键，弹出如图 1-102 所示的提示窗口，提醒输入错误。

图 1-101　设置提示框的提示信息　　　　　　　图 1-102　输入出错提示框

第 2 章　日期和时间函数解析与实例应用

日期和时间函数在对一些日期的处理方面应用非常广泛，比如，要计算工程的周期、退休的时间、比赛的成绩等，都需要用到日期和时间函数。这些函数可以根据需要返回不同的数值，如返回当前日期、秒数、当前月份、两个日期之间的天数等。下面详细介绍每一个函数的具体用法。

函数 1　DATEVALUE——将日期值从字符串转换为序列数

【功能说明】：

DATEVALUE 函数可将存储为文本的日期转换为 Excel 识别为日期的序列号。例如，输入公式"=DATEVALUE("2013-1-1")"，返回日期 2013-1-1 的序列号 41275。

注释：DATEVALUE 函数所返回的序列号，具体取决于计算机的系统日期设置。

【语法格式】：

DATEVALUE(date_text)

【参数说明】：

date_text：表示 Excel 日期格式的日期的文本，文本是用双引号引起来的值。例如，2013-1-1 的文本形式就是"2013-1-1"。

【实例 1】计算借款的还款天数。

【实现方法】：

选中 E2 单元格，在编辑栏中输入公式"=DATEVALUE("2012-5-2")-DATEVALUE("2009-3-2")"，按 Enter 键确认输入，即可根据借款日期和还款日期得到具体的还款天数，如图 2-1 所示。

图 2-1　DATEVALUE 函数应用

【实例 2】计算电影的上档时间。

【实现方法】：

选中 D2 单元格，然后输入公式"=DATEVALUE("2013-3-10")-DATEVALUE("2013-1-8")"，按 Enter 键确认输入，即可根据上市时间和下市时间计算出电影"一代宗师"的上档时间，如图 2-2 所示。使用同的方法，计算出其他电影的上档时间，结果如图 2-3 所示。

D2	▼	:	×	✓	fx	=DATEVALUE("2013-3-10")-DATEVALUE("2013-1-8")		

	A	B	C	D	E	F
1	电影	上市时间	下市时间	上档时间（天）		
2	一代宗师	2013/1/8	2013/3/10	61		
3	西游降魔篇	2013/2/10	2013/4/25			
4	生化危机5	2013/3/20	2013/6/10			
5	特种部队2	2013/4/15	2013/7/25			
6						

图 2-2　计算出第一部电影的上档时间

D5	▼	:	×	✓	fx	=DATEVALUE("2013-7-25")-DATEVALUE("2013-4-15")		

	A	B	C	D	E	F
1	电影	上市时间	下市时间	上档时间（天）		
2	一代宗师	2013/1/8	2013/3/10	61		
3	西游降魔篇	2013/2/10	2013/4/25	74		
4	生化危机5	2013/3/20	2013/6/10	82		
5	特种部队2	2013/4/15	2013/7/25	101		
6						

图 2-3　计算出其余电影的上档时间

函数 2　DATE——返回特定日期的年、月、日

【功能说明】：

返回表示特定日期的连续序列号。

例如，公式=DATE("2013","7","5")，该序列号表示 2013-7-5。

【语法格式】：

DATE(year,month,day)

【参数说明】：

year：表示指定的年份。year 参数的值可以包含一到四位数字。为避免出现意外结果，建议对 year 参数使用四位数字。

month：一个正整数或负整数，表示一年中从 1 月至 12 月的各个月。

day：一个正整数或负整数，表示一月中从 1 日到 31 日的各天。

注意：如果 day 大于指定月份的天数，则 day 从指定月份的第一天开始累加该天数。

如果 day 小于 1，则 day 从指定月份的第一天开始递减该天数。

【实例】 计算指定日期之后若干个天/月/年的日期。

【实现方法】：

在 B1 列、B2 列和 B3 列分别输入相应的年、月和日期数，输入公式"=DATE(A2,B2,C2)"，B6 列返回具体日期，如图 2-4 所示。

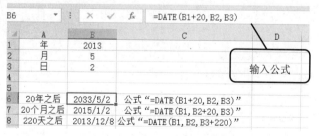

B6	▼	:	×	✓	fx	=DATE(B1+20,B2,B3)	

	A	B	C	D
1	年	2013		
2	月	5		
3	日	2		输入公式
4				
5				
6	20年之后	2033/5/2	公式"=DATE(B1+20,B2,B3)"	
7	20个月之后	2015/1/2	公式"=DATE(B1,B2+20,B3)"	
8	220天之后	2013/12/8	公式"=DATE(B1,B2,B3+220)"	

图 2-4　DATE 函数的应用

函数 3　DAYS360——按照一年 360 天计算，返回两日期间相差的天数

【功能说明】：

是按照一年 360 天的算法（每个月以 30 天计，一年共计 12 个月），返回两日期间相差的天数，这在一些会计计算中将会用到。如果会计系统是基于一年 12 个月，每月 30 天，则可用此函数帮助计算支付款项。

【语法格式】：

DAYS360(start_date,end_date,[method])

【参数说明】：

start_date：表示计算的起始日期。

end_date：表示计算的终止日期。如果 start_date 在 end_date 之后，则 DAYS360 将返回一个负数。除了使用标准日期格式外，还可以使用日期所对应的序列号。

method：一个逻辑值，它指定在计算中是采用欧洲方法还是美国方法。

【实例 1】 计算职员工作的天数。

【实现方法】：

选中 D2 单元格，在编辑栏中输入公式 "=DAYS360(B2,C2,FALSE)"，按 Enter 键确认输入，即可计算出两个日期的相隔天数，如图 2-5 所示。

图 2-5　职员工作天数计算

【实例 2】 计算项目的投资周期。

【实现方法】：

（1）选中 D2 单元格，然后输入公式 "=DAYS360(B2,C2,TRUE)"，按 Enter 键确认输入，即可计算出 A 项目的投资周期为 379 天，如图 2-6 所示。

（2）将光标移动到 D2 单元格的右下角，当光标变成黑色十字形状时双击，向下填充公式，即可计算出其他项目的投资周期，结果如图 2-7 所示。

图 2-6　计算 A 项目的投资周期 　　　　图 2-7　计算其他项目的投资周期

函数 4　DAY——返回一个月中第几天的数值

【功能说明】：

返回以序列号表示的某日期的天数，用整数 1～31 表示。

【语法格式】：

DAY(serial_number)

【参数说明】：

serial_number：表示指定的日期。应使用标准函数输入日期，或者使用日期所对应的序列号。例如，使用函数 DATE(2013,5,23)输入 2013 年 5 月 23 日。如果日期以文本形式输入，则会出现问题。

【实例 1】 返回任意日期对应的天数。

【实现方法】：

选中 B2 单元格，在编辑栏中输入公式"=DAY(A2)"，按 Enter 键确认输入，即可根据指定的日期返回日期所对应的天数，如图 2-8 所示。

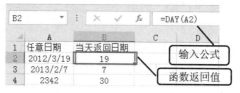

图 2-8　DAY 函数的应用

【实例 2】 提取销售日期中的天数。

【实现方法】：

（1）选中 C2 单元格，在编辑栏中输入公式"=DAY(B2)"，按 Enter 键确认输入，即可显示 B2 单元格内销售日期对应的天数，如图 2-9 所示。

产品名称	销售日期	销售日	销售员	销售数量	产品单价	销售金额
空调	2013/3/10	10	杨菁	70	3320	232400
冰箱	2013/4/5		郑均	68	2450	166600
电脑	2013/5/9		宋子钦	49	4500	220500
榨汁机	2013/5/13		宋雪妮	50	325	16250
饮水机	2013/6/21		刘正楠	78	185	14430
豆浆机	2013/6/25		王海涛	70	299	20930
热水器	2013/7/8		黄丽	33	1050	34650
洗衣机	2013/7/17		邓平昊	39	899	35061
电磁炉	2013/2/12		刘东果	43	325	13975
液晶电视	2013/5/19		王小芸	34	2360	80240

图 2-9　提取销售日期对应的天数

（2）将光标移动到 C2 单元格的右下角，当光标变成黑色十字形状时双击，向下填充公式，即可显示 B 列中其他单元格内销售日期对应的天数，结果如图 2-10 所示。

产品名称	销售日期	销售日	销售员	销售数量	产品单价	销售金额
空调	2013/3/10	10	杨菁	70	3320	232400
冰箱	2013/4/5	5	郑均	68	2450	166600
电脑	2013/5/9	9	宋子钦	49	4500	220500
榨汁机	2013/5/13	13	宋雪妮	50	325	16250
饮水机	2013/6/21	21	刘正楠	78	185	14430
豆浆机	2013/6/25	25	王海涛	70	299	20930
热水器	2013/7/8	8	黄丽	33	1050	34650
洗衣机	2013/7/17	17	邓平昊	39	899	35061
电磁炉	2013/2/12	12	刘东果	43	325	13975
液晶电视	2013/5/19	19	王小芸	34	2360	80240

图 2-10　DAY 函数的应用

函数 5　DAYS——返回两个日期之间的天数

【功能说明】：

返回两个日期之间的天数。

【语法格式】：

DAYS(end_date, start_date)

【参数说明】：

end_date：表示计算的终止日期。

start_date：一个代表开始日期的日期。

【实例】返回任意两个日期之间的天数。

【实现方法】：

如图 2-11 所示，如果要使用 DAYS 函数来计算 2012 年 12 月 31 日到 2013 年 5 月 31 日之间有多少天。可在 C2 单元格中输入公式"=DAYS(B2,A2)"，然后按 Enter 键即可，计算结果 151。

如果使用之前介绍的 DAYS360 函数计算这两个日期之间的天数，则返回的结果为 150，如图 2-12 所示。这是因为 DAYS360 函数是按照一年 360 天（每个月 30 天，一年共计 12 个月）进行计算的。

图 2-11　DAYS 函数计算结果

图 2-12　DAYS360 函数计算结果

函数 6　EDATE——返回指定月数之前或之后的日期

【功能说明】：

返回表示某个日期的序列号，该日期与指定日期（start_date）相隔（之前或之后）指示的月份数。使用函数 EDATE 可以计算与发行日处于一月中同一天的到期日的日期。

【语法格式】：

EDATE(start_date, months)

【参数说明】：

start_date：一个代表开始日期的日期。应使用标准函数输入日期，或者使用日期所对应的序列号。

months：start_date 之前或之后的月份数。months 为正值将生成未来日期；为负值将生成过去日期。

【实例 1】计算自动注销的日期。

【实现方法】：

（1）选中 D2 单元格，在编辑栏中输入公式"=EDATE(B2,C2)"，按 Enter 键确认输入，

即可获取日期 "2013-1-2" 对应的序列号，如图 2-13 所示。

（2）选择 D2 单元格，然后右击，选择 "设置单元格格式" 命令，在打开的 "设置单元格格式" 对话框中，设置单元格格式为 "日期" 格式，并选择合适的日期类型，如图 2-14 所示。

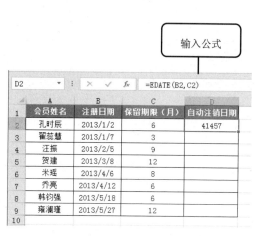

图 2-13　获取日期对应的序列号　　　　　　　图 2-14　设置单元格格式

（3）单击 "确定" 按钮，即可将返回的序列号转换成日期，计算出会员 "孔时辰" 的自动注销日期，如图 2-15 所示。

（4）将光标移动到 D2 单元格的右下角，当光标变成黑色十字形状时双击，向下填充公式，计算出其他会员的自动注销日期，结果如图 2-16 所示。

图 2-15　序列号转换成日期效果　　　　　　　图 2-16　计算出其他会员的自动注销日期

【实例 2】 计算工程的竣工日期。

【实现方法】：

（1）选中 D14 单元格，首先设置其单元格格式为 "日期" 格式，然后在编辑栏中输入公式 "=EDATE(B14,C14)"，按 Enter 键确认输入，即可计算出第一个工程的预计竣工时间，如图 2-17 所示。

（2）将光标移动到 D14 单元格的右下角，当光标变成黑色十字形状时双击，向下填充公式，计算出其他工程的预计竣工时间，结果如图 2-18 所示。

| D14 | ▼ | : | × | ✓ | fx | =EDATE(B14,C14) |

	A	B	C	D
13	工程	开工时间	预计月数	预计竣工时间
14	工程1	2013/2/5	15	2014/5/5
15	工程2	2013/3/2	18	
16	工程3	2013/3/20	20	
17	工程4	2013/4/14	24	
18				

图 2-17 计算预计竣工时间

| D14 | ▼ | : | × | ✓ | fx | =EDATE(B14,C14) |

	A	B	C	D
13	工程	开工时间	预计月数	预计竣工时间
14	工程1	2013/2/5	15	2014/5/5
15	工程2	2013/3/2	18	2014/9/2
16	工程3	2013/3/20	20	2014/11/20
17	工程4	2013/4/14	24	2015/4/14
18				

图 2-18 计算出其他工程的预计竣工时间

函数 7 EOMONTH——返回指定月数之前或之后月份的最后一天的日期

【功能说明】：

返回某个月份最后一天的序列号，该月份与 start_date 相隔（之后或之后）指示的月份数。使用函数 EOMONTH 可以计算正好在特定月份中最后一天到期的到期日。

【语法格式】：

EOMONTH(start_date, months)

【参数说明】：

start_date：一个代表开始日期的日期。应使用标准函数输入日期，或者使用日期所对应的序列号。

months：start_date 之前或之后的月份数。months 为正值将生成未来日期；为负值将生成过去日期。

【实例】计算指定日期的月末日期。

【实现方法】：

（1）选中 B2 单元格，设置其单元格格式为"日期"格式，然后在编辑栏中输入公式"=EOMONTH(A2,0)"，如图 2-19 所示。

（2）按 Enter 键确认输入，即可计算出日期"2013-1-12"的月末日期为"2013-1-31"，然后将光标移动 B2 该单元格的右下角，当光标变成黑色十字形状时双击，向下填充公式，即可计算出其他日期的月末日期，结果如图 2-20 所示。

图 2-19 输入公式

图 2-20 计算指定日期的月末日期

函数 8 HOUR——返回小时数

【功能说明】：

返回时间值的小时数。即一个介于 0 (12:00 A.M.)～23 (11:00 P.M.) 之间的整数。

【语法格式】：

HOUR(serial_number)

【参数说明】：

serial_number：一个时间值，其中包含要查找的小时。除了使用标准时间格式外，还可以使用时间所对应的序列号。

【实例1】根据指定的时间返回小时值。

【实现方法】：

选中 B2 单元格，在编辑栏中输入公式"=HOUR(A2)&"时""，按 Enter 键确认输入，即可根据指定的时间返回小时值，如图 2-21 所示。

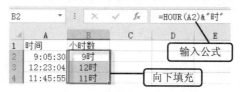

图 2-21　HOUR 函数的应用

【实例2】计算员工的在岗时间。

【实现方法】：

（1）选中 E2 单元格，在编辑栏中输入公式"=HOUR(D2-C2)"，按 Enter 键确认输入，即可计算出第一名员工的在岗时间为 9 小时。

（2）再次选中 E2 单元格，将光标移动到该单元格的右下角，当光标变成黑色十字形状时双击，向下填充公式，计算出其他员工的在岗时间，如图 2-22 所示。

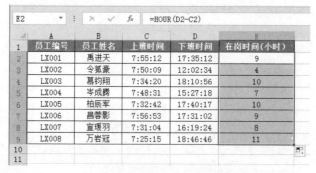

图 2-22　计算员工的在岗时间

函数 9　ISOWEEKNUM——返回给定日期所在年份的 ISO 周数目

【功能说明】：

针对给定日期传回该年 ISO 周数的数。

【语法格式】：

ISOWEEKNUM (date)

【参数说明】：

date：date 是用以计算日期及时间的日期时间。

【实例】如果 A2=2012-3-9，则公式"=ISOWEEKNUM(A2)"返回结果为 10，如图 2-23 所示。

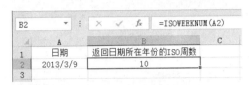

图 2-23　ISOWEEKNUM 函数的应用

函数 10　MINUTE——返回分钟

【功能说明】：

返回时间值中的分钟，为一个介于 0～59 之间的整数。

【语法格式】：

MINUTE(serial_number)

【参数说明】：

serial_number：一个时间值，其中包含要查找的分钟，除了使用标准时间格式外，还可以使用时间所对应的序列号。

【实例】 计算顾客通话时间。

【实现方法】：

（1）选中 D2 单元格，然后在编辑栏中输入公式"=MINUTE(C2-B2)"，按 Enter 键确认输入，即可计算出第一名顾客的通话时间为 43 分钟。

（2）再次选中 D2 单元格，将光标移动到该单元格的右下角，当光标变成黑色十字形状时双击，向下填充公式，计算出其他顾客的通话时间，结果如图 2-24 所示。

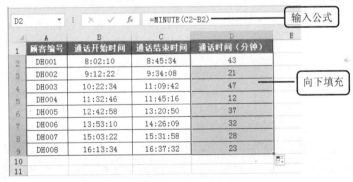

图 2-24　MINUTE 函数的应用

函数 11　MONTH——返回某日期对应的月份

【功能说明】：

返回以序列号表示的日期中的月份。月份是介于 1（一月）～12（十二月）之间的整数。

【语法格式】：

MONTH(serial_number)

【参数说明】：

serial_number：要查找的那一月的日期。应使用标准函数输入日期，或者使用日期所对应的序列号。

【实例】 根据人员的入职时间提取人员入职月份。

【实现方法】：

选中 D2 单元格，在编辑栏中输入公式"=MONTH(C2)"&"月份"，按 Enter 键确认输入，即可根据人员入职时间提取人员入职月份，如图 2-25 所示。

图 2-25　MONTH 函数的用法

函数 12　NETWORKDAYS——返回开始日期和结束日期之间完整的工作日数

【功能说明】：

返回参数 start_date 和 end_date 之间完整的工作日数值。工作日不包括周末和专门指定的假期。可以使用函数 NETWORKDAYS，根据某一特定时期内雇员的工作天数，计算其应计的报酬。

【语法格式】：

NETWORKDAYS(start_date, end_date, [holidays])

【参数说明】：

start_date：一个代表开始日期的日期。

end_date：一个代表终止日期的日期。

holidays：不在工作日历中的一个或多个日期所构成的可选区域，例如，省/市/自治区和国家/地区的法定假日及其他非法定假日，该列表可以是包含日期的单元格区域，或是表示日期的序列号的数组常量。

【实例 1】计算 2013 年 7 月份员工实际工作天数。

【实现方法】：

（1）选中 E2 单元格，然后在编辑栏中输入公式"=NETWORKDAYS(C2,D2)"，按 Enter 键确认输入，即可计算出第一名员工的实际工作天数为 23。

（2）再次选中 E2 单元格，将光标移动到该单元格的右下角，当光标变成黑色十字形状时双击，向下填充公式，计算出其他员工的实际工作天数，结果如图 2-26 所示。

员工编号	员工姓名	工作起始日期	工作结束日期	工作日
YY001	郜发利	2013/7/1	2013/7/31	23
YY002	范晨	2013/7/3	2013/7/31	21
YY003	赵亮	2013/7/3	2013/7/31	21
YY004	霍昌杰	2013/7/4	2013/7/31	20
YY005	赵中永	2013/7/6	2013/7/31	18
YY006	张琦琳	2013/7/6	2013/7/31	18
YY007	胡家鸣	2013/7/8	2013/7/31	18
YY008	邱香湛	2013/7/9	2013/7/31	17
YY009	长孙奇	2013/7/11	2013/7/31	15
YY010	胡浩辰	2013/7/12	2013/7/31	14
YY011	王琳兰	2013/7/14	2013/7/31	13
YY012	罗鸳莲	2013/7/16	2013/7/31	12
YY013	靳凡华	2013/7/20	2013/7/31	8

图 2-26　NETWORKDAYS 函数的应用

【实例 2】计算五一到教师节之间实际工作日。

【实现方法】：

选中 C2 单元格，在编辑栏中输入公式 "=NETWORKDAYS(A2,B2,B5:B8)"，按 Enter 键确认输入，即可去掉五一到教师节之间的法定节假日，计算出实际工作日，如图 2-27 所示。

图 2-27　计算实际工作日天数

函数 13　NOW——返回当前的日期和时间

【功能说明】：

返回当前日期和时间的序列号。如果在输入该函数前，单元格格式为"常规"，则结果将设为日期格式。

【语法格式】：

NOW()

【参数说明】：

NOW 函数语法没有参数。

【实例】获取当前系统时间。

【实现方法】：

选中 B1 单元格，在编辑栏中输入公式 "=NOW()"，按 Enter 键确认输入，即可获取当前系统时间，如图 2-28 所示。

图 2-28　NOW 函数的应用

函数 14　SECOND——返回秒数值

【功能说明】：

返回时间值的秒数，返回的秒数为 0～59 之间的整数。

【语法格式】：

SECOND(serial_number)

【参数说明】：

serial_number：表示一个时间值，其中包含要查找的秒数。除了使用标准时间格式外，还可以使用时间所对应的序列号。

【实例 1】根据指定的时间返回秒数。

【实现方法】：

选中 B2 单元格，在编辑栏中输入公式 "=SECOND(A2)&"秒""，按 Enter 键确认输入，即可根据指定的时间返回秒值，如图 2-29 所示。

图 2-29　SECOND 函数的应用

【实例 2】计算学生的短跑成绩。

【实现方法】：

（1）选中 D2 单元格，在编辑栏中输入公式"=SECOND(C2-B2)"，按 Enter 键确认输入，即可计算出第一名学生的短跑成绩为 15 秒。

（2）再次选中 D2 单元格，将光标移动到该单元格的右下角，当光标变成黑色十字形状时双击，向下填充公式，计算出其他学生的短跑成绩，结果如图 2-30 所示。

	A	B	C	D	E
	D2		f_x	=SECOND(C2-B2)	
1	学生编号	起始时间	到达终点时间	成绩（秒）	
2	101	8:25:00	8:25:15	15	
3	102	8:25:00	8:25:13	13	
4	103	8:25:00	8:25:14	14	
5	104	8:25:00	8:25:16	16	
6	105	8:25:00	8:25:14	14	
7	106	8:25:00	8:25:18	18	
8	107	8:25:00	8:25:19	19	
9	108	8:25:00	8:25:17	17	
10	109	8:25:00	8:25:12	12	
11	110	8:25:00	8:25:11	11	
12					
13					

图 2-30　计算学生的短跑成绩

函数 15　TIMEVALUE——将文本形式表示的时间转换为 Excel 序列数

【功能说明】：

返回由文本字符串所代表的小数值，该小数值为 0～0.99999999 之间的数值，代表从 0:00:00 (12:00:00 AM)～23:59:59 (11:59:59 P.M.) 之间的时间。

【语法格式】：

TIMEVALUE(time_text)

【参数说明】：

time_text：一个文本字符串，代表以任意一种时间格式表示的时间（例如，代表时间的具有引号的文本字符串 "6:45 PM" 和 "18:45"）。

【实例】将指定时间转化为时间小数值。

【实现方法】：

选中 B2 单元格，在编辑栏中输入公式"=TIMEVALUE("13:55:45")"，按 Enter 键确认输入，即可将指定的时间转化为时间小数值，如图 2-31 所示。

图 2-31　TIMEVALUE 函数的应用

函数 16　TIME——返回某一特定时间的小数值

【功能说明】：

返回某一特定时间的小数值。如果在输入函数前，单元格的格式为"常规"，则结果将设为日期格式。

函数 TIME 返回的小数值为 0（零）～0.99999999 之间的数值，代表从 0:00:00 (12:00:00 AM)～23:59:59 (11:59:59 P.M.) 之间的时间。

【语法格式】：

TIME(hour, minute, second)

【参数说明】：

hour：0（零）～32 767 之间的数值，代表小时。任何大于 23 的数值将除以 24，其余数将视为小时。

minute：0～32 767 之间的数值，代表分钟。任何大于 59 的数值将被转换为小时和分钟。

second：0～32 767 之间的数值，代表秒。任何大于 59 的数值将被转换为小时、分钟和秒。

【实例】显示指定时间。

【实现方法】：

选中 B1 单元格，在编辑栏中输入公式"=TIME(C1,D1,E1)"，按 Enter 键确认输入，即可返回指定单元格所对应的时间，如图 2-32 所示。

图 2-32　TIME 函数的应用

函数 17　TODAY——返回当前日期

【功能说明】：

返回当前日期的序列号。序列号是 Excel 日期和时间计算使用的日期-时间代码。如果在输入函数前，单元格的格式为"常规"，Excel 会将单元格格式更改为"日期"。如果要查看序列号，则必须将单元格格式更改为"常规"或"数值"。

【语法格式】：

TODAY()

【参数说明】：

TODAY 函数语法没有参数。

【实例 1】标记表格打印日期。

【实现方法】：

在 E1 单元格中输入文字“制表日期：”，然后选中 F1 单元格，设置其单元格格式为“日期”格式，再在编辑栏中输入公式“=TODAY()”，按 Enter 键确认输入，即可返回电脑当前使用系统的日期，完成表格打印日期的标记，如图 2-33 所示。

F1 =TODAY()

	A	B	C	D	E	F
1					制表日期：	2013/7/24
2	商品名称	单位	进货价	销售价	销售数量	利润
3	金龙鱼大豆油	桶	43	65	50	1100
4	沙沟香油	盒	38	48	22	220
5	君强杂粮	袋	52	75	34	782
6	高邮松花蛋	盒	33	45	31	372
7	华生面粉	袋	34	47	42	546
8						
9						

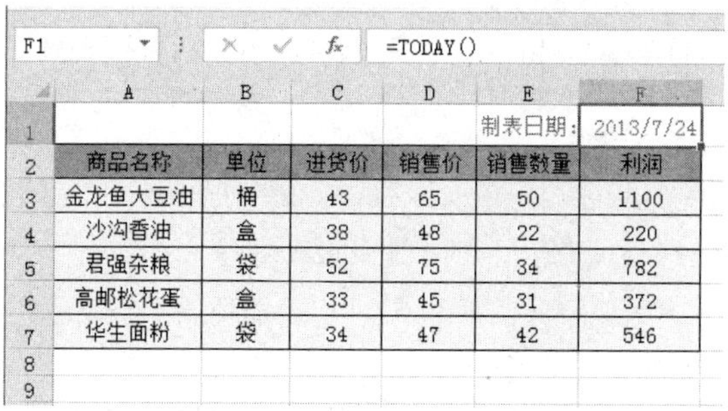

图 2-33　标记表格打印日期

【实例 2】计算员工工龄。

【实现方法】：

选中 D2 单元格，在编辑栏中输入公式“=YEAR(TODAY())-YEAR(C2)”，按 Enter 键确认输入，即可根据员工工作时间得到该员工目前的工龄，如图 2-34 所示。

D2 =YEAR(TODAY())-YEAR(C2)

	A	B	C	D
1	姓名	职务	工作时间	工龄
2	张娴雅	总经理	1987/3/2	26
3	孙莹莹	会计	1992/2/1	21
4	王保国	部门主管	1990/3/18	23
5	牛丽萍	职员	2001/9/13	12
6	赵清华	职员	2004/1/19	9

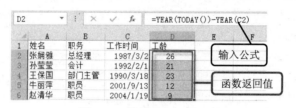

图 2-34　计算员工工龄

函数 18　WEEKDAY——返回代表一周中第几天的数值

【功能说明】：

返回某日期为星期几。默认情况下，其值为 1（星期天）～7（星期六）之间的整数。

【语法格式】：

WEEKDAY(serial_number,[return_type])

【参数说明】：

serial_number：一个序列号，代表尝试查找的那一天的日期。应使用标准函数输入日期，或者使用日期所对应的序列号。

return_type：用于确定返回值类型的数字。数字 1 或省略，则 1～7 代表星期天到星期六；数字 2，则 1～7 代表星期一到星期天；数字 3，则 0～6 代表星期一到星期天。

【实例】根据员工值班日期获取对应的星期数。

【实现方法】：

选中 C2:C5 单元格区域，在编辑栏中输入公式“ ="星期"&WEEKDAY(B2,2)”，按

Ctrl+Enter 组合键确认输入，即可根据员工值班日期获得相应的星期数，如图 2-35 所示。

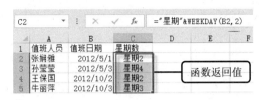

图 2-35　WEEKDAY 函数的应用

函数 19　WEEKNUM——返回代表一年中第几周的一个数字

【功能说明】：

返回特定日期的周数。例如，包含 1 月 1 日的周为该年的第 1 周，其编号为第 1 周。此函数可采用两种机制。

机制 1：包含 1 月 1 日的周为该年的第 1 周，其编号为第 1 周。

机制 2：包含该年的第一个星期四的周为该年的第 1 周，其编号为第 1 周。

【语法格式】：

WEEKNUM(serial_number,[return_type])

【参数说明】：

serial_number：代表一周中的日期。

return_type：一个数字，确定星期从哪一天开始，默认值为 1。数字 1 或省略，则 1～7 代表星期天到星期六；数字 2，则 1～7 代表星期一到星期天。

【实例 1】计算商品进货的周数。

【实现方法】：

选中 E2:E6 单元格区域，然后在编辑栏中输入公式"=WEEKNUM(D2,2)"，按 Ctrl+Enter 组合键确认输入，即可根据商品的进货日期计算出对应的周数，如图 2-36 所示。

商品名称	单位	进货价	进货日期	第几周
金龙鱼大豆油	桶	43	2013/2/10	6
沙沟香油	盒	38	2013/4/8	15
君强杂粮	袋	52	2013/5/20	21
高邮松花蛋	盒	33	2013/6/1	22
华生面粉	袋	34	2013/7/7	27

图 2-36　WEEKNUM 函数的应用

【实例 2】计算员工离职的剩余周数。

【实现方法】：

（1）选中 E10 单元格，然后在编辑栏中输入公式 "=WEEKNUM(D10,2)-WEEKNUM($B$24,2)"，按 Enter 键确认输入，即可根据"当前日期"与"离职日期"计算出第一名员工的离职剩余周数为 5。

（2）再次选中 E10 单元格，将光标移动到该单元格的右下角，当光标变成黑色十字形状时双击，向下填充公式，计算出其他员工的离职剩余周数，结果如图 2-37 所示。

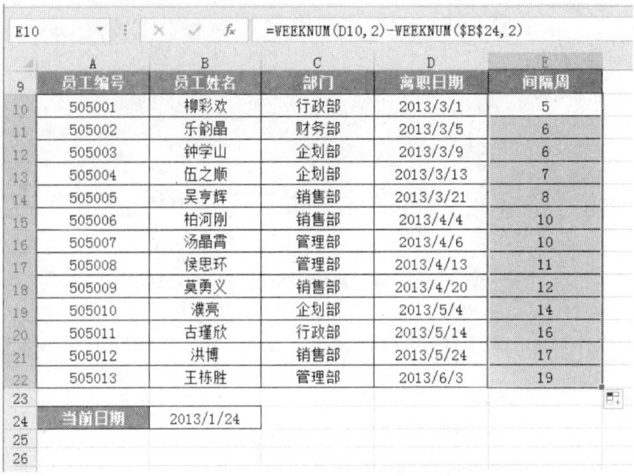

图 2-37　计算员工离职的剩余周数

函数 20　WORKDAY——返回某日期之前或之后相隔指定工作日的某一日期的日期值

【功能说明】：

返回在某日期（起始日期）之前或之后、与该日期相隔指定工作日的某一日期的日期值。工作日不包括周末和专门指定的假日。在计算发票到期日、预期交货时间或工作天数时，可以使用函数 WORKDAY 扣除周末或假日。

【语法格式】：

WORKDAY(start_date, days, [holidays])

【参数说明】：

start_date：一个代表开始日期的日期。

days：start_date 之前或之后不含周末及节假日的天数。days 为正值将生成未来日期；为负值生成过去日期。

holidays：一个可选列表，其中包含需要从工作日历中排除的一个或多个日期，例如，各种省\市\自治区和国家\地区的法定假日及非法定假日，该列表可以是包含日期的单元格区域，也可以是由代表日期的序列号所构成的数组常量。

【实例】计算出某职员的最后工作日。

【实现方法】：

选中 C2 单元格，在编辑栏中输入公式 "=WORKDAY (A2,B2,B5:B8)"，按 Enter 键确认输入，即可根据开始工作日期和工作时间计算出最后工作日期，如图 2-38 所示。

图 2-38　WORKDAY 函数的应用

函数 21　YEARFRAC——返回开始日期和结束日期之间的天数占全年天数的百分比

【功能说明】：

返回 start_date 和 end_date 之间的天数占全年天数的百分比。使用 YEARFRAC 工作表函数可判别某一特定条件下全年效益或债务的比例。

【语法格式】：

YEARFRAC(start_date, end_date, [basis])

【参数说明】：

start_date：一个代表开始日期的日期。

end_date：一个代表终止日期的日期。

basis：要使用的日计数基准类型。数字 0 或省略，表示美国 30/360；数字 1，表示实际天数/实际天数；数字 2，表示实际天数/365；数字 4，表示欧洲 30/360。

【实例】计算员工请假天数占全年天数的百分比。

【实现方法】：

选中 E2 单元格，在编辑栏中输入公式 “ =YEARFRAC(C2,D2,3)”，按 Enter 键确认输入，即可根据员工请假日期和结束日期计算出请假天数占全年天数的百分比，如图 2-39 所示。

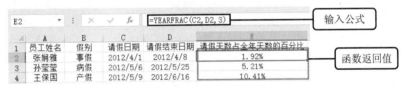

图 2-39　YEARFRAC 函数的应用

函数 22　YEAR——返回日期的年份值

【功能说明】：

返回某日期对应的年份，返回值为 1900～9999 之间的整数。

【语法格式】：

YEAR(serial_number)

【参数说明】：

serial_number：为一个日期值，其中包含要查找年份的日期。应使用标准函数输入日期，或者使用日期所对应的序列号。

📝注意：Excel 将日期存储为可用于计算的序列号。默认情况下，1900 年 1 月 1 日的序列号是 1，而 2008 年 1 月 1 日的序列号是 39 448，这是因为它距 1900 年 1 月 1 日有 39 447 天。Microsoft Excel for Macintosh 使用其他日期系统作为默认系统。

【实例】根据人员的入职时间提取人员入职年份。

【实现方法】：

选中 D2 单元格，在编辑栏中输入公式 “=YEAR(C2)"&"年”，按 Enter 键确认输入，即可根据人员入职时间提取人员入职年份，如图 2-40 所示。

图 2-40　YEAR 函数的应用

第 3 章　财务函数解析与实例应用

财务函数在财务会计领域的应用非常广泛，如确定贷款的支付额、投资的未来值或净现值，以及债券或息票的价值等，函数基本涉及与财务相关的方方面面。通过这些函数可以在很大程度上帮助财务从业人员计算复杂的数据，本章对这些函数进行详细介绍。

函数 1　ACCRINTM——返回在到期一次性付利息的债券的应计利息

【功能说明】：

返回到期一次性付息有价证券的应计利息。

【语法格式】：

ACCRINTM(issue, settlement, rate, par, [basis])

【参数说明】：

issue：证券的发行日。

settlement：证券的到期日。

rate：证券的年息票利率。

par：证券的票面值。如果省略此参数，则 ACCRINTM 使用 ￥1 000。

basis：要使用的日计数基准类型。数字 0 或省略，表示美国 30/360；数字 1，表示实际天数/实际天数；数字 2，表示实际天数/360；数字 3，表示实际天数/365；数字 4，表示欧洲 30/360。

【实例】 张某在银行购买了价值 90 000 元的短期债券，其发行日为 2012 年 1 月 12 日，到期日为 2012 年 12 月 21 日，债券利率为 8%，以实际天数/360 为日计数基准。那该债券的到期利息为多少？

【实现方法】：

选中 B7 单元格，在编辑栏中输入公式 "=ACCRINTM(B1,B2,B3,B4,B5)"，按 Enter 键确认输入，即可计算出该债券到期利息，如图 3-1 所示。

图 3-1　ACCRINTM 函数的应用

函数 2　ACCRINT——返回定期支付利息的债券应计利息

【功能说明】：

返回定期付息证券的应计利息。

【语法格式】：

ACCRINT(issue, first_interest, settlement, rate, par, frequency, [basis], [calc_method])

【参数说明】：

issue：证券的发行日。

first_interest：证券的首次计息日。

settlement：证券的成交日。

rate：证券的年息票利率。

par：证券的票面值。如果省略此参数，则 ACCRINT 使用 ￥1 000。

frequency：年付息次数。如果按年支付，frequency = 1；按半年期支付，frequency = 2；按季支付，frequency = 4。

basis：要使用的日计数基准类型。

calc_method：一个逻辑值，指定当成交日期晚于首次计息日期时用于计算总应计利息的方法。如果值为 TRUE (1)，则返回从发行日到成交日的总应计利息。如果值为 FALSE (0)，则返回从首次计息日到成交日的应计利息。如果不输入此参数，则默认为 TRUE。

【实例 1】张某在 2013 年 4 月 12 日购买了价值 50 000 元的国库券，国库券的发行日是 2013 年 2 月 5 日，起息日是 2013 年 6 月 5 日，国库券年利率为 8%，按季支付期利息，国库券以实际天数/365 为日计数基准，那该国库券的到期利息为多少？

【实现方法】：

选中 B9 单元格，在编辑栏中输入公式"=ACCRINT(B1,B2,B3,B4,B5,B6,B7)"，按 Enter 键确认输入，即可计算出该国库券的到期利息，如图 3-2 所示。

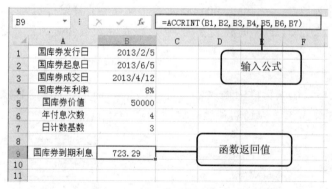

图 3-2　ACCRINT 函数的应用

【实例 2】某投资机构在 2012 年 3 月 21 日购买了价值 80 000 元的债券，债券的发行日为 2012 年 1 月 21 日，起息日为 2012 年 4 月 21 日，债券利率为 7.62%，按半年期付息，以实际天数/360 为日计数基准，那么该债券的到期利息是多少。

【实现方法】：

选中 B20 单元格，在编辑栏中输入公式"=ACCRINT(B12,B13,B14,B15,B16,B17,B18)"，

按 Enter 键确认输入，即可计算出债券到期利息，如图 3-3 所示。

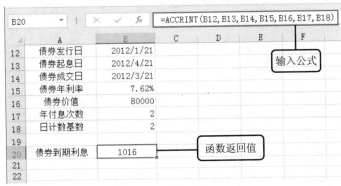

| B20 | ▼ | : | × | ✓ | fx | =ACCRINT(B12,B13,B14,B15,B16,B17,B18) |

▲	A	B	C	D	E	F
12	债券发行日	2012/1/21				
13	债券起息日	2012/4/21				
14	债券成交日	2012/3/21				
15	债券年利率	7.62%				
16	债券价值	80000				
17	年付息次数	2				
18	日计数基数	2				
19						
20	债券到期利息	1016				
21						
22						

输入公式

函数返回值

图 3-3　计算债券的到期利息

函数 3　AMORDEGRC——返回每个记帐期内资产分配的线性折旧

【功能说明】：

返回每个结算期间的折旧值，该函数主要为法国会计系统提供。如果某项资产是在该结算期的中期购入的，则按直线折旧法计算，该函数与函数 AMORLINC 相似，不同之处在于该函数中用于计算的折旧系数取决于资产的寿命。

【语法格式】：

AMORDEGRC(cost, date_purchased, first_period, salvage, period, rate, [basis])

【参数说明】：

cost：资产原值。

date_purchased：购入资产的日期。

first_period：第一个期间结束时的日期。

salvage：资产在使用寿命结束时的残值。

period：期间。

rate：折旧率。

basis：要使用的年基准。

【实例 1】某企业在 2011 年 1 月 23 日购入价值 980 000 元的资产，第一个会计期间结束日期为 2012 年 4 月 3 日，其资产残值为 890 000 元，折旧率为 9%，以实际天数为年基准。那么在每个会计期间的折旧值为多少？

【实现方法】：

选中 B9 单元格，在编辑栏中输入公式 "=AMORDEGRC(B1,B2,B3,B4,B5,B6,B7)"，按 Enter 键确认输入，即可计算出每个会计期间的折旧值，如图 3-4 所示。

【实例 2】某厂商购买了价值为 150 000 元的设备，购买日期为 2013 年 1 月 10 日，设备第一阶段结束的日期为 2013 年 4 月 25 日，设备的残值为 16 000，折旧率为 12%，以一年 365 天为基准。那么第一个期间设备的折旧为多少？

【实现方法】：

选中 B19 单元格，在编辑栏中输入公式 "=AMORDEGRC(B12,B13,B14,B15,B16,B17, B18)"，按 Enter 键确认输入，即可计算出第一个期间设备的折旧值，如图 3-5 所示。

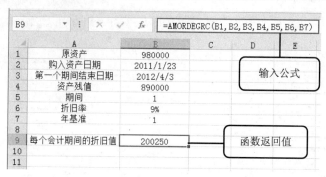

图 3-4　AMORDEGRC 函数的应用

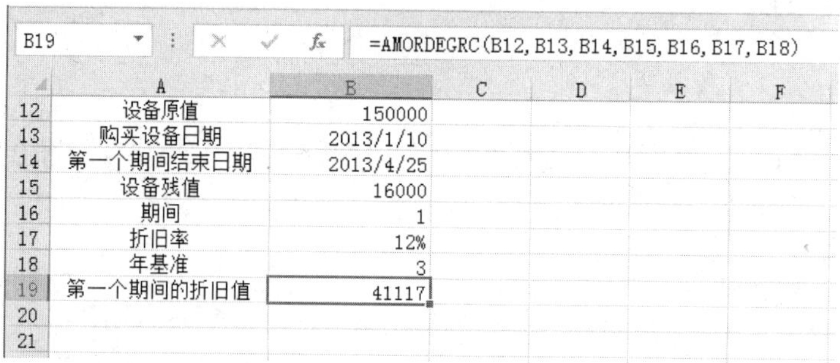

图 3-5　计算折旧值

函数 4　AMORLINC——返回每个结算期间的折旧值

【功能说明】：

返回每个结算期间的折旧值，该函数为法国会计系统提供。如果某项资产是在结算期间的中期购入的，则按线性折旧法计算。

【语法格式】：

AMORLINC(cost, date_purchased, first_period, salvage, period, rate, [basis])

【参数说明】：

cost：资产原值。

date_purchased：购入资产的日期。

first_period：第一个期间结束时的日期。

salvage：资产在使用寿命结束时的残值。

period：期间。

rate：折旧率。

basis：要使用的年基准。若为 0 或省略，按 360 天为基准；若为 1，按实际天数为基准；若为 3，按一年 365 天为基准；若为 4，按一年为 360 天（欧洲方法）为基准。

【实例】 某企业在 2012 年 5 月 10 日购入价值 800 000 元的资产，第一个会计期间结束日期为 2013 年 1 月 20 日，其资产残值为 45 000 元，折旧率为 8%，以实际天数为年基准，那么在每个会计期间的折旧值为多少？

【实现方法】：

选中 B9 单元格，在编辑栏中输入公式“=AMORLINC(B1,B2,B3,B4,B5,B6,B7)”，按

Enter 键确认输入，即可计算出每个会计期间的折旧值为 64 000 元（法国会计系统），如图 3-6 所示。

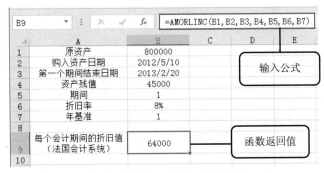

图 3-6　AMORLINC 函数的应用

函数 5　COUPDAYBS——返回从票息期开始到成交日之间的天数

【功能说明】：

返回当前付息期内截止到成交日的天数。

【语法格式】：

COUPDAYBS(settlement, maturity, frequency, [basis])

【参数说明】：

settlement：证券的成交日。

maturity：证券的到期日。

frequency：年付息次数。

basis：要使用的日计数基准类型。

【实例 1】某债券成交日为 2012 年 3 月 12 日，到期日为 2012 年 9 月 23 日，按半年期付息，以实际天数/360 为日计数基准。那么该债券付息期开始到成交日之间的天数为多少天？

【实现方法】：

选中 B6 单元格，在编辑栏中输入公式"=COUPDAYBS(B1,B2,B3,B4)"，按 Enter 键确认输入，即可计算出债券付息期开始到成交日之间的天数，如图 3-7 所示。

图 3-7　COUPDAYBS 函数的应用

【实例 2】某投资机构在 2012 年 7 月 10 日购买了某债券，债券的到期日为 2012 年 11 月 25 日，按季付息，以实际天数/365 为日计数基准，那么该债券付息期期开始到成交日之间的天数为多少天？

【实现方法】：

选中 B15 单元格，在编辑栏中输入公式 "=COUPDAYBS(B10,B11,B12,B13)"，按 Enter 键确认输入，即可计算出债券包含成交的付息期天数，如图 3-8 所示。

图 3-8　计算付息期开始到成交日之间的天数

函数 6　COUPDAYSNC——返回从成交日到下一付息日之间的天数

【功能说明】：

返回从成交日到下一付息日之间的天数。

【语法格式】：

COUPDAYSNC(settlement, maturity, frequency, [basis])

【参数说明】：

settlement：证券的成交日。

maturity：证券的到期日。

frequency：年付息次数。

basis：要使用的日计数基准类型。

【实例】 某债券成交日为 2012 年 3 月 12 日，到期日为 2012 年 9 月 23 日，按半年期付息，以实际天数/360 为日计数基准，那么该债券成交日到下一个付息日之间的天数为多少天？

【实现方法】：

选中 B6 单元格，在编辑栏中输入公式 "=COUPDAYSNC (B1,B2,B3,B4)"，按 Enter 键确认输入，即可计算出债券成交日到下一个付息日之间的天数，如图 3-9 所示。

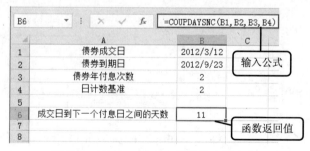

图 3-9　COUPDAYSNC 函数的应用

函数 7　COUPDAYS——返回包含成交日的票息期的天数

【功能说明】:

返回成交日所在的付息期的天数。

【语法格式】:

COUPDAYS(settlement, maturity, frequency, [basis])

【参数说明】:

settlement: 证券的成交日。

maturity: 证券的到期日。

frequency: 年付息次数。

basis: 要使用的日计数基准类型。

【实例】 某债券成交日为 2012 年 3 月 12 日，到期日为 2012 年 9 月 23 日，按半年期付息，以实际天数/360 为日计数基准，那么该债券包含成交日所在的付息期天数为多少天？

【实现方法】:

选中 B6 单元格，在编辑栏中输入公式 "= COUPDAYS (B1,B2,B3,B4)"，按 Enter 键确认输入，即可计算出债券包含成交日所在的付息期天数，如图 3-10 所示。

图 3-10　COUPDAYS 函数的应用

函数 8　COUPNCD——返回成交日后的下一票息支付日

【功能说明】:

返回一个表示在成交日之后下一个付息日的数字。

【语法格式】:

COUPNCD(settlement, maturity, frequency, [basis])

【参数说明】:

settlement: 有价证券的成交日。

maturity: 有价证券的到期日。

frequency: 年付息次数。

basis: 要使用的日计数基准类型。

【实例】 某债券成交日为 2012 年 3 月 12 日，到期日为 2012 年 9 月 23 日，按半年期付息，以实际天数/实际天数为日计数基准，那么如何计算出该债券成交日过后的下一个付息日期？

【实现方法】：

选中 B6 单元格，在编辑栏中输入公式"=COUPNCD(B1,B2,B3,B4)"，按 Enter 键确认输入，即可计算出债券成交日过后的下一个付息日期，如图 3-11 所示。

图 3-11　COUPNCD 函数的应用

函数 9　COUPNUM——返回成交日与到期日之间可支付的票息数

【功能说明】：

返回在成交日和到期日之间的付息次数，向上舍入到最近的整数。

【语法格式】：

COUPNUM(settlement, maturity, frequency, [basis])

【参数说明】：

settlement：证券的成交日。

maturity：证券的到期日。

frequency：年付息次数。

basis：要使用的日计数基准类型。

【实例】 某债券成交日为 2012 年 4 月 20 日，到期日为 2012 年 12 月 20 日，按半年期付息，以实际天数/实际天数为日计数基准。那么该债券成交日和到期日之间的付息次数为多少次？

【实现方法】：

选中 B6 单元格，在编辑栏中输入公式"= COUPNUM (B1,B2,B3,B4) "，按 Enter 键确认输入，即可计算出债券成交日和到期日之间的付息次数，如图 3-12 所示。

图 3-12　COUPNUM 函数的应用

函数 10　COUPPCD——返回成交日前的上一票息支付日

【功能说明】：

返回表示成交日之前的上一个付息日的数字。

【语法格式】：

COUPPCD(settlement, maturity, frequency, [basis])

【参数说明】：

settlement：有价证券的成交日。

maturity：有价证券的到期日。

frequency：年付息次数。

basis：要使用的日计数基准类型。

注意：与函数 COUPNCD 用法类似，在此不举例说明。

函数 11 CUMIPMT——返回两个付款期之间为贷款累积支付的利息

【功能说明】：

返回一笔贷款在给定的 start_period 到 end_period 期间累计偿还的利息数额。

【语法格式】：

CUMIPMT(rate, nper, pv, start_period, end_period, type)

【参数说明】：

rate：利率。

nper：总付款期数。

pv：现值。

start_period：计算中的首期，付款期数从 1 开始计数。

end_period：计算中的末期。

type：付款时间类型。数字 0 或零，代表期末付款；数字 1，代表期初付款。

【实例】张某向银行借了 150 000 元，期限为 15 年，年利息为 6.23%，要求按月付款，那么第二年应支付的利息金额为多少？

【实现方法】：

选中 B8 单元格，在编辑栏中输入公式"=CUMIPMT(B3/12,B2*12,B1,B4,B5,B6)"，按 Enter 键确认输入，即可计算出第二年应支付的利息金额，如图 3-13 所示。

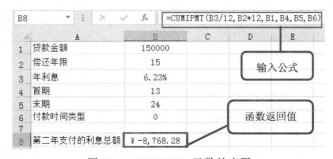

图 3-13 CUMIPMT 函数的应用

函数 12 CUMPRINC——返回两个付款期之间为贷款累积支付的本金数额

【功能说明】：

返回一笔贷款在给定的 start_period～end_period 期间累计偿还的本金数额。

【语法格式】：

CUMPRINC(rate, nper, pv, start_period, end_period, type)

【参数说明】：

rate：利率。

nper：总付款期数。

pv：现值。

start_period：计算中的首期，付款期数从 1 开始计数。

end_period：计算中的末期。

type：付款时间类型。数字 0 或零，代表期末付款；数字 1，代表期初付款。

【实例】张某向银行借了 150 000 元，期限为 15 年，年利息为 6.23%，要求按月付款，那么第二年应支付的本金金额为多少？

【实现方法】：

选中 B8 单元格，在编辑栏中输入公式 "=CUMPRINC(B3/12,B2*12,B1,B4,B5,B6)"，按 Enter 键确认输入，即可计算出第二年应支付的利息金额，如图 3-14 所示。

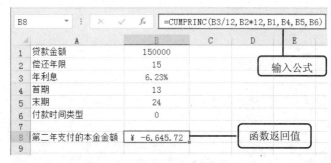

图 3-14　CUMPRINC 函数的应用

函数 13　DB——使用固定余额递减法计算折旧值

【功能说明】：

使用固定余额递减法，计算一笔资产在给定期间内的折旧值。

【语法格式】：

DB(cost, salvage, life, period, [month])

【参数说明】：

cost：资产原值。

salvage：资产在折旧期末的价值（有时也称为资产残值）。

life：资产的折旧期数（有时也称作资产的使用寿命）。

period：需要计算折旧值的期间。period 必须使用与 life 相同的单位。

month：第一年的月份数，如省略，则假设为 12。

【实例1】某人花费 2 000 元购买一部手机，使用年限为 5 年，5 年后估计折价值为 100 元，那么在这 5 年中，该手机每年的折旧值分别为多少（固定余值递减法）？

【实现方法】：

（1）选中 B7 单元格，在编辑栏中输入公式 "=DB($B$1,$B$3,$B$2,A7,$B$4)"，按 Enter

键确认输入，即可计算出第一年的手机折旧值。

（2）再次选中 B7 单元格，将光标移动该单元格的右下角，当光标变成黑色十字形状时双击鼠标，向下填充公式，计算出其他各年该手机的折旧值，如图 3-15 所示。

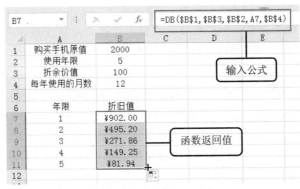

图 3-15　DB 函数的应用

【实例 2】某厂商花费 200 000 元购买了一台生产设备，使用年限为 8 年，8 年后估计折价值为 55 000 元，那么在这 8 年中，该设备每年的折旧值分别为多少（固定余值递减法）？

【实现方法】：

（1）选中 D17 单元格，在编辑栏中输入公式"=DB($B$16,$B$18,$B$17,C17,$B$19)"，按 Enter 键确认输入，即可计算出第一年的设备折旧值为"19 866.00"元。

（2）再次选中 D17 单元格，将光标移动该单元格的右下角，当光标变成黑色十字形状时双击，向下填充公式，计算出其他各年该设备的折旧值，如图 3-16 所示。

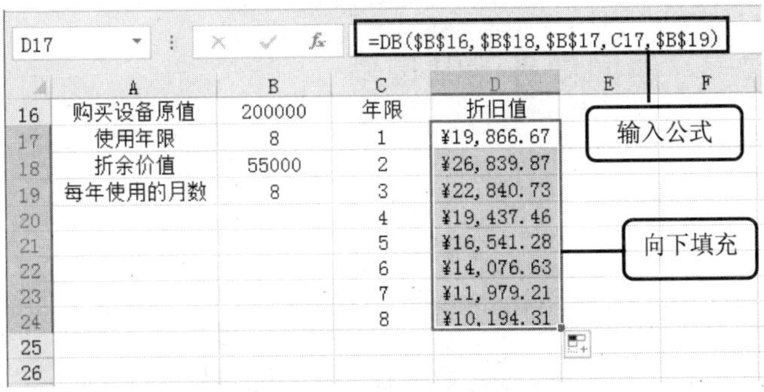

图 3-16　计算折旧值

函数 14　DDB——使用双倍余额递减法或其他指定方法计算折旧值

【功能说明】：

使用双倍余额递减法或其他指定方法，计算一笔资产在给定期间内的折旧值。

【语法格式】：

DDB(cost, salvage, life, period, [factor])

【参数说明】：

cost：资产原值。

salvage：资产在折旧期末的价值（有时也称为资产残值），此值可以是 0。

life：资产的折旧期数（有时也称作资产的使用寿命）。

period：需要计算折旧值的期间，period 必须使用与 life 具有相同的单位。

factor：余额递减速率。如果 factor 被省略，则假设为 2（双倍余额递减法）。

🔔注意：这五个参数都必须为正数。

【实例】某厂商花费 180 000 元购买了一台生产设备，使用年限为 8 年，8 年后估计折价值为 22 000 元，那么在这 8 年中，该设备每年的折旧值分别为多少（双倍余额递减法）？

【实现方法】：

（1）选中 D2 单元格，在编辑栏中输入公式 "=DDB($B$1,$B$3,$B$2,C2)"，按 Enter 键确认输入，即可计算出第一年的设备折旧值为 "45 000.00" 元。

（2）再次选中 D2 单元格，将光标移动该单元格的右下角，当光标变成黑色十字形状时双击，向下填充公式，计算出其他各年该设备的折旧值，如图 3-17 所示。

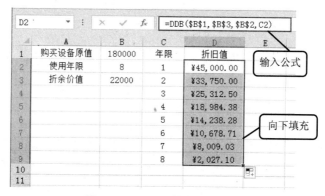

图 3-17　DDB 函数的应用

函数 15　DISC——返回债券的贴现率

【功能说明】：

返回有价证券的贴现率。

【语法格式】：

DISC(settlement, maturity, pr, redemption, [basis])

【参数说明】：

settlement：有价证券的成交日。有价证券成交日在发行日之后，是有价证券卖给购买者的日期。

maturity：有价证券的到期日。到期日是有价证券有效期截止时的日期。

pr：有价证券的价格（按面值为 ¥100 计算）。

redemption：有价证券的清偿值（按面值为 ¥100 计算）。

basis：要使用的日计数基准类型。

🔔注意：函数 DISC 的计算公式如下：

$$DISC = \frac{redemption - par}{redemption} \times \frac{B}{DSM}$$

公式中：

B =　一年之中的天数，取决于年基准数。

DSM =　成交日与到期日之间的天数。

【实例 1】某债券成交日期为 2012 年 1 月 12 日，到期日期为 2013 年 3 月 23 日，价格为 54.4 元，清偿价格为 64.6 元，以实际天数/实际天数为日计数基准，那么该债券的贴现率为多少？

【实现方法】：

选中 B7 单元格，在编辑栏中输入公式"=DISC(B1,B2,B3,B4,B5)"，按 Enter 键确认输入，即可计算出该债券的贴现率，如图 3-18 所示。

图 3-18　DISC 函数的应用

【实例 2】某投资人在 2013 年 1 月 25 日购买了价格为 97.67 元的某债券，债券的到期日期为 2013 年 7 月 5 日，清偿价值为 100 元，以实际天数/365 为日计数基准，那么该债券的贴现率为多少？

【实现方法】：

选中 E7 单元格，在编辑栏中输入公式"=DISC(E1,E2,E3,E4,E5)"，按 Enter 键确认输入，即可计算出该债券的贴现率，如图 3-19 所示。

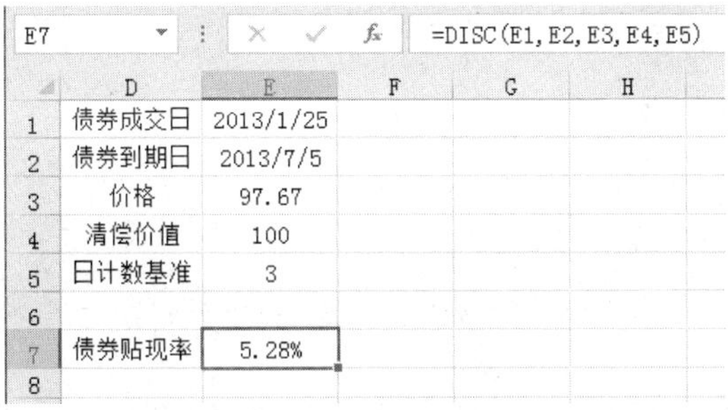

图 3-19　计算债券的现贴率

函数 16　DOLLARDE——将以分数表示的货币值转换为小数

【功能说明】：

将以整数部分和分数部分表示的价格（如 1.02）转换为以小数部分表示的价格。分数表示的金额数字有时可用于表示证券价格。

该值的分数部分除以一个指定的整数。例如，如果要以十六进制形式来表示价格，则将分数部分除以 16。在这种情况下，1.02 表示 $1.125 ($1 + 2/16 = $1.125)。

【语法格式】：

DOLLARDE(fractional_dollar, fraction)

【参数说明】：

fractional_dollar：以整数部分和小数部分表示的数字，用小数点隔开。

fraction：要用作分数中的分母的整数。如果 fraction 不是整数，将被截尾取整。

【实例】将以分数表示的货币价格转换为以小数表示的货币价格。

【实现方法】：

（1）选中 C2 单元格，在编辑栏中输入公式"=DOLLARDE(A2,B2)"，按 Enter 键确认输入，即可将以分数表示的货币价格"12.45 元"转换成以小数表示的货币价格"12.75 元"。

（2）再次选中 C2 单元格，将光标移动该单元格的右下角，当光标变成黑色十字形状时双击，向下填充公式，即可将其他以分数表示的货币价格转换成以小数表示的货币价格，如图 3-20 所示。

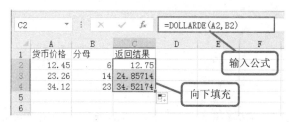

图 3-20　DOLLARDE 函数的应用

函数 17　DOLLARFR——将以小数表示的货币值转换为分数

【功能说明】：

将按小数表示的价格转换为按分数表示的价格。使用函数 DOLLARFR 可以将小数表示的金额数字，如证券价格，转换为分数型数字。

【语法格式】：

DOLLARFR(decimal_dollar, fraction)

【参数说明】：

decimal_dollar：一个小数。

fraction：要用作分数中的分母的整数。如果 fraction 不是整数，将被截尾取整。与函数 DOLLARDE 用法类似。

【实例】将以小数表示的货币价格转换为以分数表示的货币价格。

【实现方法】：

（1）选中 C2 单元格，在编辑栏中输入公式"=DOLLARDE(A2,B2)"，按 Enter 键确认输入，即可将以小数表示的货币价格"12.75 元"转换成以分数表示的货币价格"12.45 元"。

（2）再次选中 C2 单元格，将光标移动该单元格的右下角，当光标变成黑色十字形状时双击，向下填充公式，即可将其他以小数表示的货币价格转换成以分数表示的货币价格，如图 3-21 所示。

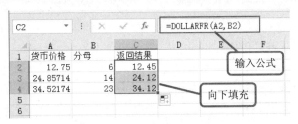

图 3-21　DOLLARFR 函数的应用

函数 18　DURATION——返回定期支付利息的债券的年持续时间

【功能说明】：

返回假设面值 ¥100 的定期付息有价证券的修正期限。期限定义为一系列现金流现值的加权平均值，用于计量债券价格对于收益率变化的敏感程度。

【语法格式】：

DURATION(settlement, maturity, coupon, yld, frequency, [basis])

【参数说明】：

settlement：证券的成交日。

maturity：证券的到期日。

coupon：证券的年息票利率。

yld：证券的年收益率。

frequency：年付息次数。

basis：要使用的日计数基准类型。

【实例】某债券成交日期为 2012 年 1 月 12 日，到期日期为 2013 年 3 月 23 日，年息票利率为 5.7%，收益率为 8.5%，以半年期来付息，已按实际天数/实际天数为日基准。现在计算该证券的修正期限。

【实现方法】：

选中 B8 单元格，在编辑栏中输入公式“=DURATION(B1,B2,B3,B4,B5,B6)”，按 Enter 键确认输入，即可计算出该债券的修正期限，如图 3-22 所示。

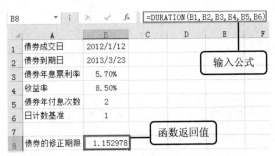

图 3-22　DURATION 函数的应用

函数 19　EFFECT——返回有效的年利率

【功能说明】：

利用给定的名义年利率和每年的复利期数，计算有效的年利率。

【语法格式】：

EFFECT(nominal_rate, npery)

【参数说明】：

nominal_rate：名义利率。

npery：每年的复利期数。

🔔注意：npery 将被截尾取整。

函数 EFFECT 的计算公式为：

$$EFFECT = \left(1 + \frac{Nominal\_rate}{Npery}\right)^{Npery} - 1$$

【实例】名义利率分别为 8.43%,4.54%,6.32%，每年的复利期数分别为 4,6,5，计算实际年利率分别为多少？

【实现方法】：

选中 B4:D4 单元格区域，输入公式"=EFFECT(B1,B2)"，按 Ctrl+Enter 组合键确认输入，即可计算出实际年利率，如图 3-23 所示。

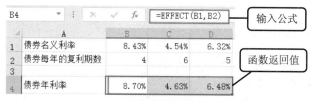

图 3-23　实际年利率的计算

函数 20　FVSCHEDULE——返回在应用一系列复利后，初始本金的终值

【功能说明】：

基于一系列复利返回本金的未来值。函数 FVSCHEDULE 用于计算某项投资在变动或可调利率下的未来值。

【语法格式】：

FVSCHEDULE(principal, schedule)

【参数说明】：

principal：现值。

schedule：要应用的利率数组。schedule 中的值可以是数字或空白单元格。

【实例 1】张某向银行贷款 500 000 元，在 3 年后归还，在这三年中，每年的年利率各不相同，分别是 7.45%，8.56%，9.12%。3 年后张某要归还银行总金额为多少？

【实现方法】：

选中 B4 单元格，在编辑栏中输入公式"=FVSCHEDULE(B1,B2:D2)"，按 Enter 键确认输入，即可计算出 3 年后张某应还款的总金额，如图 3-24 所示。

【实例 2】某投资者投资了 35 000 元，同时预测了多个时期的收益利率，那么这次投资的未来值为多少？

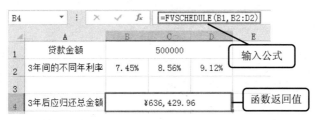

图 3-24　FVSCHEDULE 函数的应用

【实现方法】：

选中 B7 单元格，在编辑栏中输入公式"=FVSCHEDULE(B1,B2:B5)"，按 Enter 键确认输入，即可计算出这次投资的未来值，如图 3-25 所示。

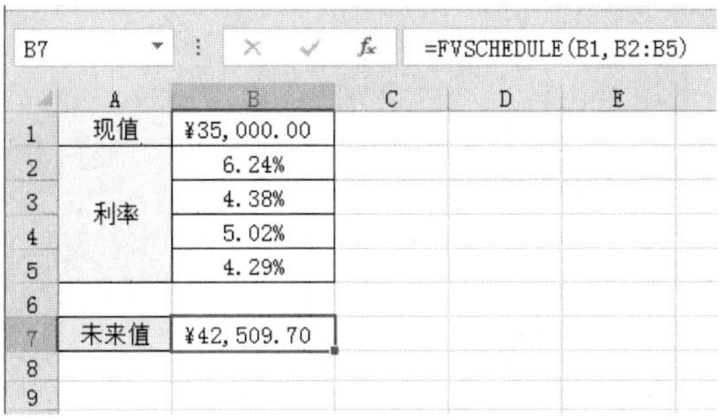

图 3-25　计算未来值

函数 21　FV——基于固定利率及等额分期付款方式，返回某项投资的未来值

【功能说明】：

基于固定利率及等额分期付款方式，返回某项投资的未来值。

【语法格式】：

FV(rate,nper,pmt,[pv],[type])

【参数说明】：

rate：各期利率。

nper：年金的付款总期数。

pmt：各期所应支付的金额，其数值在整个年金期间保持不变。通常，pmt 包括本金和利息，但不包括其他费用或税款。如果省略 pmt，则必须包括 pv 参数。

pv：现值，或一系列未来付款当前值的累积和。如果省略 pv，则假设其值为 0（零），并且必须包括 pmt 参数。

type：数字 0 或 1，用以指定各期的付款时间是在期初还是期末。如果省略 type，则假设其值为 0。

【实例 1】假设目前一次性投资 3 000 元，并且在今后的每个月从收入中提取 600 元存入银行，一年利率 5.125%计算，付款方式为期末付款，计算 15 年后的总金额是多少？

【实现方法】：

选中 B6 单元格，在编辑栏中输入公式"=FV(B1,B2,B3,B4,0)"，按 Enter 键确认输入，即可计算出 15 年后的总金额，如图 3-26 所示。

图 3-26　FV 函数的应用

【实例 2】张某在某银行办理了一项按月存款的业务，每月存款 1 500 元，年利率为 4.75%，那么 8 年后张某的存款总金额为多少？

【实现方法】：

选中 B5 单元格，在编辑栏中输入公式"=FV(B1/12,B2*12,B3)"，按 Enter 键确认输入，即可计算出 8 年后张某的存款总金额，如图 3-27 所示。

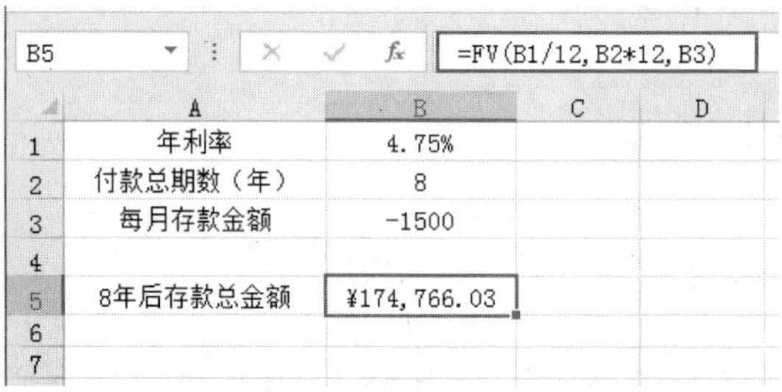

图 3-27　计算存款总金额

函数 22　INTRATE——返回完全投资型债券的利率

【功能说明】：

返回完全投资型证券的利率。

【语法格式】：

INTRATE(settlement, maturity, investment, redemption, [basis])

【参数说明】：

settlement：有价证券的成交日。

maturity：有价证券的到期日。

investment：有价证券的投资额。

redemption：有价证券到期时的兑换值。

basis：要使用的日计数基准类型。

【实例】某债券成交日期为 2012 年 1 月 12 日，到期日期为 2013 年 3 月 23 日，债券的投资总金额为 120 000 元，清偿价格为 180 000 元，按实际天数/实际天数为日基准，那么该债券的一次性付息利率是多少？

【实现方法】：

选中 B6 单元格，在编辑栏中输入公式"=INTRATE(B1,B2,B3,B4,B5)"按 Enter 键确认输入，即可计算出债券的一次性付息利率，如图 3-28 所示。

图 3-28　INTRATE 函数的应用

函数 23　IPMT——基于固定利率及等额分期付款方式，返回给定期数内 对投资的利息偿还额

【功能说明】：

基于固定利率及等额分期付款方式，返回给定期数内对投资的利息偿还额。

【语法格式】：

IPMT(rate, per, nper, pv, [fv], [type])

【参数说明】：

rate：各期利率。

per：用于计算其利息数额的期数，必须在 1～nper 之间。

nper：总投资期，即该项投资的付款期总数。

pv：现值，或一系列未来付款的当前值的累积和。

fv：未来值，或在最后一次付款后希望得到的现金余额。

type：数字 0 或 1，用以指定各期的付款时间是在期初还是期末。如果省略 type，则假设其值为零。

【实例】 张某向银行贷款 100 000 元，年利率为 7.25%，贷款年限为 15 年，按照未来值为 0，期初付款方式，计算张某第一季度的利息和第二年的利息分别是多少？

【实现方法】：

（1）选中 B5 单元格，在编辑栏中输入公式"=IPMT(B1/12,3,B2,B3,1)"，按 Enter 键确认输入，即可计算张某第一季度应付的利息为 526.73 元。

（2）选中 B6 单元格，在编辑栏中输入公式"=IPMT(B1,2,B2,B3,1)"，按 Enter 键确认输入，即可计算张某第二年应付的利息，如图 3-29 所示。

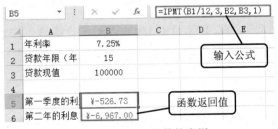

图 3-29　IPMT 函数的应用

函数 24 IRR——返回一系列现金流的内部报酬率

【功能说明】：

返回由数值代表的一组现金流的内部收益率，这些现金流不必为均衡的，但作为年金，它们必须按固定的间隔产生，如按月或按年。内部收益率为投资的回收利率，其中包含定期支付（负值）和定期收入（正值）。

【语法格式】：

IRR(values, [guess])

【参数说明】：

values：数组或单元格的引用，这些单元格包含用来计算内部收益率的数字。

guess：对函数 irr 计算结果的估计值。

【实例 1】 某项业务的初期成本费用为 70 000 元，第一年的净收入为 12 000，第二年的净收入为 15 000 元，第三年的净收入为 18 000 元，第四年的净收入为 21 000，第五年的净收入为 26 000 元，计算投资 3 年后的内部收益率和 5 年后内部收益率，需包含一个估计值（45%），各是多少？

【实现方法】：

（1）选中 B9 单元格，在编辑栏中输入公式"=IRR(B1:B4)"，按 Enter 键确认输入，即可计算出投资 3 年后的收益率。

（2）选中 B10 单元格，在编辑栏中输入公式"=IRR(B1:B6,B7)"，按 Enter 键确认输入，即可计算出投资 5 年后的收益率，如图 3-30 所示。

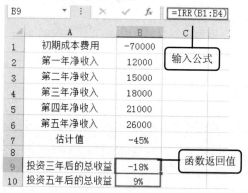

图 3-30 IRR 函数的应用

【实例 2】 某公司投资项目，初始投资 500 000 元，且该项目在 4 年内的预期收益依次为 95 000 元、80 000 元、90 000 元和 78 000 元，那么该公司投资 4 年后的内部收益率为多少？

【实现方法】：

选中 B7 单元格，在编辑栏中输入公式"=IRR(B1:B5)"，按 Enter 键确认输入，即可计算出投资 4 年后的内部收益率，如图 3-31 所示。

图 3-31　计算内部收益效率

函数 25　ISPMT——返回普通贷款的利息偿还

【功能说明】：

计算特定投资期内要支付的利息。提供此函数是为了与 Lotus 1-2-3 兼容。

【语法格式】：

ISPMT(rate, per, nper, pv)

【参数说明】：

rate：投资的利率。

per：要计算利息的期数，此值必须在 1 到 nper 之间。

nper：投资的总支付期数。

pv：投资的现值。对于贷款，pv 为贷款数额。

【实例 1】张某准备投资某项工程，向银行贷款 1 500 000 元，年利率为 8.45%，贷款年限为 9 年，分别计算贷款第一个月支付利息额与第二年支付的利息额分别是多少？

【实现方法】：

（1）选中 B5 单元格，在编辑栏中输入公式"=ISPMT(B1/12,1,B2*12,B3)"，按 Enter 键确认输入，即可计算出贷款第一个月的利息。

（2）选中 B6 单元格，在编辑栏中输入公式"=ISPMT(B1,2,B2,B3)"，按 Enter 键确认输入，即可计算出贷款第二年支付的利息，如图 3-32 所示。

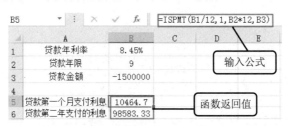

图 3-32　ISPMT 函数的应用

【实例 2】某厂商向银行贷款 350 000 元，年利率是 4.85%，贷款年限为 10 年，现在需要计算每年偿还的利息。

【实现方法】：

（1）选中 E2 单元格，在编辑栏中输入公式"=ISPMT($B$10,D11,$B$11,$B$12)"，按 Enter 键确认输入，即可计算出厂商第一年需要偿还的利息。

（2）再次选中选中 E2 单元格，将光标移动到该单元格的右下角，当光标变成黑色十字形状时双击，向下填充公式，计算出其他年需要偿还的利息，如图 3-33 所示。

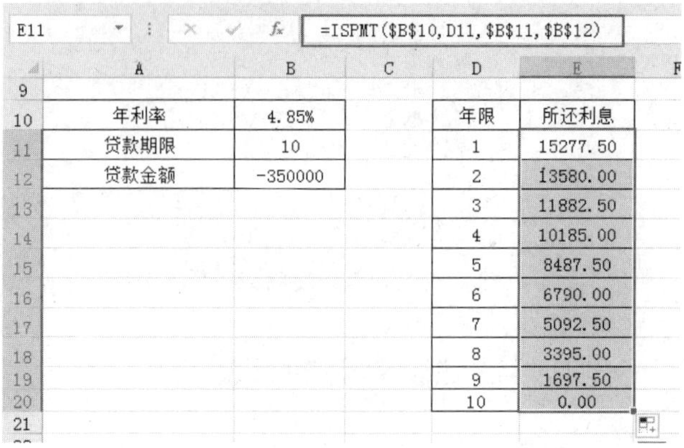

E11 =ISPMT($B$10,D11,$B$11,$B$12)

	A	B	C	D	E
9					
10	年利率	4.85%		年限	所还利息
11	贷款期限	10		1	15277.50
12	贷款金额	-350000		2	13580.00
13				3	11882.50
14				4	10185.00
15				5	8487.50
16				6	6790.00
17				7	5092.50
18				8	3395.00
19				9	1697.50
20				10	0.00
21					

图 3-33　计算每年偿还的利息

函数 26　MDURATION——返回假设面值￥100 的债券麦考利修正持续时间

【功能说明】：

返回假设面值 ￥100 的有价证券的 Macauley 修正期限。

【语法格式】：

MDURATION(settlement, maturity, coupon, yld, frequency, [basis])

【参数说明】：

settlement：证券的成交日。

maturity：证券的到期日。

coupon：证券的年息票利率。

yld：证券的年收益率。

frequency：年付息次数。

basis：要使用的日计数基准类型。

注意：修正期限的计算公式如下：

$$\text{MDURATIONI} = \frac{DURATION}{1+\left(\dfrac{\text{市场收益率}}{\text{每年的息票支付额}}\right)}$$

【实例】某债券成交日期为 2012 年 1 月 12 日，到期日期为 2013 年 3 月 23 日，年息票利率为 5.7%，收益率为 8.5%，以半年期付息，已按实际天数/360 为日基准。现在计算该证券的 Macauley 修正期限。

【实现方法】：

选中 B8 单元格，在编辑栏中输入公式“=MDURATION(B1,B2,B3,B4,B5,B6)”，按 Enter 键确认输入，即可计算出该债券的修正期限，如图 3-34 所示。

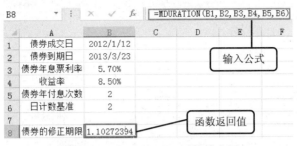

图 3-34　MDURATION 函数的应用

函数 27　MIRR——返回某一连续期间内现金流的修正内部收益率

【功能说明】：

返回某一连续期间内现金流的修正内部收益率。函数 MIRR 同时考虑了投资的成本和现金再投资的收益率。

【语法格式】：

MIRR(values, finance_rate, reinvest_rate)

【参数说明】：

values：一个数组或对包含数字单元格的引用，这些数值代表各期的一系列支出（负值）及收入（正值）。

finance_rate：现金流中使用资金支付的利率。

reinvest_rate：将现金流再投资的收益率。

【实例】张某准备投资某项工程，向银行贷款 1 500 000 元，年利率为 8.45%，再投资收益率为 10.43%，预计今后 5 年内的收益额分别为 255 000 元、443 000 元、560 000 元、780 000 元和 980 000 元，那么投资内部收益率是多少？

【实现方法】：

选中 B10 单元格，在编辑栏中输入公式"=MIRR(B3:B8,B1,B2)"，按 Enter 键确认输入，即可计算出投资内部的收益率，如图 3-35 所示。

图 3-35　MIRR 函数的应用

函数 28　NOMINAL——返回名义年利率

【功能说明】：

基于给定实际利率和年复利期数，返回名义年利率。

【语法格式】:

NOMINAL(effect_rate, npery)

【参数说明】:

effect_rate: 实际利率。

npery: 每年的复利期数。

【实例 1】某债券公司的实际利率为 7.65%, 每年的复利期数为 6, 那么债券的名义利率是多少?

【实现方法】:

选中 B4 单元格, 在编辑栏中输入公式 "=NOMINAL(B1,B2)", 按 Enter 键确认输入, 即可计算出债券的名义利率, 如图 3-36 所示。

图 3-36　NOMINAL 函数的应用

【实例 2】已知某债券的实际利率为 8.52%, 按季支付利息, 那么该债券的名义利率是多少?

【实现方法】:

选中 B4 单元格, 在编辑栏中输入公式 "=NOMINAL(B1,B2)", 按 Enter 键确认输入, 即可计算出债券的名义利率, 如图 3-37 所示。

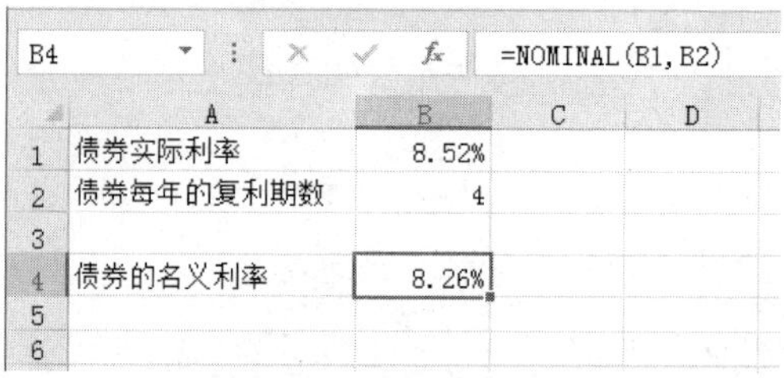

图 3-37　计算名义利率

函数 29　NPER——基于固定利率及等额分期付款方式, 返回某项投资的总期数

【功能说明】:

基于固定利率及等额分期付款方式, 返回某项投资的总期数。

【语法格式】:

NPER(rate,pmt,pv,[fv],[type])

【参数说明】:

rate: 各期利率。

pmt: 各期所应支付的金额, 其数值在整个年金期间保持不变。通常, pmt 包括本金和利息，但不包括其他费用或税款。

pv：现值，或一系列未来付款当前值的累积和。

fv：未来值，或在最后一次付款后希望得到的现金余额。如果省略 fv，则假设其值为0（例如，一笔贷款的未来值即为 0）。

type：数字 0 或 1，用以指定各期的付款时间是在期初还是期末。

【实例 1】张某向银行贷款 180 000 元，年利息为 7.68%，每年向银行支付 34 000，付款时间为期初付款，现在计算多少年可以将该贷款还清？

【实现方法】：

选中 B6 单元格，在编辑栏中输入公式"=NPER(B1,B2,B3,B4)"，按 Enter 键确认输入，即可计算出多少年可以将该贷款还清，如图 3-38 所示。

图 3-38　NPER 函数的应用

【实例 2】王某在 2012 年年初向银行存入 150 000 元，存款利率为 4.12%，然后在每年的年初向银行存入 40 000 元，存款目标是 700 000 元，现在计算王某需要存款的年限是多少？

【实现方法】：

选中 B7 单元格，在编辑栏中输入公式"=NPER(B1,B3,B2,B4,B5)"，按 Enter 键确认输入，即可计算出王某需要存款的年限，如图 3-39 所示。

B7	⁝	× ✓	f_x	=NPER(B1,B3,B2,B4,B5)	
▲	A	B	C	D	E
1	年利率	4.12%			
2	现有存款金额	150000			
3	每年存款金额	-40000			
4	预定存款金额	700000			
5	期初或期末	0			
6					
7	需要存款的年限	17.60377			
8					

图 3-39　计算存款年限

函数 30　NPV——通过使用贴现率及一系列现金流返回投资的净现值

【功能说明】：

通过使用贴现率以及一系列未来支出（负值）和收入（正值），返回一项投资的净现值。

【语法格式】：

NPV(rate,value1,[value2],…)

【参数说明】：

rate：某一期间的贴现率。

value1, value2,…：value1 是必需的，后续值是可选的，这些是代表支出及收入的 1～254 个参数。value1, value2,…在时间上必须具有相等间隔，并且都发生在期末。

【实例 1】 某项业务的初期成本费用为 70 000 元，年贴现率为 4.5%，第一年的净收入为 12 000，第二年的净收入为 15 000 元，第三年的净收入为 18 000 元，第四年的净收入为 21 000，第五年的净收入为 26 000 元，那么投资的净现值是多少？

【实现方法】：

选中 B9 单元格，在编辑栏中输入公式"=NPV(B1,B2:B7)"，按 Enter 键确认输入，即可计算出该投资的净现值，如图 3-40 所示。

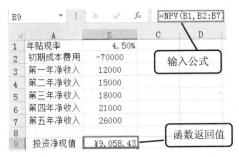

图 3-40　NPV 函数应用

【实例 2】 王某向银行贷款 800 000 元投资某项工程，年贴现率为 8.25%，预计今后 5 年内的收益额分别是 250 000 元、380 000 元、450 000 元、670 000 元和 760 000 元，那么投资的净现值是多少？

【实现方法】：

选中 B9 单元格，在编辑栏中输入公式"=NPV(B1,B2:B7)"，按 Enter 键确认输入，即可计算出该投资的净现值，如图 3-41 所示。

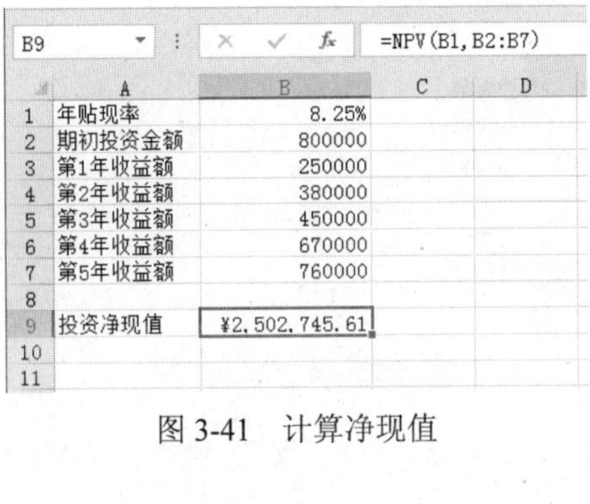

图 3-41　计算净现值

函数 31　ODDFPRICE——返回每张票面为 100 元且第一期为奇数的债券的现价

【功能说明】：

返回首期付息日不固定（长期或短期）的面值 ￥100 的有价证券价格。

【语法格式】：

ODDFPRICE(settlement, maturity, issue, first_coupon, rate, yld, redemption, frequency, [basis])

【参数说明】：

settlement：证券的成交日。

maturity：证券的到期日。

issue：证券的发行日。

first_coupon：证券的首期付息日。

rate：证券的利率。

yld：证券的年收益率。

redemption：面值 ￥100 的证券的清偿价值。

frequency：年付息次数。如果按年支付，frequency = 1；按半年期支付，frequency = 2；按季支付，frequency = 4。

basis：要使用的日计数基准类型。

【实例】某债券成交日为 2005 年 11 月 11 日，到期日为 2012 年 3 月 14 日，发行日为 2005 年 10 月 1 日，首期付息日期为 2007 年 3 月 14 日，付息利息为 7.25%，债券年收益率为 6.53%，以年期付息，以按实际天数/实际天数为日计数基准，那么该债券首期付息日的价格是多少？

【实现方法】：

选中 B9 单元格，在编辑栏中输入公式 "=ODDFPRICE(B1,B2,B3,B4,B5,B6,B7,1,1)"，按 Enter 键确认输入，即可计算出债券首期付息日的价格，如图 3-42 所示。

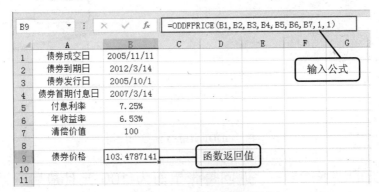

图 3-42 ODDFPRICE 函数的应用

函数 32 ODDFYIELD——返回第一期为奇数的债券的收益率

【功能说明】：

返回首期付息日不固定的有价证券（长期或短期）的收益率。

【语法格式】：

ODDFYIELD(settlement, maturity, issue, first_coupon, rate, pr, redemption, frequency, [basis])

【参数说明】:

settlement: 有价证券的成交日。

maturity: 有价证券的到期日。

issue: 有价证券的发行日。

first_coupon: 有价证券的首期付息日。

rate: 有价证券的利率。

pr: 有价证券的价格。

redemption: 有价证券的兑换值（按面值为 ￥100 计算）。

frequency: 年付息次数。

basis: 要使用的日计数基准类型。

【实例】 某债券成交日为 2011 年 6 月 18 日，到期日为 2013 年 7 月 18 日，发行日为 2011 年 5 月 18 日，首期付息日期为 2011 年 7 月 18 日，付息利息为 7.25%，债券价格为 106 元，以半年期付息，以按实际天数/365 为日计数基准，那么该债券首期付息日的收益率是多少？

【实现方法】:

选中 B9 单元格，首先将其单元格格式设置为"百分比"格式，然后在编辑栏中输入公式 "=ODDFYIELD(B1,B2,B3,B4,B5,B6,B7,2,3)"，按 Enter 键确认输入，即可计算出债券首期付息日的收益率，如图 3-43 所示。

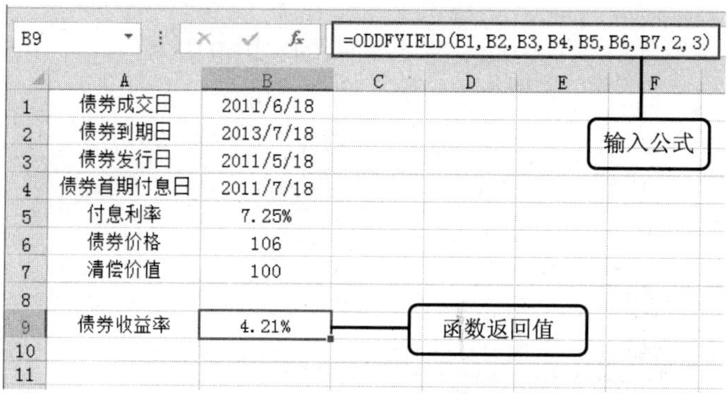

图 3-43 ODDFYIELD 函数的应用

函数 33 ODDLPRICE——返回每张票面为 100 元且最后一期为奇数的债券的现价

【功能说明】:

返回末期付息日不固定的面值 ￥100 的有价证券（长期或短期）的价格。

【语法格式】:

ODDLPRICE(settlement, maturity, last_interest, rate, yld, redemption, frequency, [basis])

【参数说明】:

settlement: 证券的成交日。

maturity: 证券的到期日。

last_interest: 证券的末期付息日。

rate：证券的利率。

yld：证券的年收益率。

redemption：面值 ￥100 的证券的清偿价值。

frequency：年付息次数。

basis：要使用的日计数基准类型。

【实例】某债券成交日为 2005 年 11 月 11 日，到期日为 2012 年 3 月 14 日，末期付息日期为 2005 年 3 月 14 日，付息利息为 7.25%，债券年收益率为 6.53%，以年期付息，以按实际天数/实际天数为日计数基准，那么该债券末期付息日的价格是多少？

【实现方法】：

选中 B8 单元格，在编辑栏中输入公式"=ODDLPRICE(B1,B2,B3,B4,B5,B6,1,1)"，按 Enter 键确认输入，即可计算出债券末期付息日的价格，如图 3-44 所示。

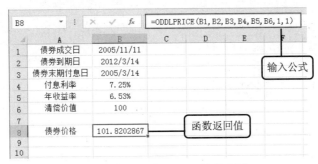

图 3-44　ODDLPRICE 函数的应用

函数 34　ODDLYIELD——返回最后一期为奇数的债券的收益

【功能说明】：

返回末期付息日不固定的有价证券（长期或短期）的收益率。

【语法格式】：

ODDLYIELD(settlement, maturity, last_interest, rate, pr, redemption, frequency, [basis])

【参数说明】：

settlement：证券的成交日。

maturity：证券的到期日。

last_interest：证券的末期付息日。

rate：证券的利率

pr：证券的价格。

redemption：面值 ￥100 的证券的清偿价值。

frequency：年付息次数。

basis：要使用的日计数基准类型。

【实例】某债券成交日为 2011 年 6 月 18 日，到期日为 2013 年 7 月 18 日，末期付息日期为 2011 年 2 月 18 日，付息利息为 7.25%，债券价格为 106 元，以半年期付息，以按实际天数/365 为日计数基准，那么该债券末期付息日的收益率是多少？

【实现方法】：

选中 B8 单元格，首先将其单元格格式设置为"百分比"格式，然后在编辑栏中输入

公式 "= ODDLYIELD (B1,B2,B3,B4,B5,B6,2,3)"，按 Enter 键确认输入，即可计算出债券末期付息日的收益率，如图 3-45 所示。

图 3-45　ODDLYIELD 函数的应用

函数 35　PDURATION——返回投资达到指定的值所需的期数

【功能说明】：

返回投资达到指定的值所需的期数。

【语法格式】：

PDURATION(rate, pv, fv)

【参数说明】：

rate：为每期利率。

pv：为投资的现值。

fv：为所需的投资未来值。

【实例 1】张某投资某个工程，投资现值为 100 000 元，每期投资利率为 2.5%，所投资的未来值为 150 000 元，计算出投资到达指定值所需的期数。

【实现方法】：

选中 B5 单元格，在编辑栏中输入公式 "=PDURATION(B1,B2,B3)"，按 Enter 键确认输入，即可计算出债券投资到达指定值所需的期数，如图 3-46 所示。

图 3-46　PDURATION 函数的应用

【实例 2】王某在银行办理了一项存款业务，存款金额为 150 000 元，年利率为 4.89%，存款的目标为 500 000 元，现在要计算出存款到达指定值所需的期数。

【实现方法】：

选中 B12 单元格，在编辑栏中输入公式 "=PDURATION(B8,B9,B10)"，按 Enter 键确认输入，即可计算出存款到达指定值所需的期数，如图 3-47 所示。

图 3-47　计算存款所需的年数

函数 36　PMT——计算在固定利率下贷款的等额分期偿还额

【功能说明】：

基于固定利率及等额分期付款方式，返回贷款的每期付款额。

【语法格式】：

PMT(rate, nper, pv, [fv], [type])

【参数说明】：

rate：贷款利率。

nper：该项贷款的付款总数。

pv：现值，或一系列未来付款的当前值的累积和，也称为本金。

fv：未来值，或在最后一次付款后希望得到的现金余额，如果省略 fv，则假设其值为 0（零），也就是一笔贷款的未来值为 0。

type：数字 0（零）或 1，用以指示各期的付款时间是在期初还是期末。

【实例 1】张某向银行贷款 100 000 元，年利率为 7.25%，贷款年限为 15 年，按期初付款，那么张某的每月和每年偿还金额分别是多少？

【实现方法】：

（1）选中 B5 单元格，在编辑栏中输入公式 "=PMT(B1/12,B2*12,B3)"，按 Enter 键确认输入，即可计算出张某每月的偿还金额。

（2）选中 B6 单元格，在编辑栏中输入公式 "=PMT(B1,B2,B3)"，按 Enter 键确认输入，即可计算出张某每年的偿还金额，如图 3-48 所示。

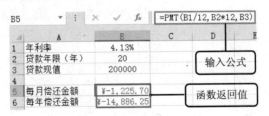

图 3-48　PMT 函数的应用

【实例 2】某厂商为了购买设备，向银行贷款 150 000 元，年利率为 4.54%，贷款期限为 10 年。按期末付款。那么厂商每季度应还款多少？

【实现方法】：

选中 B5 单元格，在编辑栏中输入公式 "=PMT(B1/4,B2*4,B3,1)"，按 Enter 键确认输入，即可计算出厂商每季度的偿还金额，如图 3-49 所示。

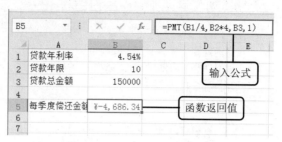

图 3-49　计算每季度还款金额

函数 37　PPMT——基于固定利率及等额分期付款方式，返回投资在某一给定期间内的本金偿还额

【功能说明】：

基于固定利率及等额分期付款方式，返回投资在某一给定期间内的本金偿还额。

【语法格式】：

PPMT(rate, per, nper, pv, [fv], [type])

【参数说明】：

rate：各期利率。

per：用于指定期间，且必须介于 1～nper 之间。

nper：年金的付款总期数。

pv：现值，即一系列未来付款现在所值的总金额。

fv：未来值，或在最后一次付款后希望得到的现金余额，如果省略 fv，则假设其值为 0（零），也就是一笔贷款的未来值为 0。

type：数字 0 或 1，用以指定各期的付款时间是在期初还是期末。

【实例】某厂商为了购买设备，向银行贷款 150 000 元，年利率为 4.54%，贷款期限为 10 年，厂商决定每年偿还部分本金，那么厂商每年应还款的本金是多少？

【实现方法】：

（1）选中 E2 单元格，在编辑栏中输入公式 "=PPMT($B$1,D2,$B$2,$B$3)"，按 Enter 键确认输入，即可计算出厂商第 1 年需偿还的本金数额，如图 3-50 所示。

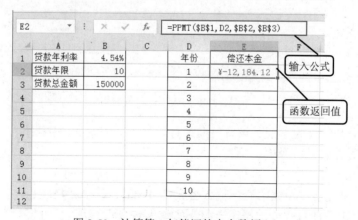

图 3-50　计算第 1 年偿还的本金数额

（2）再次选中 E2 单元格，将光标移动到该单元格的右下角，当光标变成黑色十字形状时双击，向下填充公式，即可计算出其他各年需偿还的本金数额，如图 3-51 所示。

	A	B	C	D	E
1	贷款年利率	4.54%		年份	偿还本金
2	贷款年限	10		1	¥-12,184.12
3	贷款总金额	150000		2	¥-12,737.28
4				3	¥-13,315.56
5				4	¥-13,920.08
6				5	¥-14,552.05
7				6	¥-15,212.72
8				7	¥-15,903.37
9				8	¥-16,625.39
10				9	¥-17,380.18
11				10	¥-18,169.24

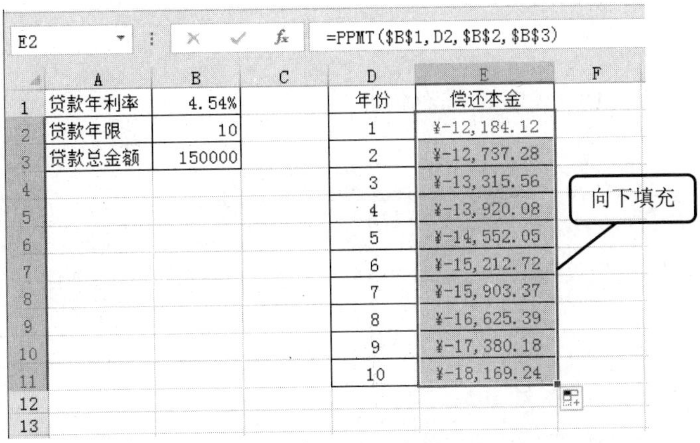

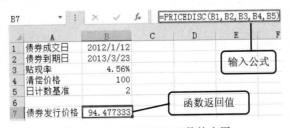

图 3-51　计算其他各年偿还的本金数额

函数 38　PRICEDISC——返回每张票面为 100 元的已贴现债券的现价

【功能说明】：

返回折价发行的面值 ￥100 的有价证券的价格。

【语法格式】：

PRICEDISC(settlement, maturity, discount, redemption, [basis])

【参数说明】：

settlement：证券的成交日。

maturity：证券的到期日。

discount：证券的贴现率。

redemption：面值￥100 的证券的清偿价值。

basis：要使用的日计数基准类型。

【实例】某债券成交日期为 2012 年 1 月 12 日购买了面值为 100 的债券，到期日期为 2013 年 3 月 23 日，贴现率为 4.56%，按实际天数/ 365 为日计数基准，那么该债券的折价发行价格结果是多少？

【实现方法】：

选中 B7 单元格，在编辑栏中输入公式“ =PRICEDISC(B1,B2,B3,B4,B5)”，按 Enter 键确认输入，即可计算出该债券的折价发行价格，如图 3-52 所示。

	A	B
1	债券成交日	2012/1/12
2	债券到期日	2013/3/23
3	贴现率	4.56%
4	清偿价格	100
5	日计数基准	2
6		
7	债券发行价格	94.477333

图 3-52　PRICEDISC 函数的应用

函数 39　PRICEMAT——返回每张票面为 100 元且在到期日支付利息的债券的现价

【功能说明】：

返回到期付息的面值 ￥100 的有价证券的价格。

【语法格式】：

PRICEMAT(settlement, maturity, issue, rate, yld, [basis])

要点：应使用 DATE 函数输入日期，或者将函数作为其他公式或函数的结果输入。例如，使用函数 DATE(2008,5,23) 输入 2008 年 5 月 23 日。如果日期以文本形式输入，则会出现问题。

【参数说明】：

settlement：证券的成交日。

maturity：证券的到期日。

issue：证券的发行日，以日期序列号表示。

rate：证券在发行日的利率。

yld：证券的年收益率。

basis：要使用的日计数基准类型。

【实例】 赵某在 2012 年 3 月 14 日购买了面值为 100 的债券，债券的到期日期为 2014 年 11 月 17 日，发行日期为 2011 年 12 月 17 日，债券的半年票面利率为 4.38%，年收益率为 4.89%，以实际天数/360 为日计数基准，那么该债券的发行价格是多少？

【实现方法】：

选中 B8 单元格，在编辑栏中输入公式 "=PRICEMAT(B1,B2,B3,B4,B5,B6)"，按 Enter 键确认输入，即可计算出该债券的发行价格，如图 3-53 所示。

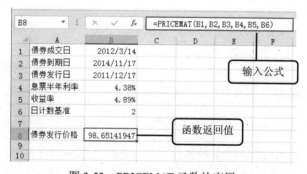

图 3-53　PRICEMAT 函数的应用

函数 40　PRICE——返回每张票面为 100 元且定期支付利息的债券的现价

【功能说明】：

返回定期付息的面值 ￥100 的有价证券的价格。

【语法格式】：

PRICE(settlement, maturity, rate, yld, redemption, frequency, [basis])

【参数说明】:

settlement: 证券的成交日。

maturity: 证券的到期日。

rate: 证券的年息票利率。

yld: 证券的年收益率。

redemption: 面值 ￥100 的证券的清偿价值。

frequency: 年付息次数。

basis: 要使用的日计数基准类型。数字 0 或省略,表示美国 30/360;数字 1,表示实际天数/实际天数;数字 2,表示实际天数/360;数字 3,表示实际天数/365;数字 4,表示欧洲 30/360。

【实例1】 张某在 2005 年 11 月 11 日购买了面值为 100 的债券,到期日为 2012 年 3 月 14 日,息票年利率为 4.13%,债券年收益率为 5.13%,以半年期付息,已按实际天数/实际天数为日计数基准,那么该债券的发行价格是多少?

【实现方法】:

选中 B9 单元格,在编辑栏中输入公式 " =PRICE(B1,B2,B3,B4,B5,B6,B7)",按 Enter 键确认输入,即可计算出该债券的发行价格,如图 3-54 所示。

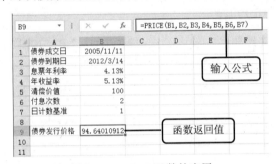

图 3-54 PRICE 函数的应用

【实例2】 某投资机构在 2009 年 9 月 20 日购买了某面值为 100 的债券,债券到期日为 2013 年 2 月 10 日,息票年利率为 4.67%,债券年收益率为 5.24%,且按季付息,以实际天数/360 为日计数基准,那么该债券的发行价格是多少?

【实现方法】:

选中 B20 单元格,在编辑栏中输入公式 "=PRICE(B12,B13,B14,B15,B16,B17,B18)",按 Enter 键确认输入,即可计算出该债券的发行价格,如图 3-55 所示。

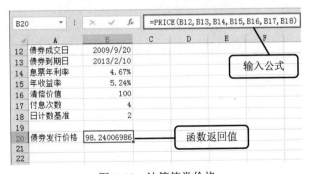

图 3-55 计算债券价格

函数 41 PV——返回投资的现值

【功能说明】:

返回投资的现值。现值为一系列未来付款的当前值的累积和。例如,借入方的借入款即为贷出方贷款的现值。

【语法格式】:

PV(rate, nper, pmt, [fv], [type])

【参数说明】:

rate:各期利率。

nper:年金的付款总期数。

pmt:各期所应支付的金额,其数值在整个年金期间保持不变。

fv:未来值,或在最后一次支付后希望得到的现金余额,如果省略 fv,则假设其值为 0。

type:数字 0 或 1,用以指定各期的付款时间是在期初还是期末。

【实例 1】如果在 10 年后的存款达到 150 000,且现在每月存入 1 000 元,年利率为 4.125%,付款方式为期初付款,计算开始应存入银行多少现值?

【实现方法】:

选中 B6 单元格,在编辑栏中输入公式"=PV(B1/12,B2*12,B3,B4)",按 Enter 键确认输入,即可计算出开始存入银行的现值,如图 3-56 所示。

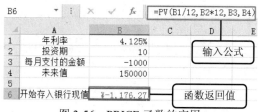

图 3-56 PRICE 函数的应用

【实例 2】张某购买某项保险,每月月底支付保险金额为 500 元,投资回报率为 8.78%,投资年限为 15 年,那么该项投资的未来的现值是多少?

【实现方法】:

选中 B5 单元格,在编辑栏中输入公式"=PV(B1/12,B2*12,B3)",按 Enter 键确认输入,即可计算出该投资的未来现值,如图 3-57 所示。

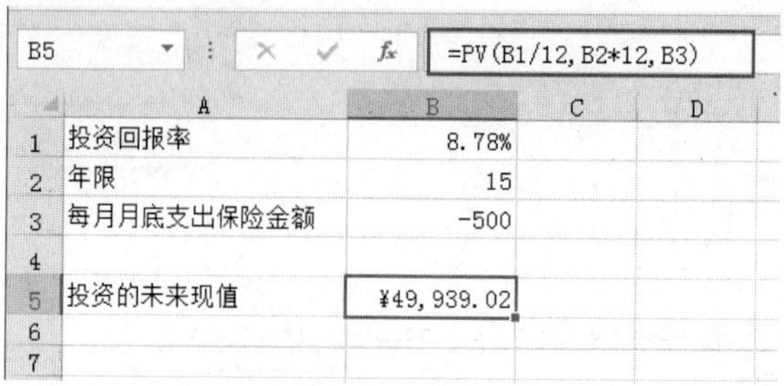

图 3-57 计算投资现值

函数 42　RATE——返回投资或贷款的每期实际利率

【功能说明】：

返回年金的各期利率。函数 RATE 通过迭代法计算得出，并且可能无解或有多个解。如果在进行 20 次迭代计算后，函数 RATE 的相邻两次结果没有收敛于 0.000 000 1，函数 RATE 将返回错误值 #NUM!。

【语法格式】：

RATE(nper, pmt, pv, [fv], [type], [guess])

【参数说明】：

nper：年金的付款总期数。

pmt：各期所应支付的金额，其数值在整个年金期间保持不变。通常，pmt 包括本金和利息，但不包括其他费用或税款。如果省略 pmt，则必须包含 fv 参数。

pv：现值，即一系列未来付款现在所值的总金额。

fv：未来值，或在最后一次付款后希望得到的现金余额。如果省略 fv，则假设其值为 0（例如，一笔贷款的未来值即为 0）。

type：数字 0 或 1，用以指定各期的付款时间是在期初还是期末。

guess：预期利率。如果省略预期利率，则假设该值为 10%。

【实例 1】 张某存入银行 3 600 元，且今后每月末存入 500 元，预在 10 年后使得存款数额达到 100 000 元，计算其月利率和年利率各是多少？

【实现方法】：

（1）选中 B8 单元格，在编辑栏中输入公式"=RATE(B1*12,B2,B3,B4,B5,B6)"，按 Enter 键确认输入，即可计算出月利率为 0.67%。

（2）选中 B9 单元格，在编辑栏中输入公式"=RATE(B1*12,B2,B3,B4,B5,B6)*12"，按 Enter 键确认输入，即可计算出年利率为 8.09%，如图 3-58 所示。

图 3-58　RATE 函数的应用

【实例 2】 某项平安保险业务，需要一次性缴费 30 000 元，保险期限为 30 年。如果保险期限内没有出险，每年年底返还 2 000 元。那么在没有出险的情况下，这种保险的收益率是多少？

【实现方法】：

（1）选中 B5 单元格，在编辑栏中输入公式"=RATE(B1,B2,B3)"，按 Enter 键确认输入，即可计算出该项平安保险的收益为 5.22%，如图 3-59 所示。

（2）通过计算结果，可以判断该项平安保险比当前银行利息高一点，投资该保险比较合算。

图 3-59　计算保险的收益率

函数 43　RECEIVED——返回完全投资型债券在到期日收回的金额

【功能说明】：

返回一次性付息的有价证券到期收回的金额。

【语法格式】：

RECEIVED(settlement, maturity, investment, discount, [basis])

【参数说明】：

settlement：证券的成交日。

maturity：证券的到期日。

investment：证券的投资额。

discount：证券的贴现率。

basis：要使用的日计数基准类型。数字 0 或省略，表示美国 30/360；数字 1，表示实际天数/实际天数；数字 2，表示实际天数/360；数字 3，表示实际天数/365；数字 4，表示欧洲 30/360。

【实例】2012 年 1 月 12 日购买了 150 000 元的债券，到期日为 2013 年 5 月 23 日，贴现率为 5.65%，以实际天数/实际天数为日计数基准，那么该债券到期后的总回报金额是多少？

【实现方法】：

选中 B7 单元格，在编辑栏中输入公式"=RECEIVED(B1,B2,B3,B4,B5)"，按 Enter 键确认输入，即可计算出债券到期后的总回报金额，如图 3-60 所示。

图 3-60　RECEIVED 函数的应用

函数 44　RRI——返回某项投资增长的等效利率

【功能说明】：

返回投资增长的等效利率。

【语法格式】：

RRI(nper, pv, fv)

【参数说明】：

nper：投资的期数。

pv：投资的现值。

fv：投资的未来值。

【实例】 张某向银行存入 100 000 元，投资期数为 8 年，投资的收益额为 110 000 元，计算该投资的等效年利率和等效月利率各是多少？

【实现方法】：

（1）选中 B5 单元格，在编辑栏中输入公式"=RRI(B1,B2,B3)"，按 Enter 键确认输入，即可计算出等效年利率为 1.20%。

（2）选中 B6 单元格，在编辑栏中输入公式"=RRI(B1*12,B2,B3)"，按 Enter 键确认输入，即可计算出等效月利率为 0.099%，如图 3-61 所示。

图 3-61　RRI 函数的应用

函数 45　SLN——返回固定资产的每期线性折旧费

【功能说明】：

返回某项资产在一个期间中的线性折旧值。

【语法格式】：

SLN(cost, salvage, life)

【参数说明】：

cost：资产原值。

salvage：资产在折旧期末的价值（有时也称为资产残值）。

life：资产的折旧期数（有时也称作资产的使用寿命）。

【实例】 某公司固定资产原值为 60 000 元，残值率为 15%，使用年限为 3 年，计算每年的折旧值是多少？

【实现方法】：

选中单元格区域 D2:D4，在编辑栏中输入公式"=SLN(B2,B3*B2,C2/C3/C4)"，按 Ctrl+Enter 组合键确认输入，即可计算出每年的折旧值，如图 3-62 所示。

图 3-62　SLN 函数的应用

函数 46　SYD——按年限总和折旧法计算指定期间的折旧值

【功能说明】：

返回某项资产按年限总和折旧法计算的指定期间的折旧值。

【语法格式】：

SYD(cost, salvage, life, per)

【参数说明】：

cost：资产原值。

salvage：资产在折旧期末的价值（有时也称为资产残值）。

life：资产的折旧期数（有时也称作资产的使用寿命）。

per：期间，其单位与 life 相同。

【实例】某工厂花费 180 000 元购买了一台设备，使用年限为 10 年，10 年后估计折旧值为 28 000 元，那么在这 10 年中，该设备的每年折旧值是多少（年数总和法）？

【实现方法】：

（1）选中 E2 单元格，在编辑栏中输入公式“=SYD($B$1,$B$3,$B$2,D2)”，按 Enter 键确认输入，即可计算出该设备第 1 年的折旧值为“27 636.36”元。

（2）再次选中 E2 单元格，将光标移动到该单元格的右下角，当光标变成黑色十字形状时双击，向下填充公式，即可计算出其他各年该设备的折旧值（年数总和法），如图 3-63 所示。

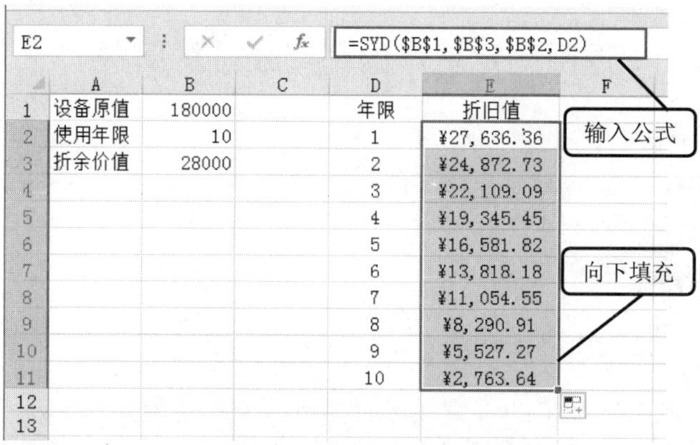

	A	B	C	D	E	F
1	设备原值	180000		年限	折旧值	
2	使用年限	10		1	¥27,636.36	
3	折余价值	28000		2	¥24,872.73	
4				3	¥22,109.09	
5				4	¥19,345.45	
6				5	¥16,581.82	
7				6	¥13,818.18	
8				7	¥11,054.55	
9				8	¥8,290.91	
10				9	¥5,527.27	
11				10	¥2,763.64	
12						
13						

图 3-63　SYD 函数的应用

函数 47　TBILLEQ——返回国库券的等效收益率

【功能说明】：

返回国库券的等效收益率。

【语法格式】：

TBILLEQ(settlement, maturity, discount)

【参数说明】：

settlement：国库券的成交日，即在发行日后，国库券卖给购买者的日期。

maturity：国库券的到期日。到期日是国库券有效期截止时的日期。

discount：国库券的贴现率。

【实例】2012 年 4 月 23 日张某在银行购买 50 000 元的国库券，债券到期日为 2013 年 4 月 23 日，国库券的贴现率为 5.32%，计算该国库券的等效收益率是多少？

【实现方法】：

选中 B5 单元格，在编辑栏中输入公式"=TBILLEQ(B1,B2,B3)"，按 Enter 键确认输入，即可计算出该债券的价格，如图 3-64 所示。

图 3-64　TBILLEQ 函数的应用

函数 48　TBILLPRICE——返回面值 100 美元的国库券的价格

【功能说明】：

返回面值 ￥100 的国库券的价格。

【语法格式】：

TBILLPRICE(settlement, maturity, discount)

【参数说明】：

settlement：国库券的成交日，即在发行日之后，国库券卖给购买者的日期。

maturity：国库券的到期日，到期日是国库券有效期截止时的日期。

discount：国库券的贴现率。

【实例】某债券成交日期为 2012 年 2 月 20 日购买了面值为 100 的债券，到期日期为 2013 年 2 月 18 日，贴现率为 4.56%，那么该债券的价格结果是多少？

【实现方法】：

选中 B5 单元格，在编辑栏中输入公式"=TBILLPRICE(B1,B2,B3)"，按 Enter 键确认输入，即可计算出该债券的价格，如图 3-65 所示。

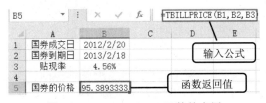

图 3-65　TBILLPRICE 函数的应用

函数 49　TBILLYIELD——返回国库券的收益率

【功能说明】：

返回国库券的收益率。

【语法格式】：

TBILLYIELD(settlement, maturity, pr)

【参数说明】：

settlement：国库券的成交日，即在发行日之后，国库券卖给购买者的日期。

maturity：国库券的到期日，到期日是国库券有效期截止时的日期。

【实例】张某在 2012 年 3 月 25 日以 92.58 元购买了面值为 100 的国库券，该国库券的到期日为 2013 年 3 月 20 日，那么该国库券的收益率是多少？

【实现方法】：

选中 B5 单元格，在编辑栏中输入公式"=TBILLYIELD(B1,B2,B3)"，按 Enter 键确认输入，即可计算出该国库券的收益率，如图 3-66 所示。

图 3-66   TBILLPRICE 函数的应用

函数 50   VDB——使用双倍余额递减法或其他指定的方法，返回资产折旧值

【功能说明】：

使用双倍余额递减法或其他指定的方法，返回指定的任何期间内（包括部分期间）的资产折旧值。函数 VDB 代表可变余额递减法。

【语法格式】：

VDB(cost, salvage, life, start_period, end_period, [factor], [no_switch])

【参数说明】：

cost：资产原值。

salvage：资产在折旧期末的价值（有时也称为资产残值），此值可以是 0。

life：资产的折旧期数（有时也称作资产的使用寿命）。

start_period：进行折旧计算的起始期间，start_period 必须使用与 life 相同的单位。

end_period：进行折旧计算的截止期间，end_period 必须使用与 life 相同的单位。

factor：余额递减速率。如果 factor 被省略，则假设为 2（双倍余额递减法）。

no_switch：一逻辑值，指定当折旧值大于余额递减计算值时，是否转用直线折旧法。

【实例】某人花费 2 000 元购买一部手机，使用年限为 5 年，5 年后估计折价值为 100 元，现在分别计算该手机不同时期的折旧金额？

【实现方法】：

（1）选中 E1 单元格，在编辑栏中输入公式"=VDB(B1,B3,B2*365,0,1)"，按 Enter 键确认输入，即可计算出该手机第一天的折旧金额，如图 3-67 所示。

（2）选中 E2 单元格，在编辑栏中输入公式"=VDB(B1,B3,B2*12,0,1)"，按 Enter 键确认输入，即可计算出该手机第 1 个月的折旧金额，如图 3-68 所示。

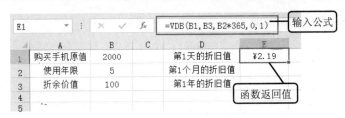

图 3-67　计算第 1 天的折旧值

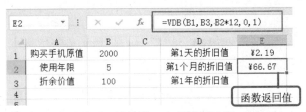

图 3-68　计算第 1 个月的折旧值

（3）选中 E3 单元格，在编辑栏中输入公式"=VDB(B1,B3,B2,0,1)"，按 Enter 键确认输入，即可计算出该手机第 1 年的折旧金额，如图 3-69 所示。

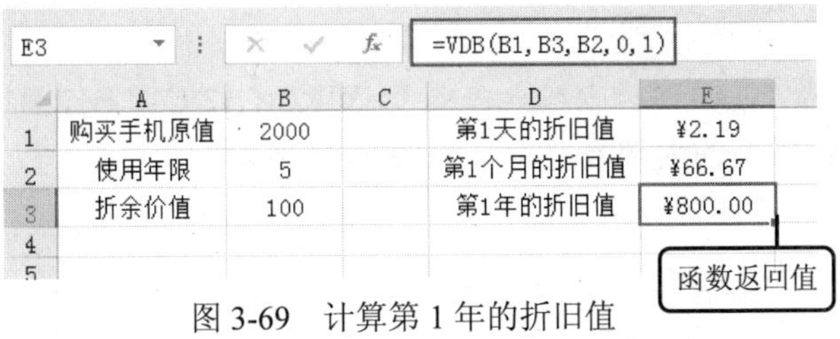

图 3-69　计算第 1 年的折旧值

函数 51　XIRR——返回现金流计划的内部回报率

【功能说明】：

返回一组不一定定期发生的现金流的内部收益率。若要计算一组定期现金流的内部收益率，请使用函数 IRR。

【语法格式】：

XIRR(values, dates, [guess])

【参数说明】：

values：与 dates 中的支付时间相对应的一系列现金流。

dates：与现金流支付相对应的支付日期表。日期可按任何顺序排列。

guess：对函数 xirr 计算结果的估计值。

【实例 1】某公司在 2010 年 12 月 23 日启动一项投资项目，投资金额为 6 000 000 元，预计在未来 5 个不定期的回报金额分别为 800 000 元（对应日期 2011 年 6 月 23 日）、1 000 000 元（对应日期 2011 年 12 月 25 日）、1 450 000 元（对应日期 2012 年月 2 月 28 日）、1 850 000 元（对应日期为 2012 年 11 月 3 日）和 2 750 000 元（对应日期为 2013 年 5 月 15 日）。估计年贴现率无 25%，则该项目投资的内部收益率是多少？

【实现方法】：

选中 C9 单元格，在编辑栏中输入公式"=XIRR(C2:C7,B2:B7,C1)"，按 Enter 键确认输入，即可计算出投资的内部收益率，如图 3-70 所示。

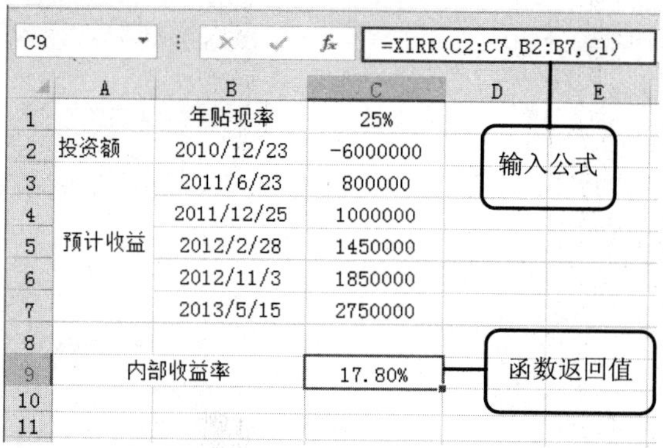

图 3-70　XIRR 函数的应用

【实例 2】张某于 2010 年 3 月 15 日投资了某个项目，初始投资 80 000 元，且该项目在 5 个月内的预期收益依次为 9 500 元、8 000 元、10 000 元、7 200 元和 12 000 元。但是收益的时间并不固定，可能是月初也可能是月中。求解该项目的内部收益率，基础数据如图 3-37 所示

【实现方法】：

选中 C19 单元格，在编辑栏中输入公式 "=XIRR(C12:C17,B12:B17)"，按 Enter 键确认输入，即可计算出该投资的内部收益率，如图 3-71 所示。

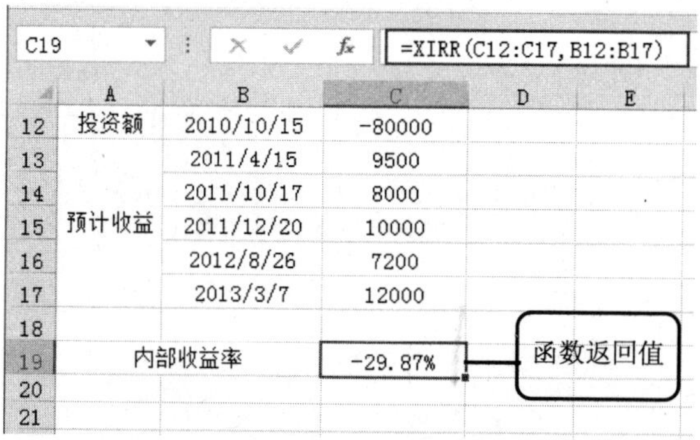

图 3-71　计算内部收益率

函数 52　XNPV——返回现金流计划的净现值

【功能说明】：

返回一组现金流的净现值，这些现金流不一定定期发生。若要计算一组定期现金流的净现值，请使用函数 NPV。

【语法格式】：

XNPV(rate, values, dates)

【参数说明】：

rate：应用于现金流的贴现率。

values：与 dates 中的支付时间相对应的一系列现金流。

dates：与现金流支付相对应的支付日期表。第一个支付日期代表支付表的开始日期。

其他所有日期应迟于该日期，但可按任何顺序排列。

【实例】某公司在 2010 年 10 月 12 日启动一项投资项目，投资金额为 4 000 000 元，预计在未来 5 个不定期的回报金额分别为 850 000 元（对应日期 2011 年 3 月 12 日）、1 050 000 元（对应日期 2011 年 10 月 14 日）、1 450 000 元（对应日期 2011 年月 12 日 17 日）、1 650 000 元（对应日期为 2012 年 8 月 24 日）和 2 350 000 元（对应日期为 2013 年 1 月 4 日）。估计年贴现率无 23%，则该项目投资的净现值是多少？

【实现方法】：

选中 C9 单元格，在编辑栏中输入公式"=XNPV(C1,C2:C7,B2:B7)"，按 Enter 键确认输入，即可计算出该投资的净现值，如图 3-72 所示。

图 3-72　XNPV 函数的应用

函数 53　YIELDDISC——返回折价发行的有价证券的年收益率

【功能说明】：

返回折价发行的有价证券的年收益率。

【语法格式】：

YIELDDISC(settlement, maturity, pr, redemption, [basis])

【参数说明】：

settlement：有价证券的成交日。有价证券成交日在发行日之后，是有价证券卖给购买者的日期。

maturity：有价证券的到期日。到期日是有价证券有效期截止时的日期。

pr：有价证券的价格（按面值为 ￥100 计算）。

redemption：有价证券的兑换值（按面值为 ￥100 计算）。

basis：要使用的日计数基准类型。数字 0 或省略，表示美国 30/360；数字 1，表示实际天数/实际天数；数字 2，表示实际天数/360；数字 3，表示实际天数/365；数字 4，表示欧洲 30/360。

【实例】张某在 2011 年 2 月 13 日以 96.45 元购买了 2012 年 12 月 23 日到期的面值为 100 的债券，以实际天数/实际天数为日计数基准。现在要计算出该债券的折价收益率是多少？

【实现方法】：

选中 B7 单元格，在编辑栏中输入公式"=YIELDDISC(B1,B2,B3,B4,B5)"，按 Enter 键确认输入，即可计算出该债券的收益率，如图 3-73 所示。

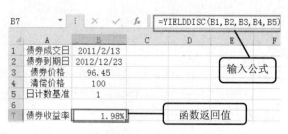

图 3-73　YIELDDISC 函数的应用

函数 54　YIELDMAT——返回到期付息的有价证券的年收益率

【功能说明】：

返回到期付息的有价证券的年收益率。

【语法格式】：

YIELDMAT(settlement, maturity, issue, rate, pr, [basis])

【参数说明】：

settlement：有价证券的成交日。有价证券成交日在发行日后，是有价证券卖给购买者的日期。

maturity：有价证券的到期日。到期日是有价证券有效期截止时的日期。

issue：有价证券的发行日，以时间序列号表示。

rate：有价证券在发行日的利率。

pr：有价证券的价格（按面值为 ￥100 计算）。

basis：要使用的日计数基准类型。数字 0 或省略，表示美国 30/360；数字 1，表示实际天数/实际天数；数字 2，表示实际天数/360；数字 3，表示实际天数/365；数字 4，表示欧洲 30/360。

【实例】 张某在 2011 年 3 月 20 日以 103.42 元卖出 2013 年 1 月 23 日到期的面值为 100 的债券。该债券的发行日为 2010 年 12 月 23 日，息票半年利率为 5.18%，以实际天数/360 为日计数基准。现在要计算出该债券的收益率是多少？

【实现方法】：

选中 B8 单元格，在编辑栏中输入公式"=YIELDMAT(B1,B2,B3,B4,B5,B6)"，按 Enter 键确认输入，即可计算出该债券的收益率，如图 3-74 所示。

图 3-74　YIELDMAT 函数的应用

函数 55　YIELD——返回定期付息的债券的收益率

【功能说明】：

返回定期付息有价证券的收益率，函数 YIELD 用于计算债券收益率。

【语法格式】：

YIELD(settlement, maturity, rate, pr, redemption, frequency, [basis])

【参数说明】：

settlement：有价证券的成交日。有价证券成交日在发行日之后，是有价证券卖给购买者的日期。

maturity：有价证券的到期日。到期日是有价证券有效期截止时的日期。

rate：有价证券的年息票利率。

pr：有价证券的价格（按面值为￥100 计算）。

redemption：有价证券的兑换值（按面值为 ￥100 计算）。

frequency：年付息次数。如果按年支付，frequency =1；按半年期支付，frequency =2；按季支付，frequency = 4。

basis：要使用的日计数基准类型。数字 0 或省略，表示美国 30/360；数字 1，表示实际天数/实际天数；数字 2，表示实际天数/360；数字 3，表示实际天数/365；数字 4，表示欧洲 30/360。

【实例】 张某在 2010 年 11 月 11 日购买面值 100 元的债券，到期日为 2013 年 3 月 14 日，票息利息为 7.25%，购买价格为 96.254 6 元，价格以年期付，已按实际天数/实际天数为日计数基准，那么该债券的收益率是多少？

【实现方法】：

选中 B9 单元格，在编辑栏中输入公式"=YIELD(B1,B2,B3,B4,B5,B6,B7)"，按 Enter 键确认输入，即可计算出该债券的收益率，如图 3-75 所示。

图 3-75　YIELD 函数的应用

第4章　数学和三角函数解析与实例应用

数学和三角函数主要应用于数学运算领域，有效利用这些函数可以将复杂的公式变得更加简单，有助于对数字及三角函数进行研究，能够帮助数学研究人员处理各类公式的计算，下面对这些函数进行详细介绍。

函数 1　ABS——返回数字的绝对值

【功能说明】：

返回数字的绝对值。绝对值没有符号。

【语法格式】：

ABS(number)

【参数说明】：

number：需要计算其绝对值的实数。

【实例】 求某物体在不同温度下多次测量的最大误差值。

【实现方法】：

选中 H2 单元格，在编辑栏中输入公式"=MAX(ABS(C2:F2-B2))"，按 Ctrl+Shift+Enter 组合键确认输入，即可计算出–10℃下的最大误差值，然后向下复制公式，计算出其他温度下的最大误差值，如图 4-1 所示。

H2		ƒx	{=MAX(ABS(C2:F2-B2))}				
	A	B	C	D	E	F	G	H
1	次数 温度（℃）	标准值	第一次	第二次	第三次	第四次		
2	-10	10.50	10.23	10.56	10.02	10.44		0.48
3	0	10.50	10.30	10.77	10.29	10.22		0.28
4	10	10.50	10.69	10.88	10.77	10.96		0.46
5	20	10.50	10.88	10.71	10.60	10.55		0.38

图 4-1　求绝对值

函数 2　ACOSH——返回参数的反双曲余弦值

【功能说明】：

返回 number 参数的反双曲余弦值。参数必须大于或等于 1。反双曲余弦值的双曲余弦即为 number，因此 ACOSH(COSH(number)) 等于 number。

【语法格式】：

ACOSH(number)

【参数说明】：

number：大于等于 1 的任意实数。

【实例】验证反双曲余弦函数必通过坐标（1,0），并且参数值不能小于 1。

【实现方法】：

选中 C2 单元格，在编辑栏中输入公式 "=ACOSH(A2)"，按 Enter 键确认输入，可计算出该数值下的反双曲余弦值，然后向下复制公式即可。计算完成后，观察计算结果，可看出反双曲余弦函数通过坐标（1,0），且当函数参数小于 1 时会返回错误值，如图 4-2 所示。

	A	B	C	D	E
	数值		反双曲余弦值		
2	12		3.176313181		
3	11.5698		3.139672563		
4	8		2.768659383		
5	5.26347		2.3447891		
6	4.58972		2.204881456		
7	3.1425926		1.81186197		
8	1		0		
9	0		#NUM!		
10	-1.589		#NUM!		
11	-6.5		#NUM!		

图 4-2　求反双曲余弦值

函数 3　ACOS——返回参数反余弦值

【功能说明】：

返回数字的反余弦值。反余弦值是角度，它的余弦值为数字。返回的角度值以弧度表示，范围是 0 到 pi。

【语法格式】：

ACOS(number)

【参数说明】：

number：所需的角度余弦值，必须介于 -1～1 之间。

注意：如果要用度表示反余弦值，请将结果再乘以 180/PI() 或使用 DEGREES 函数。

【实例】验证反余弦函数的值在[0, π]之间，并且是一个定义区间在[-1,1]上的递减函数。

【实现方法】：

选中 C2 单元格，在编辑栏中输入公式 "=ACOS(A2)"，按 Enter 键确认输入，可计算出该数值下的反余弦值，然后向下复制公式即可。计算完成后，观察计算结果，可看出反余弦函数是一个函数值在[0,π]之间，并且定义区间在[-1,1]上的递减函数，如图 4-3 所示。

C2　=ACOS(A2)

	A	B	C	D
1	数值		反余弦值	
2	1		0	
3	0.823		0.604124031	
4	0.44		1.115197653	
5	0.23		1.338718644	
6	0		1.570796327	
7	-0.22		1.792610797	
8	-0.56		2.165182127	
9	-0.77		2.449637478	
10	-0.8		2.498091545	
11	-1		3.141592654	
12	-2		#NUM!	
13	22		#NUM!	

图 4-3　求反余弦值

函数 4　ACOT——返回一个数字的反余切值

【功能说明】：

返回数字的反余切值的主值。

【语法格式】：

ACOT(number)。

【参数说明】：

number：number 为所需的角度的余切值，它必须是一个实数。

注意：cot(x)=1/tan(x)。

【实例】 验证反余切函数是一个函数值在（0, π）之间的递减函数。

【实现方法】：

选中 C2 单元格，在编辑栏中输入公式“=ACOT(A2)”，按 Enter 键确认输入，可计算出该数值下的反余切值，然后向下复制公式即可。计算完成后，观察计算结果，可看出反余切函数是一个函数值在（0, π）之间的递减函数，如图 4-4 所示。

C2　=ACOT(A2)

	A	B	C	D
1	数值		反余切值	
2	255		0.003921549	
3	100		0.009999667	
4	10		0.099668652	
5	2		0.463647609	
6	0		1.570796327	
7	-5		2.944197094	
8	-18		3.086094148	
9	-30		3.108271658	
10	-100		3.131592987	
11	-1000		3.140592654	
12	-10000		3.141492654	
13	-5000000		3.141592454	

图 4-4　求反余切值

函数 5　ACOTH——返回一个数字的反双曲余切值

【功能说明】：

返回数字的反双曲余切值。

【语法格式】:

ACOTH(number)

【参数说明】:

number：number 的绝对值必须大于 1。

注意：$acoth(N)=\frac{1}{2}\ln\left(\frac{x+1}{x-1}\right)$

【实例】 验证反双曲余切函数的定义区间在为$(-\infty,-1)\cup(1,+\infty)$，并且函数在$(-\infty,-1)$和$(1,+\infty)$区间上分别单调递减。

【实现方法】:

选中 C2 单元格，在编辑栏中输入公式“=ACOTH(A2)”，按 Enter 键确认输入，可计算出该数值下的反双曲余切值，然后向下复制公式即可。计算完成后，观察计算结果，可看出反双曲余切函数在$(-\infty,-1)$和$(1,+\infty)$区间上分别单调递减，如图 4-5 所示。

C2　=ACOTH(A2)

	A	B	C	D
1	数值		反双曲余切值	
2	255		0.003921589	
3	10		0.100335348	
4	2		0.549306144	
5	1.00005		5.298329866	
6	1		#NUM!	
7	0.2		#NUM!	
8	0		#NUM!	
9	-0.5		#NUM!	
10	-1		#NUM!	
11	-1.000001		-7.254329119	
12	-2.66		-0.395322773	
13	-1000		-0.001	

图 4-5　求反双曲余切值

函数 6　AGGREGATE——返回一个数据列表或数据库的合计

【功能说明】:

返回列表或数据库中的合计。

【语法格式】:

引用形式

AGGREGATE(function_num, options, ref1, [ref2], …)

数组形式

AGGREGATE(function_num, options, array, [k])

【参数说明】:

function_num：一个介于 1～19 之间的数字，指定要使用的函数。

Options：一个数值，决定在函数的计算区域内要忽略哪些值。

0 或省略，忽略嵌套 SUBTOTAL 和 AGGREGATE 函数；

1. 忽略隐藏行、嵌套 SUBTOTAL 和 AGGREGATE 函数；
2. 忽略错误值、嵌套 SUBTOTAL 和 AGGREGATE 函数；
3. 忽略隐藏行、错误值、嵌套 SUBTOTAL 和 AGGREGATE 函数；

数字	对应函数	功　　能
1	AVERAGE	计算平均值
2	COUNT	计算参数中数字的个数
3	COUNTA	计算区域中非空单元格的个数
4	MAX	返回参数中的最大值
5	MIN	返回参数中的最小值
6	PRODUCT	返回所有参数的乘积
7	STDEV.S	基于样本估算标准偏差
8	STDEV.P	基于整个样本总体计算标准偏差
9	SUM	求和
10	VAR.S	基于样本估算方差
11	VAR.P	计算基于样本总体的方差
12	MEDIAN	返回给定数值的中值
13	MODE.SNGL	返回数组或区域中出现频率最多的数值
14	LARGE	返回数据集中第 k 个最大值
15	SMALL	返回数据集中的第 k 个最小值
16	PERCENTILE.INC	返回区域中数值的第 K($0 \leq k \leq 1$)个百分点的值
17	QUARTILE.INC	返回数据集的四分位数（包含 0 和 1）
18	PERCENTILE.EXC	返回区域中数值的第 K（$0 < k < 1$)个百分点的值
19	QUARTILE.EXC	返回数据集的四分位数(不包括 0 和 1)

4. 忽略空值；

5. 忽略隐藏行；

6. 忽略错误值；

7. 忽略隐藏行和错误值。

ref1：函数的第一个数值参数，这些函数使用要为其计算聚合值的多个数值参数。

ref2....：要为其计算聚合值的 2～253 个数值参数。

【实例】例如在下图的 A2:D4 区域是由公式返回的动态数据区域，其中某些单元格可能会返回错误值，要对这些包含错误值的区域求和。

【实现方法】：

选中 E3 单元格，在编辑栏中输入公式 "=AGGREGATE(9,6,B3:D3)"，按 Enter 键确认输入，即可计算出该区域的和，如图 4-6 所示。

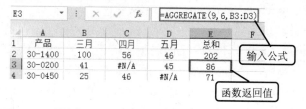

图 4-6　AGGREGATE 函数的应用

函数 7　ARABIC——将罗马数字转换为阿拉伯数字

【功能说明】:

将罗马数字转换为阿拉伯数字。

【语法格式】:

ARABIC(text)

【参数说明】:

text：用引号括起来的字符串、空字符串 ("") 或对包含文本的单元格的引用。

【实例】 将表格中以罗马数字表示的编码转化为阿拉伯数字。

【实现方法】:

选择 B3 单元格，输入公式“=ARABIC(A3)”，按 Enter 键确认输入，向下复制公式，即可完成阿拉伯数字向罗马数字的转化，如图 4-7 所示。

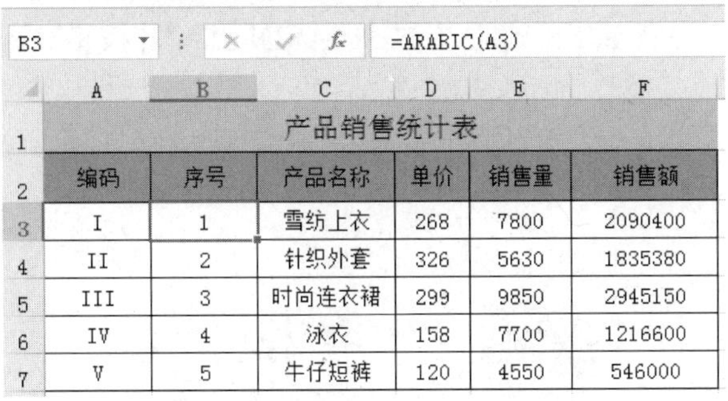

编码	序号	产品名称	单价	销售量	销售额
I	1	雪纺上衣	268	7800	2090400
II	2	针织外套	326	5630	1835380
III	3	时尚连衣裙	299	9850	2945150
IV	4	泳衣	158	7700	1216600
V	5	牛仔短裤	120	4550	546000

图 4-7　将罗马数字转化为阿拉伯数字

函数 8　ASINH——返回参数的反双曲正弦值

【功能说明】:

返回参数的反双曲正弦值。反双曲正弦值的双曲正弦即等于此函数的 number 参数值，因此 ASINH(SINH(number)) 等于 number 参数值。

【语法格式】:

ASINH(number)

【参数说明】:

number：任意实数。

【实例】 验证反双曲正弦函数是一个关于原点对称的函数。

【实现方法】:

选中 C2 单元格，在编辑栏中输入公式“=ASINH(A2)”，按 Enter 键确认输入，可计算出该数值下的反双曲正弦值，然后向下复制公式即可。计算完成后，观察计算结果，可看出反双曲正弦函数是一个关于原点对称的函数，如图 4-8 所示。

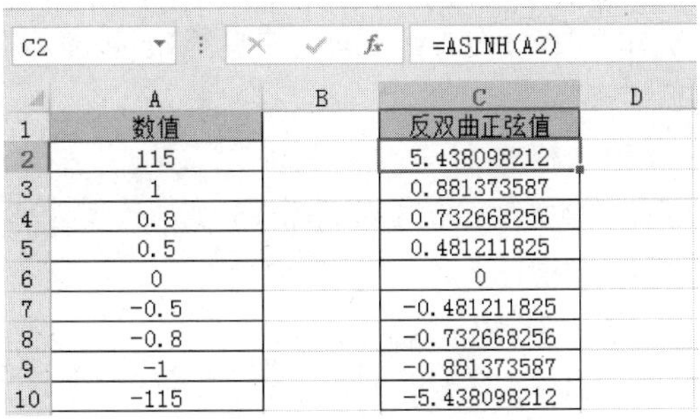

数值		反双曲正弦值
115		5.438098212
1		0.881373587
0.8		0.732668256
0.5		0.481211825
0		0
-0.5		-0.481211825
-0.8		-0.732668256
-1		-0.881373587
-115		-5.438098212

图 4-8　求反双曲正弦值

函数 9　ASIN——返回一个弧度的反正弦值

【功能说明】：

返回参数的反正弦值。反正弦值为一个角度，该角度的正弦值即等于此函数的 number 参数。返回的角度值将以弧度表示，范围为 –pi/2 到 pi/2。

【语法格式】：

ASIN(number)

【参数说明】：

number：所需的角度正弦值，必须介于 –1～1 之间。

【实例】 验证反正弦函数的值在[–π/2, π/2]之间，并且是一个定义区间在[–1, 1]上的递增函数。

【实现方法】：

选中 C2 单元格，在编辑栏中输入公式"=ASIN(A2)"，按 Enter 键确认输入，可计算出该数值下的反正弦值，然后向下复制公式即可。计算完成后，观察计算结果，可看出反正弦函数是一个函数值在[–π/2, π/2] 之间，并且定义区间在[–1, 1]上的递增函数，如图 4-9 所示。

C2　=ASIN(A2)

	A	B	C	D
1	数值		反正弦值	
2	1		1.570796327	
3	0.75		0.848062079	
4	0.37		0.379009021	
5	0.2		0.201357921	
6	0		0	
7	-0.2		-0.201357921	
8	-0.37		-0.379009021	
9	-0.75		-0.848062079	
10	-0.9		-1.119769515	
11	-1		-1.570796327	
12	-2		#NUM!	
13	1.5		#NUM!	

图 4-9　求反正弦值

函数 10　ATAN2——返回给定的 X 及 Y 坐标值的反正切值

【功能说明】：

返回给定的 X 及 Y 坐标值的反正切值。反正切的角度值等于 X 轴与通过原点和给定坐标点 (x_num, y_num) 的直线之间的夹角。结果以弧度表示并介于 –pi 到 pi 之间（不包括 –pi）。

【语法格式】：

ATAN2(x_num, y_num)

【参数说明】：

x_num：点的 x 坐标。

y_num：点的 y 坐标。

【实例】 求给定的不同坐标的反正切值。

【实现方法】:

选中 C2 单元格，在编辑栏中输入公式 “=ATAN2(A2,B2)”，按 Enter 键确认输入，可计算出坐标的反正切值，然后向下复制公式即可，如图 4-10 所示。

C2　=ATAN2(A2, B2)

	A	B	C
1	X坐标	Y坐标	坐标反正切值
2	1	9	1.460139106
3	0	7	1.570796327
4	-5	1	2.944197094
5	9	-7	-0.661043169
6	-18	-3	-2.976443976

图 4-10　求坐标反正切值

函数 11　ATANH——返回反双曲正切值

【功能说明】:

返回参数的反双曲正切值，参数必须介于 –1～1 之间（除去 –1 和 1）。反双曲正切值的双曲正切即为该函数的 number 参数值，因此 ATANH(TANH(number)) 等于 number。

【语法格式】:

ATANH(number)

【参数说明】:

number：–1～1 之间的任意实数。

【实例】验证反双曲正切函数是一个定义域在（–1, 1）之间且关于原点（0, 0）对称的函数。

【实现方法】:

选中 C2 单元格，在编辑栏中输入公式 “= ATANH(A2)”，按 Enter 键确认输入，可计算出该数值的反双曲正切值，然后向下复制公式即可。计算完成后，观察计算结果，可看出反双曲正切函数是一个定义域在（–1, 1）之间且关于原点（0, 0）对称的函数，如图 4-11 所示。

C2　= ATANH(A2)

	A	B	C	D
1	数值		反双曲正切值	
2	0.9999		4.951718776	
3	0.9		1.47221949	
4	0.289		0.297474787	
5	0.127		0.127689479	
6	0		0	
7	-0.127		-0.127689479	
8	-0.289		-0.297474787	
9	-0.9		-1.47221949	
10	-0.9999		-4.951718776	
11	-1		#NUM!	
12	-2		#NUM!	
13	1.5		#NUM!	

图 4-11　求反双曲正切值

函数 12　ATAN——返回反正切值

【功能说明】：

返回反正切值。反正切值为角度，其正切值即等于 number 参数值。返回的角度值将以弧度表示，范围为 $-\pi/2$ 到 $\pi/2$。

【语法格式】：

ATAN(number)

【参数说明】：

number：所需的角度正切值。

【实例】验证反正切函数是一个定义域为 R 的单调递增函数，且取值范围为 $(-\pi/2, \pi/2)$。

【实现方法】：

选中 C2 单元格，在编辑栏中输入公式"=ATAN(A2)"，按 Enter 键确认输入，可计算出该数值的反正切值，然后向下复制公式即可。计算完成后，观察计算结果，可看出反正切函数是一个定义域为 R 的单调递增函数，且取值范围为 $(-\pi/2, \pi/2)$，如图 4-12 所示。

	A	B	C	D
1	数值		反正切值	
2	999800		1.570795327	
3	1587		1.570166207	
4	568		1.569035765	
5	80		1.558296978	
6	0.006		0.005999928	
7	0		0	
8	−0.006		−0.005999928	
9	−9		−1.460139106	
10	−80		−1.558296978	
11	−568		−1.569035765	
12	−1587		−1.570166207	
13	−999800		−1.570795327	

图 4-12　求反正切值

函数 13　BASE——将数字转换成具有给定基数的文本表示形式

【功能说明】：

将数字转换为具有给定基数的文本表示形式。

【语法格式】：

BASE(number, radix [min_length])

【参数说明】：

number：要转换的数字。必须为大于或等于 0 并小于 2^{53} 的整数。

radix：要将数字转换成的基本基数。必须为大于或等于 2 且小于或等于 36 的整数。

min_length：返回字符串的最小长度。必须为大于或等于 0 的整数。

【实例】将十进制数分别转换为不同的进制，并且返回的值保留十个字符。

【实现方法】：

选中 B2 单元格，输入公式"=BASE(A2,2,10)"，按 Enter 键确认输入，即可将数值转化为二进制表示，同样，在 C2 和 D2 单元格中分别输入"=BASE(A2,8,10)"和"=BASE(A2,16,10)"，并向下复制公式即可，如图 4-13 所示。

| B2 | | ▼ | | × | ✓ | fx | | =BASE(A2,2,10) | |

▲	A	B	C	D
1	数值	转换为二进制	转换为八进制	转换为十六进制
2	9	0000001001	0000000011	0000000009
3	18	0000010010	0000000022	0000000012
4	35	0000100011	0000000043	0000000023
5	89	0001011001	0000000131	0000000059
6	158	0010011110	0000000236	000000009E
7	387	0110000011	0000000603	0000000183

图 4-13　将数值转换为其他表示形式

函数 14　CEILING.MATH——将数字向上舍入到最接近的整数或者最接近的指定基数的倍数

【功能说明】：

将参数 number 向上舍入（沿绝对值增大的方向）为最接近的 significance 的倍数。例如，如果用户不愿意使用像“分”这样的零钱，而所要购买的商品价格为 ￥4.42，可以用公式 =CEILING(4.42,0.05) 将价格向上舍入为以“角”表示。

【语法格式】：

CEILING(number, significance)

【参数说明】：

number：要舍入的值。

significance：要舍入到的倍数。

⌂注意：无论 number 的正负如何，都是按远离 0 点的方向返回结果。如果 number 是 significance 的倍数，则返回的数值是其自身。

【实例】已知订单量和日生产量，计算出完成订单所需天数。

【实现方法】：

选中 D2 单元格，输入公式“=CEILING.MATH(C2,B2)/B2”，按 Enter 键确认输入，即可计算出该订单完成所需天数，向下复制公式，计算出其他订单完成所需天数，如图 4-14 所示。

| D2 | | ▼ | | × | ✓ | fx | | =CEILING.MATH(C2,B2)/B2 | |

▲	A	B	C	D
1	订单编号	日生产量	订单量	订单完成所需天数
2	CT0213070101	3000	85000	29
3	CM0813070601	2500	70000	28
4	KM1513070902	4000	120000	30
5	CN5813071001	1200	67000	56
6	JK0513071405	3100	98000	32
7	TO1813072201	1950	35000	18

图 4-14　计算订单完成所需天数

函数 15　COMBIN——返回指定对象集合中提取若干元素的组合数

【功能说明】：

计算从给定数目的对象集合中提取若干对象的组合数。利用函数 COMBIN 可以确定一组对象所有可能的组合数。

【语法格式】：

COMBIN(number, number_chosen)

【参数说明】：

number：项目的数量。

number_chosen：每一组合中项目的数量。

📖 **注意**：函数中的参数按照截尾取整的原则参与运算，并且要求 number>0、Excel 数学与三角函数：number_chosen>0 以及 number>number_chosen。

【实例 1】假设有 20 名舞蹈队员，12 名男队员，8 名女队员，从中选出任意 4 名男队员和 3 名女队员排练舞蹈，计算出共有多少种选择方案。

【实现方法】：

选择 C2 单元格，在编辑栏中输入公式"=COMBIN(A2,B2)*COMBIN(A4,B4)"，按 Enter 键确认输入，即可计算出选择方案数目，如图 4-15 所示。

图 4-15 计算选择方案数目

【实例 2】已知一个二项式$(x+y)^4$，求该四次二项式的展开项中各项的系数。

【实现方法】：

选择 C6 单元格，在编辑栏中输入公式"=COMBIN($C$6,B9)"，按 Enter 键确认输入，即可计算出展开项 x^4 的系数为 1，向下复制公式，可计算出其他展开项的系数，如图 4-16 所示。

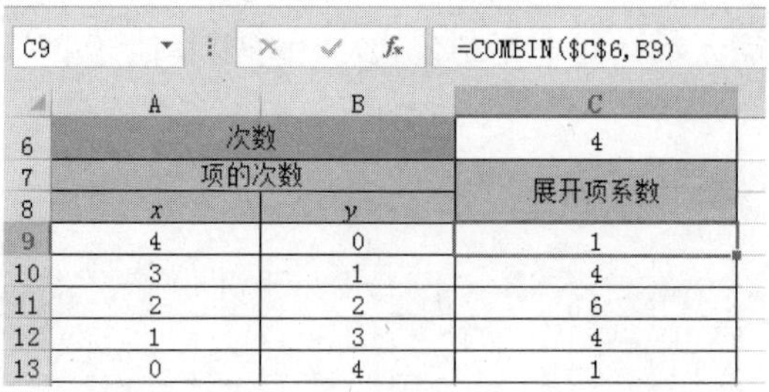

图 4-16 计算二项式展开项中的各项系数

函数 16　COMBINA——返回给定数目的项的组合数

【功能说明】：

返回给定数目的项的组合数（包含重复）。

【语法格式】：

COMBINA(number, number_chosen)

【参数说明】：

number：必须大于或等于 0 并大于或等于 number_chosen。非整数值将被截尾取整。

number_chosen：必须大于或等于 0。非整数值将被截尾取整。

【实例】 假设某商场开展购物抽奖活动，抽奖箱里共有编码 0～9 的小球各一个，观众每次抽取一个小球后将其放回抽奖箱继续进行抽取，则连续 3 次抽中编码为 8 的小球能获得精美礼品一份，求观众能获得精美礼品的概率为多少？

【实现方法】：

选择 C2 单元格，在编辑栏中输入公式"=1/COMBINA(A2,B2)"，按 Enter 键确认输入，即可计算出获奖概率，如图 4-17 所示。

图 4-17　计算中奖概率

函数 17　COSH——返回参数的双曲余弦值

【功能说明】：

返回数字的双曲余弦值。

【语法格式】：

COSH(number)

【参数说明】：

number：想要求双曲余弦的任意实数。

注意：双曲余弦的公式为：

$$COSH(z) = \frac{e^2 + e^{-2}}{2}$$

【实例】 验证双曲余弦函数必通过坐标（0，1），并以 y 轴为对称点左右对称。

【实现方法】：

选中 D2 单元格，在编辑栏中输入公式"=COSH(B2)"，按 Enter 键确认输入，可计算出该数值下的双曲余弦值，然后向下复制公式即可。计算完成后，观察计算结果，可看出双曲余弦函数通过坐标（0，1），并以 y 轴为对称点左右对称，如图 4-18 所示。

	A	B	C	D	E
		弧度数		双曲余弦值	
1					
2	π	3.141592654		11.59195328	
3	π/2	1.570796327		2.509178479	
4	π/4	0.785398163		1.324609089	
5	π/8	0.392699082		1.078102289	
6	0	0		1	
7	−π/8	−0.392699082		1.078102289	
8	−π/4	−0.785398163		1.324609089	
9	−π/2	−1.570796327		2.509178479	
10	−π	−3.141592654		11.59195328	

图 4-18　求双曲余弦值

函数 18　COS——返回角度的余弦值

【功能说明】：

返回给定角度的余弦值。

【语法格式】：

COS(number)

【参数说明】：

number：想要求余弦的角度，以弧度表示。

注意：如果角度是以度表示的，则可将其乘以 PI()/180 或使用 RADIANS 函数将其转换成弧度。

【实例】验证余弦函数的值在[-1，1]之间，并且关于 y 轴对称。

【实现方法】：

选中 C2 单元格，在编辑栏中输入公式"=COS(RADIANS(A2))"，按 Enter 键确认输入，可计算出该数值下的余弦值，然后向下复制公式即可。计算完成后，观察计算结果，可看出余弦函数的值在[-1, 1]之间，并且关于 y 轴对称，如图 4-19 所示。

	A	B	C	D
	角度数		余弦值	
2	180		-1	
3	90		6.12574E-17	
4	45		0.707106781	
5	30		0.866025404	
6	0		1	
7	-30		0.866025404	
8	-45		0.707106781	
9	-90		6.12574E-17	
10	-180		-1	

图 4-19　求余弦值

函数 19　COT——返回一个角度的余切值

【功能说明】：

返回以弧度表示的角度的余切值。

【语法格式】：

COT(number)

【参数说明】：

number：要获得其余切值的角度，以弧度表示。number 不等于零，否则返回结果为错误值 #DIV/0。

【实例】验证余切函数是一个周期为 π 的奇函数。

【实现方法】：

选中 D2 单元格，在编辑栏中输入公式"=COT(B2)"，按 Enter 键确认输入，可计算出该数值下的余切值，然后向下复制公式即可。计算完成后，观察计算结果，可看出余切函数是一个周期为 π 的奇函数，如图 4-20 所示。

	A	B	C	D
1		弧度数		余切值
2	π	3.141592654		-8.16228E+15
3	π/2	1.570796327		6.12574E-17
4	π/4	0.785398163		1
5	π/8	0.392699082		2.414213562
6	0	0		#DIV/0!
7	-π/8	-0.392699082		-2.414213562
8	-π/4	-0.785398163		-1
9	-π/2	-1.570796327		-6.12574E-17
10	-π	-3.141592654		8.16228E+15

图 4-20　求余切值

函数 20　COTH——返回一个数字的双曲余切值

【功能说明】：

返回一个双曲角度的双曲余切值。

【语法格式】：

COTH(number)

【参数说明】：

number：为绝对值小于 2^{27} 的任意实数。如果 number 超出其限制范围，该函数返回错误值#NUM!。

注意：双曲余切值是普通（圆弧）余切值的模拟值。

$$coth(N) = \frac{1}{\tanh(N)} = \frac{\cosh(N)}{\sinh(N)} = \frac{e^N + e^{-N}}{e^N - e^{-N}}$$

【实例】验证双曲余切函数在零点处无意义。

【实现方法】：

选中 D2 单元格，在编辑栏中输入公式"=COTH(B2)"，按 Enter 键确认输入，可计算出该数值下的双曲余切值，然后向下复制公式即可。计算完成后，观察计算结果，可看出双曲余切函数在零点处函数值返回一个错误值，如图 4-21 所示。

D2		:	×	✓	fx	=COTH(B2)	
	A	B	C	D		E	
1		弧度数		双曲余切值			
2	π	3.141592654		1.003741873			
3	π/2	1.570796327		1.090331411			
4	π/4	0.785398163		1.524868619			
5	π/8	0.392699082		2.67605249			
6	0	0		#DIV/0!			
7	-π/8	-0.392699082		-2.67605249			
8	-π/4	-0.785398163		-1.524868619			
9	-π/2	-1.570796327		-1.090331411			
10	-π	-3.141592654		-1.003741873			

图 4-21　求双曲余切值

函数 21　CSC——返回一个角度的余割值

【功能说明】：

返回角度的余割值，以弧度表示。

【语法格式】:

CSC(number)

【参数说明】:

number：为绝对值小于 2^{27} 的任意实数。如果 number 超出其限制范围，该函数返回错误值#NUM!。

🔔注意：CSC(n) = 1/SIN(n)。

【实例】验证余割函数的是一个函数值在 $(-\infty,-1]\cup[1,+\infty]$ 之间的奇函数。

【实现方法】:

选中 C2 单元格，在编辑栏中输入公式“=CSC(B2)”，按 Enter 键确认输入，可计算出该数值下的余割值，然后向下复制公式即可。计算完成后，观察计算结果，可看出余割函数是一个函数值在 $(-\infty,-1]\cup[1,+\infty]$ 之间的奇函数，如图 4-22 所示。

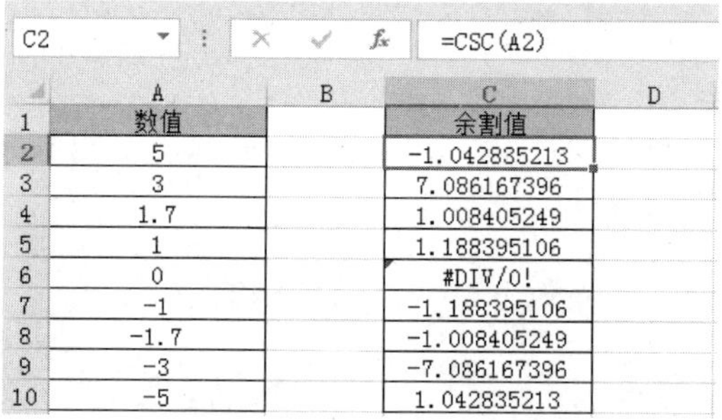

	A	B	C	D
1	数值		余割值	
2	5		-1.042835213	
3	3		7.086167396	
4	1.7		1.008405249	
5	1		1.188395106	
6	0		#DIV/0!	
7	-1		-1.188395106	
8	-1.7		-1.008405249	
9	-3		-7.086167396	
10	-5		1.042835213	

图 4-22　求余割值

函数 22　CSCH——返回一个角度的双曲余割值

【功能说明】:

返回角度的双曲余割值，以弧度表示。

【语法格式】:

CSCH(number)

【参数说明】:

number：为绝对值小于 2^{27} 的任意实数。如果 number 超出其限制范围，该函数返回错误值#NUM!。

【实例】通过双曲余割函数，快速计算出给定数值的双曲余割值。

【实现方法】:

选中 C2 单元格，在编辑栏中输入公式“=CSCH(A2)”，按 Enter 键确认输入，可计算出该数值下的双曲余割值，然后向下复制公式即可。计算其他数值的双曲余割值即可，如图 4-23 所示。

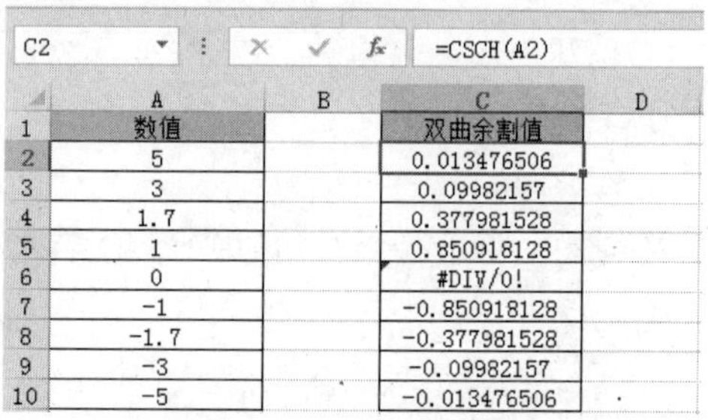

	A	B	C	D
1	数值		双曲余割值	
2	5		0.013476506	
3	3		0.09982157	
4	1.7		0.377981528	
5	1		0.850918128	
6	0		#DIV/0!	
7	-1		-0.850918128	
8	-1.7		-0.377981528	
9	-3		-0.09982157	
10	-5		-0.013476506	

图 4-23　求双曲余割值

函数 23　DECIMAL——按给定基数将数字的文本表示形式转换成十进制数

【功能说明】：

按给定基数将数字的文本表示形式转换成十进制数。

【语法格式】：

DECIMAL(text, radix)

【参数说明】：

text：参数可以是对于基数有效的字母数字字符的任意组合，并且不区分大小写。

radix：radix 必须是整数。

【实例】 将给出的二进制数据和八进制数据转换为十进制数表示。

【实现方法】：

选择 C2 单元格，输入公式"=DECIMAL(A2,2)"，按 Enter 键确认输入，即可将二进制数据转换为十进制数，同样，在 D2 单元格中输入公式"=DECIMAL(B2,8)"，并按 Enter 键确认输入，然后将公式向下复制，即可将给出的数据全部转换为十进制数表示，如图 4-24 所示。

C2	▼ ⋮ × ✓ fx	=DECIMAL(A2,2)	
	A	B	C	D
1	二进制	八进制	二进制转换为十进制	八进制转换为十进制
2	0000001001	0000000011	9	9
3	0000010010	0000000022	18	18
4	0000100011	0000000043	35	35
5	0001011001	0000000131	89	89
6	0010011110	0000000236	158	158
7	0110000011	0000000603	387	387

图 4-24　将二进制数和八进制数转换为十进制表示

函数 24　DEGREES——将弧度转换为角度

【功能说明】：

将弧度转换为角度。

【语法格式】：

DEGREES(angle)

【参数说明】：

angle：待转换的弧度角。

【实例】 将余割函数返回的值直接以角度表示。

【实现方法】：

选择 B2 单元格，输入公式"=DEGREES(CSC(A2))"，按 Enter 键确认输入，然后向下复制公式，即可将数值的余割值直接以角度返回到单元格中，如图 4-25 所示。

图 4-25　将数值的余割值以角度形式返回

函数 25　EVEN——返回沿绝对值增大方向取整后最接近的偶数

【功能说明】：

返回沿绝对值增大方向取整后最接近的偶数。使用该函数可以处理那些成对出现的对象。例如，一个包装箱一行可以装一宗或两宗货物，只有当这些货物的宗数向上取整到最近的偶数，与包装箱的容量相匹配时，包装箱才会装满。

【语法格式】：

EVEN(number)

【参数说明】：

number：要舍入的值。

【实例】 某生产月饼产线车间，已知生产各口味月饼的速度，在包装月饼时，会将两块月饼放入到一个包装盒内，计算员工每小时至少要折多少个纸盒，才能供应上月饼的包装？

【实现方法】：

选择 C2 单元格，输入公式 "=EVEN(B2)/2"，按 Enter 键确认输入，计算出结果后，向下复制公式，即可算出所有口味需要的包装盒数目，如图 4-26 所示。

	C2		f_x	=EVEN(B2)/2	
	A	B		C	
1	口味	生产速度（h）		所需包装盒数目	
2	凤梨	500		250	
3	苹果	351		176	
4	蛋黄	369		185	
5	五仁	755		378	
6	豆沙	688		344	

图 4-26　计算包装盒数目

函数 26　EXP——返回 e 的 n 次幂

【功能说明】：

返回 e 的 n 次幂。常数 e 等于 2.71828182845904，是自然对数的底数。

【语法格式】：

EXP(number)

【参数说明】：

number：应用于底数 e 的指数。

注意：若要计算以其他常数为底的幂，请使用指数操作符 (^)。

EXP 函数是计算自然对数的 LN 函数的反函数。

【实例】验证 EXP 函数是一个定义域在 R 上的增函数。

【实现方法】：

选择 C2 单元格，输入公式"=EXP(A2)"，按 Enter 键确认输入，向下复制公式，可发现该函数值随着 n 值的增大而逐渐增大，如图 4-27 所示。

	A	B	C	D
	n值		EXP函数值	
2	−22		2.78947E-10	
3	−5		0.006737947	
4	−1		0.367879441	
5	0		1	
6	1		2.718281828	
7	3		20.08553692	
8	15		3269017.372	
9	22		3584912846	
10	38		3.18559E+16	

图 4-27　求 EXP 函数的值

函数 27　FACTDOUBLE——返回数字的双倍阶乘

【功能说明】：

返回数字的双倍阶乘。

【语法格式】：

FACTDOUBLE(number)

【参数说明】：

number：要计算其双倍阶乘的数值。如果 number 不是整数，则截尾取整。

注意：如果参数 number 为偶数：

$n!!=n(n-2)(n-4)\cdots(4)(2)$

如果参数 number 为奇数：

$n!!=n(n-2)(n-4)\cdots(3)(1)$

【实例】计算给定数值的双倍阶乘。

【实现方法】：

选择 C2 单元格，输入公式"=FACTDOUBLE(A2)"，按 Enter 键确认输入，向下复制公式，可发现该函数在计算时，若参数不是整数，则会截尾取整，如图 4-28 所示。

	A	B	C	D
1	数值		双倍阶乘	
2	0		1	
3	1		1	
4	5		15	
5	5.7		15	
6	7		105	
7	7.3		105	
8	11		10395	
9	17		34459425	

图 4-28　求数值的双倍阶乘

函数 28   FACT——返回某数的阶乘

【功能说明】：

返回某数的阶乘，一个数的阶乘等于 1*2*3*...直至该数。

【语法格式】：

FACT(number)

【参数说明】：

number：要计算其阶乘的非负数。如果 number 不是整数，则截尾取整。

【实例】计算数值的阶乘。

【实现方法】：

选择 C2 单元格，输入公式"=FACT(A2)"，按 Enter 键确认输入，向下复制公式，可发现若参数不是整数，在计算时，会截尾取整，如图 4-29 所示。

C2		✕ ✓ fx	=FACT(A2)	
	A	B	C	D
1	数值		阶乘	
2	0		1	
3	1		1	
4	5		120	
5	5.7		120	
6	7		5040	
7	7.3		5040	
8	11		39916800	
9	17		3.55687E+14	

图 4-29　求数值的阶乘

函数 29   FLOOR.MATH——将数字向下舍入到最接近的整数或最接近的指定基数的倍数

【功能说明】：

将 number 向下舍入（向零的方向）到最接近的 significance 的倍数。

【语法格式】：

FLOOR(number, significance)

【参数说明】：

number：要舍入的数值。

significance：要舍入到的倍数。

【实例】已知产品的生产速度和生产时长，在装箱时，每 7 个产品可装入一箱，求当天生产的产品可以集中装多少箱？

【实现方法】：

选择 D2 单元格，输入公式"=FLOOR.MATH(B2*C2,7)/7"，按 Enter 键确认输入，可计算出该产品当天集中装箱数，向下复制公式，计算出其他产品当天可集中装箱数，如图 4-30 所示。

	A	B	C	D
				=FLOOR.MATH(B2*C2,7)/7
1	产品代码	生产速度（h）	每天生产时长	可集中装箱数
2	CC01	200	8	228
3	CC05	260	6	222
4	JK02	300	7	300
5	MM13	420	10	600
6	CN22	210	5	150
7				

图 4-30　计算产品当天可集中装箱数

函数 30　GCD——返回参数的最大公约数

【功能说明】：

返回两个或多个整数的最大公约数，最大公约数是能分别将 Number1 和 Number2 除尽的最大整数。

【语法格式】：

GCD(number1, [number2], …)

【参数说明】：

number1, number2, …：number1 是必需的，后续数值是可选的。数值的个数可以为 1～255 个，如果任意数值为非整数，则截尾取整。

【实例】如果 A1=16、A2=28、A3=32，A4=64 计算出下列三组的最大公约数。

【实现方法】：

选中 C3 单元格，在编辑栏中输入公式 "=GCD(A1,A3,A4)"，按 Enter 键确认输入，即可计算出该数组的最大公约数，如图 4-31 所示。

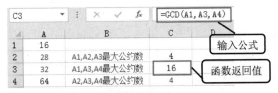

图 4-31　GCD 函数的应用

函数 31　INT——返回参数的整数部分

【功能说明】：

将数字向下舍入到最接近的整数。

【语法格式】：

INT(number)

【参数说明】：

number：需要进行向下舍入取整的实数。

【实例】已知产品的订单量和日生产量，计算完成该订单所需天数。

【实现方法】：

选择 D2 单元格，在编辑栏中输入公式 "=INT(C2/B2)+1"，按 Enter 键确认输入，可计算出完成该订单所需天数，向下复制公式，计算出其他完成其他订单所需天数，如图 4-32 所示。

	A	B	C	D
1	订单编号	日生产数量	订单数量	完成所需天数
2	CN01130501	2600	88000	34
3	MM05130602	2350	60000	26
4	JK02130705	4000	120000	31
5	CM11130722	3200	100000	32
6	CJ22130729	2550	75000	30

图 4-32　计算完成订单所需天数

函数 32　LCM——返回参数的最小公倍数

【功能说明】：

返回整数的最小公倍数。最小公倍数是所有整数参数 number1、number2 等的最小正整数倍数。用函数 LCM 可以将分母不同的分数相加。

【语法格式】：

LCM(number1, [number2], …)

【参数说明】：

number1, number2, …：number1 是必需的，后续数值是可选的，这些是要计算最小公倍数的 1～255 个数值。如果值不是整数，则截尾取整。

【实例】计算给定数值的最小公倍数。

【实现方法】：

选择 D2 单元格，在编辑栏中输入公式 "=LCM(A2:C2)"，按 Enter 键确认输入，向下复制公式，即可计算出数据的最小公倍数，并且会发现，当数据有参数小于 0 时，会返回错误值 "#NUM!"，如图 4-33 所示。

	A	B	C	D
1	数组1	数组2	数组3	最小公倍数
2	22	15	7	2310
3	31	17	4	2108
4	77	6	3	462
5	19	25	-33	#NUM!
6	41	9	24	2952

图 4-33　计算数据最小公倍数

函数 33　LN——返回一个数的自然对数

【功能说明】：

返回一个数的自然对数。自然对数以常数项 e (2.71828182845904) 为底。LN 函数是

EXP 函数的反函数。

【语法格式】:

LN(number)

【参数说明】:

number：想要计算其自然对数的正实数。

【实例】验证 LN 函数是一个通过坐标（1, 0），并且单调递增的函数。

【实现方法】:

选择 C2 单元格，在编辑栏中输入公式“=LN(A2)”，按 Enter 键确认输入，向下复制公式，从计算结果中可以看出，随着数值的减小，函数返回值也逐渐减小，如图 4-34 所示。

C2　=LN(A2)

	A	B	C	D
1	数值		LN函数返回值	
2	90		4.49980967	
3	16		2.772588722	
4	3		1.098612289	
5	1		0	
6	0.7		-0.356674944	
7	0.01		-4.605170186	
8	0.0032		-5.744604469	
9	0.0004		-7.824046011	
10	0.000006		-12.02375109	

图 4-34　计算 LN 函数返回值

函数 34　LOG10——返回以 10 为底的对数

【功能说明】:

返回以 10 为底的对数。

【语法格式】:

LOG10(number)

【参数说明】:

number：想要计算其常用对数的正实数。

【实例】验证 LOG10 函数必通过坐标（1, 0），且在定义域内，数值越接近 0，函数值则越向负数方向发散。

【实现方法】:

选择 C2 单元格，在编辑栏中输入公式“=LOG10(A2)”，按 Enter 键确认输入，向下复制公式，从计算结果中可以看出，随着数值的减小，函数值向负数方向发散，如图 4-35 所示。

C2　=LOG10(A2)

	A	B	C	D
1	数值		LOG10函数返回值	
2	1000		3	
3	100		2	
4	5		0.698970004	
5	1		0	
6	0.1		-1	
7	0.01		-2	
8	0.0001		-4	
9	0.00006		-4.22184875	
10	0.0000001		-7	

图 4-35　计算 LOG10 函数返回值

函数 35　LOG——返回一个数的对数

【功能说明】：

按所指定的底数，返回一个数的对数。

【语法格式】：

LOG(number, [base])

【参数说明】：

number：想要计算其对数的正实数。

base：对数的底数。如果省略底数，假定其值为 10。

【实例】 验证 LOG 函数必通过坐标（1,0），且参数 base 大于 1 时，为单调递增函数，参数 base 小于 1 时，为单调递减函数。

【实现方法】：

选择 C2 单元格，在编辑栏中输入公式“=LOG(A2,3)”，按 Enter 键确认输入，向下复制公式，从计算结果中可以看出，随着数值的减小，函数返回值也随之减小，如图 4-36 所示。

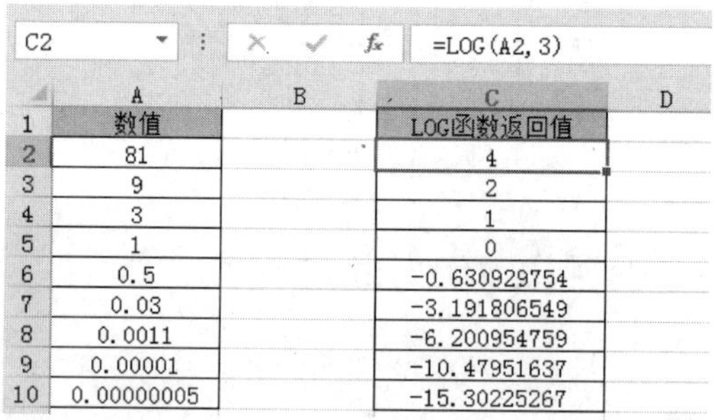

C2　=LOG(A2, 3)

	A	B	C	D
1	数值		LOG函数返回值	
2	81		4	
3	9		2	
4	3		1	
5	1		0	
6	0.5		-0.630929754	
7	0.03		-3.191806549	
8	0.0011		-6.200954759	
9	0.00001		-10.47951637	
10	0.00000005		-15.30225267	

图 4-36　计算参数 Base 大于 1 时 LOG 函数返回值

但是若参数 base 小于 1，选择 G2 单元格，在编辑栏中输入公式“=LOG(E2,0.5)”，按 Enter 键确认输入，向下复制公式，从计算结果中可以看出，随着数值的减小，函数返回值反而增大，如图 4-37 所示。

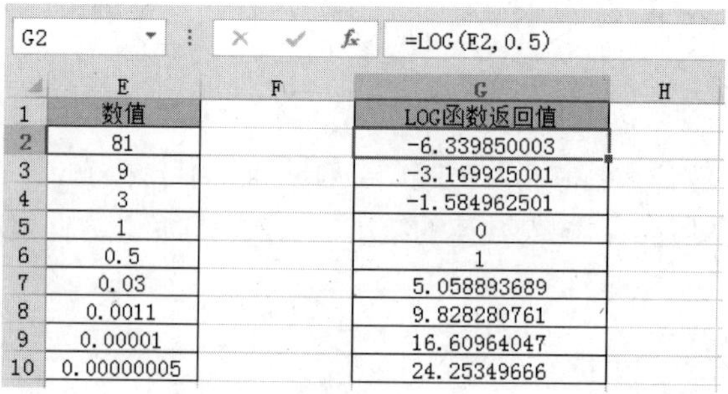

G2　=LOG(E2, 0.5)

	E	F	G	H
1	数值		LOG函数返回值	
2	81		-6.339850003	
3	9		-3.169925001	
4	3		-1.584962501	
5	1		0	
6	0.5		1	
7	0.03		5.058893689	
8	0.0011		9.828280761	
9	0.00001		16.60964047	
10	0.00000005		24.25349666	

图 4-37　计算参数 Base 小于 1 时 LOG 函数返回值

函数 36　MDETERM——返回一个数组的矩阵行列式的值

【功能说明】：

返回一个数组的矩阵行列式的值。

【语法格式】：

MDETERM(array)

【参数说明】：

array：行数和列数相等的数值数组。array 可以是单元格区域，例如 A1:C3；或是一个数组常量，如{1,2,3;4,5,6;7,8,9}；或是区域或数组常量的名称。

🔔注意：MDETERM(A1:C3) =A1*(B2*C3-B3*C2) + A2*(B3*C1-B1*C3) +

　　　　A3*(B1*C2-B2*C1)

【实例】 求给出矩阵的的值。

【实现方法】：

选择 E2 单元格，在编辑栏中输入公式 "=MDETERM(A2:D5)"，按 Enter 键确认输入，即可计算出矩阵的值，如图 4-38 所示。

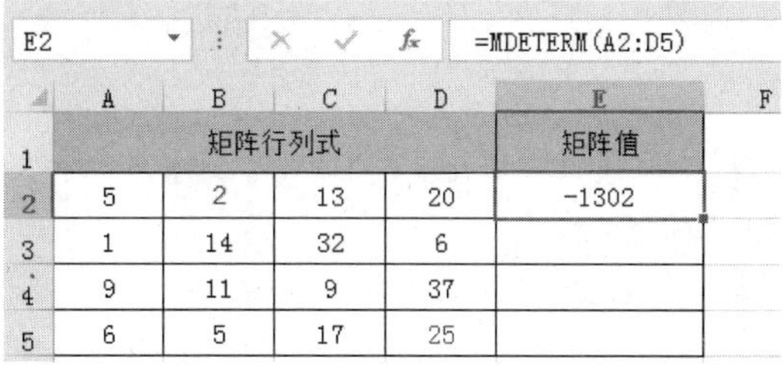

图 4-38　计算矩阵的值

函数 37　MINVERSE——返回数组中存储的矩阵的逆矩阵

【功能说明】：

返回数组中存储的矩阵的逆矩阵。

【语法格式】：

MINVERSE(array)

【参数说明】：

array：行数和列数相等的数值数组。

🔔注意：下面是计算二阶方阵逆的示例。假设 A1:B2 中包含以字母 a、b、c 和 d 表示的四个任意的数，则下表表示矩阵 A1:B2 的逆矩阵：

	第 A 列	第 B 列
第一行	d/(a*d-b*c)	b/(b*c-a*d)
第二行	c/(b*c-a*d)	a/(a*d-b*c)

【实例】 求下列矩阵行列式的逆矩阵行列式。

【实现方法】：

选中 F2:I5 单元格区域，在编辑栏中输入公式 "=MINVERSE(A2:D5)"，按 Ctrl+Shift+Enter 组合键确认输入，即可计算出矩阵行列式的逆矩阵行列式，如图 4-39 所示。

图 4-39　MINVERSE 函数的应用

函数 38　MMULT——返回两个数组的矩阵乘积

【功能说明】：

返回两个数组的矩阵乘积。结果矩阵的行数与 array1 的行数相同，矩阵的列数与 array2 的列数相同。

【语法格式】：

MMULT(array1, array2)

【参数说明】：

array1, array2：要进行矩阵乘法运算的两个数组。array1 的列数必须与 array2 的行数相同，而且两个数组中都只能包含数值。

【实例】求两个指定矩形行列式的乘积矩形行列式。

【实现方法】：

选中 I2:I4 单元格区域,在编辑栏中输入公式"=MMULT(A2:C4,E2:G4)",按 Ctrl+Shift+Enter 组合键确认输入，即可计算出乘积矩阵行列式的值，如图 4-40 所示。

图 4-40　MMULT 函数的应用

函数 39　MOD——返回两数相除的余数

【功能说明】：

返回两数相除的余数。结果的正负号与除数相同。

【语法格式】：

MOD(number, divisor)

【参数说明】：

number：被除数。

divisor：除数，divisor 不等于零。

【实例】已知各种商品每天生产数量以及商品装箱时每箱可装商品数，计算当天产品装箱入库后，剩余产品数目。

【实现方法】：

选择 D2 单元格，在编辑栏中输入公式"=MOD(B2,C2)"，按 Enter 键确认输入，向下复制公式，即可计算出各产品装箱入库后剩余产品数目，如图 4-41 所示。

	A	B	C	D
	订单编号	日生产数量	每箱可装商品数	剩余商品数
1				
2	CN01130501	2600	6	2
3	MM05130602	2350	4	2
4	JK02130705	4000	9	4
5	CM11130722	3200	12	8
6	CJ22130729	2550	15	0

图 4-41　计算装箱剩余产品数

函数 40　MROUND——返回参数按指定基数舍入后的数值

【功能说明】：

返回参数按指定基数舍入后的数值。

【语法格式】：

MROUND(number, multiple)

【参数说明】：

number：要舍入的值。

multiple：要将数值 number 进行舍入运算的基数。如果数值 number 除以基数的余数大于或等于基数的一半，则函数 MROUND 向远离零的方向舍入。

【实例】已知产品总数量和每箱可装产品数，计算所需集中箱数目。（装箱规则为：若剩余产品大于等于每箱可装产品数的一半，则装箱出货，否则，留待下次出货）

【实现方法】：

选择 D2 单元格，在编辑栏中输入公式"=MROUND(B2,C2)/C2"，按 Enter 键确认输入，向下复制公式，即可计算所需集中箱数目，如图 4-42 所示。

	A	B	C	D
	产品名称	总数量	每箱可装产品数	需要集中箱数
1				
2	雪纺上衣	7000	30	233
3	针织外套	4230	25	169
4	时尚连衣裙	6000	20	300
5	泳衣	6050	40	151
6	牛仔短裤	3920	28	140

图 4-42　计算需要集中箱数

函数 41　MULTINOMIAL——返回参数和的阶乘与各参数阶乘乘积的比值

【功能说明】：

返回参数和的阶乘与各参数阶乘乘积的比值。

【语法格式】：

MULTINOMIAL(number1, [number2], …)

【参数说明】:

number1, number2, …: number1 是必需的，后续数值是可选的，这些是用于进行 MULTINOMIAL 函数运算的 1～255 个数值。

🔔**注意:** 函数 MULTINOMIAL 的计算公式为:

$$\text{MULTINOMIAL}(a_1, a_2, \cdots, a_n) = \frac{(a_1 + a_2 + \cdots + a_n)!}{a_1! a_2! \cdots a_n!}$$

【实例】 计算给定的各参数和的阶乘与各参数阶乘乘积的比值。

【实现方法】:

选择 E2 单元格，在编辑栏中输入公式 "=MULTINOMIAL(A2:D2)"，按 Enter 键确认输入，向下复制公式，即可计算出给定的各参数和的阶乘与各参数阶乘乘积的比值，如图 4-43 所示。

	A	B	C	D	E
	数值a	数值b	数值c	数值d	MULTINOMIAL函数值
2	5	3	2	1	27720
3	5	3	2		2520
4	0	5	3	2	2520
5	7	3			120
6	3	4	2	7	14414400

图 4-43　MULTINOMIAL 函数的应用

函数 42　MUNIT——返回指定维度的单位矩阵

【功能说明】:

返回指定维度的单位矩阵。

【语法格式】:

MUNIT(维度)

【参数说明】:

维度: 维度是一个整数，指定要返回的单位矩阵的维度。返回一个数组，维度必须大于零。

MUNIT 使用下面的公式:

$$1_{N \times N} = \begin{matrix} 1 & 0 & \cdots & 0 \\ 0 & 1 & \cdots & 0 \\ \vdots & \vdots & \ddots & \vdots \\ 0 & 0 & \cdots & 1 \end{matrix}$$

【实例】 计算出维数为 3 的单位矩阵。

【实现方法】:

选中 A3:B5 单元格区域，在编辑栏中输入公式 "=MUNIT(3)"，按 Ctrl+Shift+ Enter 组合键确认输入，即可计算出维数为 3 的单位矩阵，如图 4-44 所示。

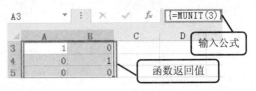

图 4-44　MUNIT 函数的应用

函数 43　ODD——返回沿绝对值增大方向取整后最接近的奇数

【功能说明】：

返回对指定数值进行向上舍入后的奇数。

【语法格式】：

ODD(number)

【参数说明】：

number：要舍入的值。无论数字符号如何，都按远离 0 的方向向上舍入。如果 number 恰好是奇数，则不须进行任何舍入处理。

【实例】求指定数值沿绝对值增大方向取整后最接近的奇数。

【实现方法】：

选择 C2 单元格，在编辑栏中输入公式"=ODD(A2)"，按 Enter 键确认输入，向下复制公式，即可返回数值沿绝对值增大方向取整后最接近的奇数，如图 4-45 所示。

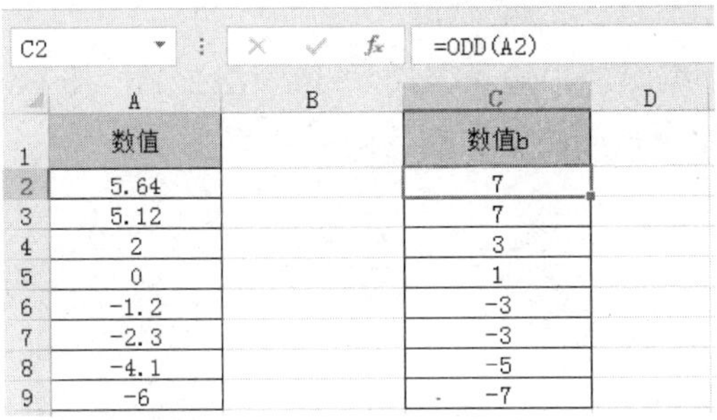

	A	B	C	D
1	数值		数值b	
2	5.64		7	
3	5.12		7	
4	2		3	
5	0		1	
6	-1.2		-3	
7	-2.3		-3	
8	-4.1		-5	
9	-6		-7	

图 4-45　求数值沿绝对值增大方向取整后最接近的奇数

函数 44　PERMUT——返回从给定对象集合中选取若干对象的排列数

【功能说明】：

返回从给定数目的对象集合中选取的若干对象的排列数。排列为有内部顺序的对象或事件的任意集合或子集。排列与组合不同，组合的内部顺序无意义，此函数可用于彩票抽奖的概率计算。

【语法格式】：

PERMUT(number, number_chosen)

【参数说明】：

number：表示对象个数的整数。

number_chosen：表示每个排列中对象个数的整数。

【实例】从 0～9 这 10 个数字中任意选取 4 个数字，组成一个幸运号码作为中奖号码，计算用户终将概率为多少？

【实现方法】：

选择 C2 单元格，在编辑栏中输入公式 "=1/PERMUT(A2,B2)"，按 Enter 键确认输入，即可计算出中奖概率，如图 4-46 所示。

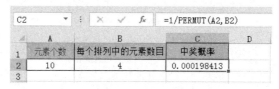

图 4-46　计算中奖概率

函数 45　PI——返回圆周率

【功能说明】：

返回数字 3.14159265358979，即数学常量 π，精确到小数点后 14 位。

【语法格式】：

PI()

【参数说明】：

无

【实例】 计算指定半径的圆的面积。

【实现方法】：

选择 C2 单元格，在编辑栏中输入公式 "=PI()*(A2^2)，按 Enter 键确认输入，向下复制公式，即可计算出指定半径的圆的面积，如图 4-47 所示。

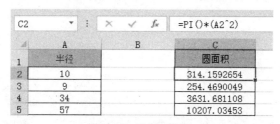

图 4-47　计算圆面积

函数 46　POWER——返回给定数字的乘幂

【功能说明】：

返回给定数字的乘幂。

【语法格式】：

POWER(number, power)

【参数说明】：

number：底数，可以为任意实数。

power：指数，底数按该指数次幂乘方。可以用 "^" 运算符代替函数 POWER 来表示对底数乘方的幂次，例如 5^2。

【实例】计算指定半径的圆球的体积。

【实现方法】:

选择 C2 单元格，在编辑栏中输入公式“=4/3*PI()*POWER(A2,3)”，按 Enter 键确认输入，向下复制公式，即可计算出指定半径的圆球的面积，如图 4-48 所示。

C2　=4/3*PI()*POWER(A2,3)

	A	B	C	D
1	半径		圆球体积	
2	3		113.0973355	
3	10		4188.790205	
4	21		38792.38609	
5	37		212174.7902	

图 4-48　计算圆球体积

函数 47　PRODUCT——返回所有参数乘积值

【功能说明】:

可计算用作参数的所有数字的乘积，然后返回乘积。

【语法格式】:

PRODUCT(number1, [number2], …)

【参数说明】:

number1：要相乘的第一个数字或区域（区域：工作表上的两个或多个单元格。区域中的单元格可以相邻或不相邻。)。

number2, …：要相乘的其他数字或单元格区域，最多可以使用 255 个参数。

【实例】已知某销售员销售的产品的单价、销售量、提成比例，计算销售员的业绩。

【实现方法】:

选择 E3 单元格，在编辑栏中输入公式“=PRODUCT(B3,C3,D3)”，按 Enter 键确认输入，向下复制公式，即可计算出销售员的业绩，如图 4-49 所示。

E3　=PRODUCT(B3,C3,D3)

	A	B	C	D	E
1	产品销售统计表				
2	产品名称	单价	销售量	提成比例	业绩
3	雪纺上衣	268	7800	1%	20904
4	针织外套	326	5630	1%	14683.04
5	时尚连衣裙	299	9850	2%	58903
6	泳衣	158	7700	3%	36498
7	牛仔短裤	120	4550	2%	8190

图 4-49　计算业绩

函数 48　QUOTIENT——返回两数相除的整数部分

【功能说明】:

返回商的整数部分，该函数可用于舍掉商的小数部分。

【语法格式】：

QUOTIENT(numerator, denominator)

【参数说明】：

numerator：被除数。

denominator：除数。

【实例】 已知某订单的订单数量和装箱时每箱可装产品数，计算出货时该订单装箱所需集中箱个数。

【实现方法】：

选择 D2 单元格，在编辑栏中输入公式 "=QUOTIENT(B2,C2)+1"，按 Enter 键确认输入，向下复制公式，即可计算出各订单出货时所需集中箱个数，如图 4-50 所示。

	A	B	C	D
				=QUOTIENT(B2,C2)+1
1	订单编号	订单量	每箱产品数量	所需集中箱个数
2	T018130501	7600	45	169
3	M013130602	8350	32	261
4	JK02130705	9000	70	129
5	CM11130722	10300	60	172
6	CJ22130729	15000	85	177

图 4-50　计算所需集中箱个数

函数 49　RADIANS——将角度转换为弧度

【功能说明】：

将角度转换为弧度。

【语法格式】：

RADIANS(angle)

【参数说明】：

angle：需要转换成弧度的角度。

【实例】 计算指定角度的余切值。

【实现方法】：

选择 C2 单元格，在编辑栏中输入公式 "=COT(RADIANS(A2))"，按 Enter 键确认输入，向下复制公式，即可计算出所有指定角度的余切值，如图 4-51 所示。

	A	B	C	D
			=COT(RADIANS(A2))	
1	角度（°）		余切值	
2	180		-8.16228E+15	
3	90		6.12574E-17	
4	45		1	
5	30		1.732050808	
6	0		#DIV/0!	
7	-30		-1.732050808	
8	-45		-1	
9	-90		-6.12574E-17	
10	-180		8.16228E+15	

图 4-51　计算指定角度余切值

函数 50　RANDBETWEEN——返回一个介于指定数字之间的随机整数

【功能说明】：

返回位于指定的两个数之间的一个随机整数。每次计算工作表时都将返回一个新的随机整数。

【语法格式】：

RANDBETWEEN(bottom, top)

【参数说明】：

bottom：函数 RANDBETWEEN 将返回的最小整数。

top：函数 RANDBETWEEN 将返回的最大整数。

【实例】产生一个 10～40 之间的随机整数。

【实现方法】：

选择 A2 单元格，在编辑栏中输入公式 "=RANDBETWEEN(10,40)"，按 Enter 键确认输入，将该公式复制到其他单元格即可，如图 4-52 所示。

A2			f_x	=RANDBETWEEN(10,40)		
	A	B	C	D	E	F	G
1	生成10～40之间的随机整数						
2	40	32	25	34	13	17	
3	17	33	34	27	39	27	
4	23	19	35	32	10	39	
5	10	38	30	16	39	35	
6	32	28	16	21	32	24	
7	33	38	15	36	34	34	
8	31	38	11	16	18	25	
9	16	30	31	10	23	13	
10	11	14	38	20	33	38	
11	21	16	21	17	29	14	

图 4-52　生成 10～40 之间的随机整数

函数 51　RAND——返回一个大于等于 0 及小于 1 的随机实数

【功能说明】：

返回大于等于 0 及小于 1 的均匀分布随机实数，每次计算工作表时都将返回一个新的随机实数。

【语法格式】：

RAND()

【参数说明】：

无

【实例】产生一个 0～100 之间的随机实数。

【实现方法】：

选择 A2 单元格，在编辑栏中输入公式 "=RAND()*100"，按 Enter 键确认输入，将该公式复制到其他单元格即可，如图 4-53 所示。

💭提示：生成这些数值后，可以通过改变小数位数保留合适的小数位数。

A2 =RAND()*100

	A	B	C	D	E	F
1	生成0～100之间的随机实数					
2	69.39772976	27.39133898	55.70993399	9.014418684	72.90421046	88.28703697
3	5.772813151	11.85029315	62.58642589	92.61222491	92.60388333	35.64986794
4	74.81629078	84.74087058	62.56778084	58.33369359	85.07513889	90.586829
5	52.30962625	87.78322463	90.94602829	73.83869324	84.736393	11.50055369
6	32.49120732	33.91040695	48.29825398	86.82282536	65.66987243	19.66138865
7	62.87832361	45.69036567	71.23719681	0.644975236	72.10144969	25.50008985
8	41.40629407	65.59636627	47.73388552	66.03081604	28.6937848	1.060568362
9	1.626980542	50.5347669	65.70882764	87.60773656	88.58298599	5.943805882
10	80.76412872	28.57947527	39.25978397	10.37984006	66.97925225	91.13978884
11	4.603216343	66.17103925	64.63069976	28.88689529	59.25377287	28.72611457
12	75.59893224	19.28421995	69.03069194	18.81057469	2.274532588	59.26787542
13	44.9745309	24.08343284	5.91361179	94.58327405	80.83131277	90.7323256
14	3.088714953	13.51680131	89.75506178	3.101119698	94.87636166	60.26453519

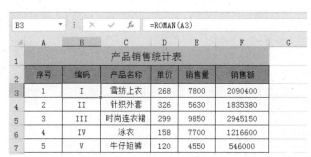

图 4-53　生成 0～100 之间的随机实数

函数 52　ROMAN——将阿拉伯数字转换为文本形式的罗马数字

【功能说明】：

将阿拉伯数字转换为文本形式的罗马数字。

【语法格式】：

ROMAN(number, [form])

【参数说明】：

number：需要转换的阿拉伯数字。

form：数字，指定所需的罗马数字类型。0 或省略表示经典，1 表示更简明，2 表示更简明，3 表示更简明，4 表示简化。

【实例】将表格中的序号转换为罗马数字表示的编码。

【实现方法】：

选择 B3 单元格，在编辑栏中输入公式“=ROMAN(A3)”，按 Enter 键确认输入，向下复制公式，即可完成阿拉伯数字向罗马数字的转化，如图 4-54 所示。

B3 =ROMAN(A3)

	A	B	C	D	E	F
1	产品销售统计表					
2	序号	编码	产品名称	单价	销售量	销售额
3	1	I	雪纺上衣	268	7800	2090400
4	2	II	针织外套	326	5630	1835380
5	3	III	时尚连衣裙	299	9850	2945150
6	4	IV	泳衣	158	7700	1216600
7	5	V	牛仔短裤	120	4550	546000

图 4-54　将阿拉伯数字转化为罗马数字

函数 53　ROUNDDOWN——向下舍入数字

【功能说明】：

靠近零值，向下（绝对值减小的方向）舍入数字。

【语法格式】：

ROUNDDOWN(number, num_digits)

【参数说明】：

number：需要向下舍入的任意实数。

num_digits：四舍五入后的数字的位数。

【实例】已知生产单个产品花费时长和每天生产该产品的时长，计算出该产品的日生产量。

【实现方法】：

选择 D3 单元格，在编辑栏中输入公式“=ROUNDDOWN(C3/B3,0)”，按 Enter 键确认输入，向下复制公式，即可计算出各产品日生产量，如图 4-55 所示。

D3　=ROUNDDOWN(C3/B3,0)

	A	B	C	D
1	生产统计表			
2	产品代码	生产单个花费时间（h）	每天生产该产品时长（h）	日生产量
3	T043	0.005	5	1000
4	M013	0.001	6	6000
5	P011	0.0085	9	1058
6	T018	0.0095	7	736
7	CC02	0.015	10	666

图 4-55　计算产品日生产量

函数 54　ROUNDUP——向上舍入数字

【功能说明】：

远离零值，向上舍入数字。

【语法格式】：

ROUNDUP(number, num_digits)

【参数说明】：

number：需要向上舍入的任意实数。

num_digits：四舍五入后的数字的位数。

【实例】已知产品的订单量和日生产量，计算完成该订单所需天数。

【实现方法】：

选择 D3 单元格，在编辑栏中输入公式“=ROUNDUP(B3/C3,0)”，按 Enter 键确认输入，向下复制公式，即可计算出完成订单所需天数，如图 4-56 所示。

D3　=ROUNDUP(B3/C3,0)

	A	B	C	D	E
1	生产计划表				
2	订单号	订单量	日生产量	计划天数	
3	T043130701	178000	3700	49	
4	T043130702	98000	2900	34	
5	T043130703	110000	2730	41	
6	T043130704	135000	3170	43	
7	T043130705	147000	4200	35	

图 4-56　计算完成订单所需天数

函数 55　ROUND——按指定的位数对数值进行四舍五入

【功能说明】：

可将某个数字四舍五入为指定的位数。

【语法格式】：

ROUND(number, num_digits)

【参数说明】：

number：要四舍五入的数字。

num_digits：位数，按此位数对 number 参数进行四舍五入。

【实例】按照指定的位数舍入数值。

【实现方法】：

选择 C2 单元格，在编辑栏中输入公式"=ROUND($A$2,B2)"，按 Enter 键确认输入，向下复制公式，即按照指定位数舍入数值，如图 4-57 所示。

	A	B	C
		fx	=ROUND($A$2,B2)
1	数值	舍入到n位小数	ROUND函数舍入结果
2	157.156687	4	157.1567
3		3	157.157
4		1	157.2
5		0	157
6		−1	160
7		−2	200

图 4-57　按照指定位数舍入数值

函数 56　SEC——返回角度的正割值

【功能说明】：

返回角度的正割值。

【语法格式】：

SEC(number)

【参数说明】：

number：number 为要获得其正割值的角度，以弧度表示。

【实例】验证正割函数取值范围在 $(-\infty, -1] \cup [1, +\infty)$ 之间，并且关于 y 轴对称。

【实现方法】：

选中 D2 单元格，在编辑栏中输入公式"= SEC(B2)"，按 Enter 键确认输入，可计算出该数值下的正割值，然后向下复制公式即可。计算完成后，观察计算结果，可看出正割函数是一个取值范围在 $(-\infty, -1] \cup [1, +\infty)$ 之间，并且关于 y 轴对称的函数，如图 4-58 所示。

D2　= SEC(B2)

	A	B	C	D
1	弧度数			正割值
2	π	3.141592654		-1
3	π/2	1.570796327		1.63246E+16
4	π/4	0.785398163		1.414213562
5	π/8	0.392699082		1.0823922
6	0	0		1
7	－π/8	-0.392699082		1.0823922
8	－π/4	-0.785398163		1.414213562
9	－π/2	-1.570796327		1.63246E+16
10	－π	-3.141592654		-1

图 4-58　求正割值

函数 57　SECH——返回角度的双曲正割值

【功能说明】：

返回角度的双曲正割值。

【语法格式】：

SECH(number)

【参数说明】：

number：number 为对应所需双曲正割值的角度，以弧度表示。

【实例】 计算给定数值的正割值。

【实现方法】：

选中 D2 单元格，在编辑栏中输入公式“= SECH(B2)”，按 Enter 键确认输入，可计算出该数值下的双曲正割值，然后向下复制公式即可，如图 4-59 所示。

D2　= SECH(B2)

	A	B	C	D
1	弧度数			双曲正割值
2	π	3.141592654		0.086266738
3	π/2	1.570796327		0.398536815
4	π/4	0.785398163		0.754939709
5	π/8	0.392699082		0.927555771
6	0	0		1
7	－π/8	-0.392699082		0.927555771
8	－π/4	-0.785398163		0.754939709
9	－π/2	-1.570796327		0.398536815
10	－π	-3.141592654		0.086266738

图 4-59　求双曲正割值

函数 58　SERIESSUM——返回幂级数近似值

【功能说明】：

许多函数可由幂级数展开式近似地得到。

返回基于以下公式的幂级数之和：

$$\text{SERIESSUM}(x,n,m,a) = a_1x^n + a_2x^{(n+m)} + a_3x^{(n+2m)} + \cdots + a_ix^{(n+(i-1)m)}$$

【语法格式】：

SERIESSUM(x, n, m, coefficients)

【参数说明】:

x：幂级数的输入值。

n：x 的首项乘幂。

m：级数中每一项的乘幂 n 的步长增加值。

coefficients：一系列与 x 各级乘幂相乘的系数。coefficients 值的数目决定了幂级数的项数。例如，如果 coefficients 中有三个值，则幂级数中将有三项。

【实例】用幂级数求展开到指定项后 e 的近似值。

【实现方法】:

选择 E6 单元格，在编辑栏中输入公式“=SERIESSUM($A$3,$B$3,$C$3,$B$6:B6)”，按 Enter 键确认输入，向下复制公式，即可计算出使用幂级数展开到指定项后 e 的值，可以发现，展开的项越多，计算出的 e 的近似值越接近实际值，如图 4-60 所示。

E6 =SERIESSUM($A$3,$B$3,$C$3,$B$6:B6)

	A	B	C	D	E
1	自然对数底e的近似值		2.718281828		
2	X	N	M		
3	1	0	1		
4					
5	次数	系数		第N项	e的近似值
6	0	1		1	1
7	1	1		2	2
8	2	0.5		3	2.5
9	3	0.166666667		4	2.666666667
10	4	0.041666667		5	2.708333333
11	5	0.008333333		6	2.716666667
12	6	0.001388889		7	2.718055556
13	7	0.000198413		8	2.718253968
14	8	2.48016E-05		9	2.71827877
15	9	2.75573E-06		10	2.718281526
16	10	2.75573E-07		11	2.718281801
17	11	2.50521E-08		12	2.718281826
18	12	2.08768E-09		13	2.718281828
19	13	1.6059E-10		14	2.718281828

图 4-60 用幂级数求展开到指定项后 e 的近似值

函数 59 SIGN——返回数值的符号

【功能说明】:

返回数字的符号。当数字为正数时返回 1，为零时返回 0，为负数时返回 −1。

【语法格式】:

SIGN(number)

【参数说明】:

number：任意实数。

【实例】判定给定数值是否为正数。

【实现方法】:

选择 G3 单元格，在编辑栏中输入公式“=SIGN(F3)”，按 Enter 键确认输入，向下复制公式，可发现若参数为正数，返回 1；参数为负数，则返回-1，如图 4-61 所示。

图 4-61　SIGN 函数的应用

函数 60　SINH——返回参数的双曲正弦值

【功能说明】：

返回某一数字的双曲正弦值。

【语法格式】：

SINH(number)

【参数说明】：

number：任意实数。

注意：双曲正弦的计算公式如下：

$$SINH(z) = \frac{e^z - e^{-z}}{2}$$

【实例】 计算不同数值的双曲正弦值。

【实现方法】：

选中 D2 单元格，在编辑栏中输入公式 "=SINH(B2)"，按 Enter 键确认输入，可计算出该数值下的双曲正弦值，然后向下复制公式即可，如图 4-62 所示。

图 4-62　求双曲正弦值

函数 61　SIN——返回角度的正弦值

【功能说明】：

返回给定角度的正弦值。

【语法格式】：

SIN(number)

【参数说明】：

number：需要求正弦的角度，以弧度表示。

【实例】 验证正弦函数的是一个定义域为 R，取值期间在[-1, 1]上的函数。

【实现方法】：

选中 D2 单元格，在编辑栏中输入公式"=SIN(B2)"，按 Enter 键确认输入，可计算出该数值下的正弦值，然后向下复制公式即可。计算完成后，观察计算结果，可看出正弦函数是一个定义域为 R，取值期间在[-1, 1]上的函数，如图 4-63 所示。

	A	B	C	D
1		弧度数		正弦
2	π	3.141592654		1.22515E-16
3	π/2	1.570796327		1
4	π/4	0.785398163		0.707106781
5	π/8	0.392699082		0.382683432
6	0	0		0
7	-π/8	-0.392699082		-0.382683432
8	-π/4	-0.785398163		-0.707106781
9	-π/2	-1.570796327		-1
10	-π	-3.141592654		-1.22515E-16

图 4-63　求正弦值

函数 62　SQRTPI——返回某数与 π 的乘积的平方根

【功能说明】：

返回某数与 π 的乘积的平方根。

【语法格式】：

SQRTPI(number)

【参数说明】：

number：与 π 相乘的数。

【实例】 计算数值与 PI 函数乘积的平方。

【实现方法】：

（1）选择 C2 单元格，在编辑栏中输入公式"=(B2*PI())^0.5"，按 Enter 键确认输入，向下复制公式，可用一般方法，计算出数值与 π 乘积的平方根，如图 4-64 所示。

	A	B	C	D
1	数值		算术计算结果	SQRTPI函数计算结果
2	$\pi^{1/2}$	1	1.772453851	
3	$(2\pi)^{1/2}$	2	2.506628275	
4	$(5\pi)^{1/2}$	5	3.963327298	
5	$(10\pi)^{1/2}$	10	5.604991216	
6	$(0.5\pi)^{1/3}$	0.5	1.253314137	
7	$(0.1\pi)^{1/4}$	0.1	0.560499122	

图 4-64　算术方法计算数值与 PI 乘积的平方

（2）选择 D2 单元格，在编辑栏中输入公式"=SQRTPI(B2)"，按 Enter 键确认输入，向下复制公式，计算出数值与 π 乘积的平方根，如图 4-65 所示。

			D2	▼	:	×	✓	fx	=SQRTPI(B2)	

	A	B	C	D
1	数值		算术计算结果	SQRTPI函数计算结果
2	$\pi^{1/2}$	1	1.772453851	1.772453851
3	$(2\pi)^{1/2}$	2	2.506628275	2.506628275
4	$(5\pi)^{1/2}$	5	3.963327298	3.963327298
5	$(10\pi)^{1/2}$	10	5.604991216	5.604991216
6	$(0.5\pi)^{1/3}$	0.5	1.253314137	1.253314137
7	$(0.1\pi)^{1/4}$	0.1	0.560499122	0.560499122

图 4-65　函数法计算数值与 PI 函数乘积的平方根

函数 63　SQRT——返回正平方根

【功能说明】：

返回正平方根。

【语法格式】：

SQRT(number)

【参数说明】：

number：要计算平方根的数。number 为正数。

【实例】计算给定数值的平方根。

【实现方法】：

选中 C2 单元格，在编辑栏中输入公式"=SQRT(A2)"，按 Enter 键确认输入，可计算出该数值下的平方根，然后向下复制公式即可，如图 4-66 所示。

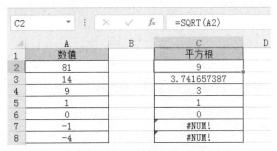

图 4-66　计算数据的平方根

函数 64　SUBTOTAL——返回列表或数据库中的分类汇总

【功能说明】：

返回列表或数据库中的分类汇总。通常使用"数据"选项卡上"大纲"组中的"分类汇总"命令更便于创建带有分类汇总的列表。一旦创建了分类汇总列表，就可以通过编辑 SUBTOTAL 函数对该列表进行修改。

【语法格式】：

SUBTOTAL(function_num,ref1,[ref2],…)

【参数说明】:

function_num：为 1～11 的自然数，用来指定分类汇总计算使用的函数，1 是 AVERAGE（平均值）；2 是 COUNT（计数）；3 是 COUNTA（计空格数）；4 是 MAX（最大值）；5 是 MIN（最小值）；6 是 PRODUCT（乘积值）；7 是 STDEV（标准差）；8 是 STDEVP（标准偏差）；9 是 SUM（求和）；10 是 VAR（方差）；11 是 VARP（总体方差）。

ref1：要对其进行分类汇总计算的第一个命名区域或引用。

ref2,…：要对其进行分类汇总计算的第 2～254 个命名区域或引用。

【实例】快速计算订单统计表中各项数据的最大值及总和。

【实现方法】:

（1）选中 D10 单元格，在编辑栏中输入公式“=SUBTOTAL(4,D3:D9)”，按 Enter 键确认输入，可求出 D3:D9 单元格区域的最大值，然后向右复制公式即可，如图 4-67 所示。

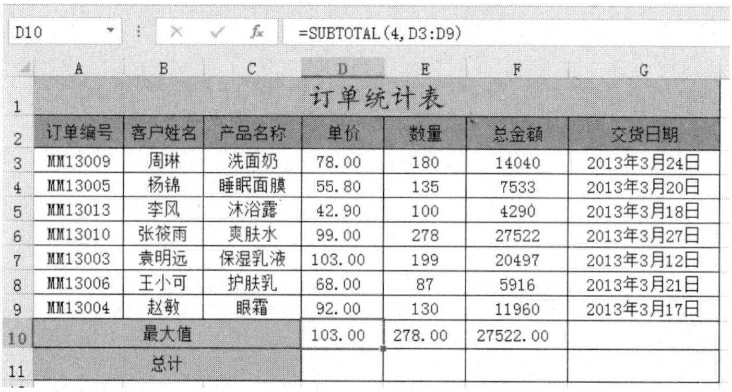
D10 =SUBTOTAL(4,D3:D9)

	A	B	C	D	E	F	G
1	订单统计表						
2	订单编号	客户姓名	产品名称	单价	数量	总金额	交货日期
3	MM13009	周琳	洗面奶	78.00	180	14040	2013年3月24日
4	MM13005	杨锦	睡眠面膜	55.80	135	7533	2013年3月20日
5	MM13013	李风	沐浴露	42.90	100	4290	2013年3月18日
6	MM13010	张筱雨	爽肤水	99.00	278	27522	2013年3月27日
7	MM13003	袁明远	保湿乳液	103.00	199	20497	2013年3月12日
8	MM13006	王小可	护肤乳	68.00	87	5916	2013年3月21日
9	MM13004	赵敏	眼霜	92.00	130	11960	2013年3月17日
10	最大值			103.00	278.00	27522.00	
11	总计						

图 4-67 求某项数据的最大值

（2）选中 E11 单元格，在编辑栏中输入公式“=SUBTOTAL(9,E3:E9)”，按 Enter 键确认输入，可计算出 E3:E9 单元格中数据的总和，将公式复制到 F11 即可，如图 4-68 所示。

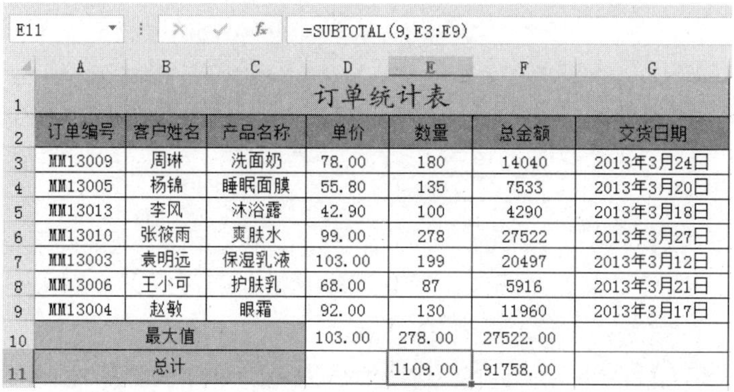
E11 =SUBTOTAL(9,E3:E9)

	A	B	C	D	E	F	G
1	订单统计表						
2	订单编号	客户姓名	产品名称	单价	数量	总金额	交货日期
3	MM13009	周琳	洗面奶	78.00	180	14040	2013年3月24日
4	MM13005	杨锦	睡眠面膜	55.80	135	7533	2013年3月20日
5	MM13013	李风	沐浴露	42.90	100	4290	2013年3月18日
6	MM13010	张筱雨	爽肤水	99.00	278	27522	2013年3月27日
7	MM13003	袁明远	保湿乳液	103.00	199	20497	2013年3月12日
8	MM13006	王小可	护肤乳	68.00	87	5916	2013年3月21日
9	MM13004	赵敏	眼霜	92.00	130	11960	2013年3月17日
10	最大值			103.00	278.00	27522.00	
11	总计				1109.00	91758.00	

图 4-68 计算某项数据的总和

函数 65 SUM——计算单元格区域中所有数值之和

【功能说明】:

SUM 将用户指定为参数的所有数字相加。

【语法格式】:

SUM(number1,[number2],…])

【参数说明】:

number1：想要相加的第一个数值参数。

number2,…：想要相加的 2～255 个数值参数。

【实例】计算产品销售统计表中各项产品的总销售量。

【实现方法】:

选择 H3 单元格，在编辑栏中输入公式“=SUM(B3:G3)”，按 Enter 键确认输入，向下复制公式，即可计算出各项产品的总销售量，如图 4-69 所示。

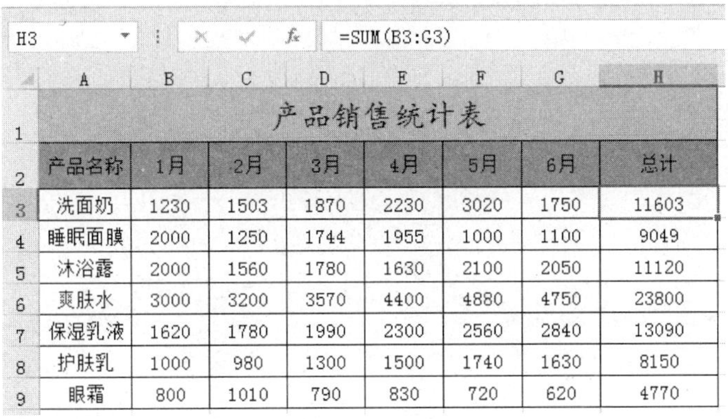

H3 =SUM(B3:G3)

产品销售统计表							
产品名称	1月	2月	3月	4月	5月	6月	总计
洗面奶	1230	1503	1870	2230	3020	1750	11603
睡眠面膜	2000	1250	1744	1955	1000	1100	9049
沐浴露	2000	1560	1780	1630	2100	2050	11120
爽肤水	3000	3200	3570	4400	4880	4750	23800
保湿乳液	1620	1780	1990	2300	2560	2840	13090
护肤乳	1000	980	1300	1500	1740	1630	8150
眼霜	800	1010	790	830	720	620	4770

图 4-69　计算产品总销售量

函数 66　SUMIF——按条件对指定单元格求和

【功能说明】:

使用 SUMIF 函数可以对区域中符合指定条件的值求和。

【语法格式】:

SUMIF(range, criteria, [sum_range])

【参数说明】:

range：用于条件计算的单元格区域。每个区域中的单元格都必须是数字或名称、数组或包含数字的引用。空值和文本值将被忽略。

criteria：用于确定对哪些单元格求和的条件，其形式可以为数字、表达式、单元格引用、文本或函数，任何文本条件或任何含有逻辑或数学符号的条件都必须使用双引号 (") 括起来。如果条件为数字，则无须使用双引号。

sum_range：要求和的实际单元格（如果要对未在 range 参数中指定的单元格求和）。如果 sum_range 参数被省略，Excel 会对在 range 参数中指定的单元格（即应用条件的单元格）求和。

【实例 1】某公司统计 5 月份的工资表中工资多于 2 500 元的员工工资的总和。

【实现方法】:

选中 D10 单元格，在编辑栏中输入公式“=SUMIF(D2:D9,">2500",D2:D9)”，按 Enter 键确认输入，即可计算出工资>2 500 元员工工资的总和，如图 4-70 所示。

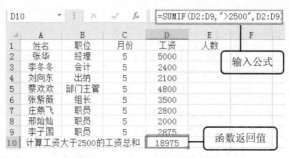

图 4-70　SUMIF 函数的应用

【实例 2】计算工资统计表中品质部部门所有员工的当月工资的总和。

【实现方法】：

选中 D23 单元格，在编辑栏中输入公式 "=SUMIF($C$14:$C$22,"品质部",D14:D22)"，按 Enter 键确认输入，即可计算出该部门员工工资的总和，如图 4-71 所示。

	D23	▼	⋮	×	✓	fx	=SUMIF($C$14:$C$22,"品质部",D14:D22)	
	A	B	C	D	E	F		
12	员工工资统计表							
13	工号	姓名	部门	1月	2月	3月		
14	CT13001	周琳琳	生产部	2800	3300	3150		
15	CT13002	李瑾色	品质部	3200	3500	3700		
16	CT13003	刘风	生产部	2700	2900	3200		
17	CT13004	张筱雨	品质部	3300	3700	3200		
18	CT13005	袁明远	生产部	2750	3050	3200		
19	CT13006	刘罗罗	品质部	3700	4200	3450		
20	CT13007	张敏君	生产部	3000	3700	3400		
21	CT13008	王小可	品质部	4000	3500	3700		
22	CT13009	赵敏	生产部	2700	3200	3050		
23	品质部员工当月工资总计			14200	14900	14050		

图 4-71　计算品质部员工当月工资的总和

函数 67　SUMIFS——对一组给定条件指定的单元格求和

【功能说明】：

对区域中满足多个条件的单元格求和。例如，如果需要对区域 A1:A20 中符合以下条件的单元格的数值求和：B1:B20 中的相应数值大于零 (0) 且 C1:C20 中的相应数值小于 10，则可以使用公式 "=SUMIFS(A1:A20, B1:B20, ">0", C1:C20, "<10")"。

【语法格式】：

SUMIFS(sum_range, criteria_range1, criteria1, [criteria_range2, criteria2],…)

【参数说明】：

sum_range：对一个或多个单元格求和，包括数字或包含数字的名称、引用或数组。忽略空白和文本值。sum_range 中包含 TURE 的单元格计算为"1"；sum-rang 中包含"FLASE"的单元格计算为"0"。与 SUMIF 函数中的区域和条件参数不同，SUMIFS 中每个 criteria_range 的大小形状必须与 sum-rang 相同。

criteria_range1：在其中计算关联条件的第一个区域。

criteria1：条件的形式为数字、表达式、单元格引用或文本，可用来定义将对 criteria_

range1 参数中的哪些单元格求和。例如，条件可以表示为 32、>32、B4、苹果或 32。

criteria_range2, criteria2, …：附加的区域及其关联条件。最多允许 127 个区域/条件对。

【实例】计算下列员工销量表中产品销量大于 5，且销量总额大于 1 500 元的产品总额。

【实现方法】：

选中 D10 单元格，在编辑栏中输入公式“=SUMIFS(D2:D9,B2:B9,">5",C2:C9,">250")”，按 Enter 键确认输入，即可计算出销量>5 且单价>50 的总销量额，如图 4-72 所示。

	A	B	C	D
1	员工姓名	销量	销售单价	总销售额
2	张华	15	220	3300
3	李冬冬	4	320	1280
4	刘向东	2	410	820
5	蔡欢欢	11	256	2816
6	张紫薇	9	254	2286
7	庄燕飞	8	452	3616
8	邢灿灿	1	124	124
9	李子国	5	158	790
10	销量>5，且销量单价>250元的总销量额			8718

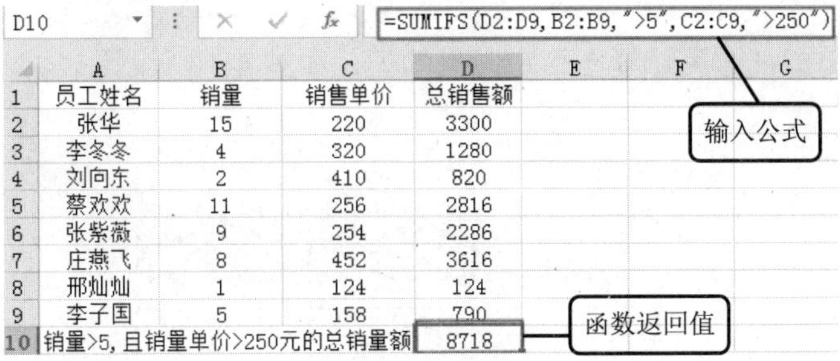

图 4-72　SUMIFS 函数的应用

函数 68　SUMPRODUCT——返回数组间对应的元素乘积之和

【功能说明】：

在给定的几组数组中，将数组间对应的元素相乘，并返回乘积之和。

【语法格式】：

SUMPRODUCT(array1, [array2], [array3], …)

【参数说明】：

array1：其相应元素需要进行相乘并求和的第一个数组参数。

array2, array3,…：2～255 个数组参数，其相应元素需要进行相乘并求和。

【实例】计算下列两个矩阵之间的乘积值。

【实现方法】：

选中 C4 单元格，在编辑栏中输入公式“=SUMPRODUCT(A2:B3,C2:D3)”，按 Enter 键确认输入，即可计算出两个矩阵之间的乘积值，如图 4-73 所示。

	A	B	C	D
1	矩阵1		矩阵2	
2	2	5	5	9
3	6	2	8	6
4	两个矩阵的乘积		115	

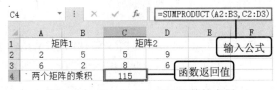

图 4-73　SUMPRODUCT 函数的应用

函数 69　SUMSQ——返回参数的平方和

【功能说明】：

返回参数的平方和。

【语法格式】：

SUMSQ(number1, [number2], …)

【参数说明】:

number1, number2,…: number1 后续数值是可选的, 这是用于计算平方和的一组参数, 参数的个数可以为 1~255 个, 也可以用单一数组或对某个数组的引用来代替用逗号分隔的参数。

【实例】计算向量的模。

【实现方法】:

选中 D3 单元格, 在编辑栏中输入公式 "=SQRT(SUMSQ(A3:C3))", 按 Enter 键确认输入, 并向下复制公式, 即可计算出给定向量的模, 如图 4-74 所示。

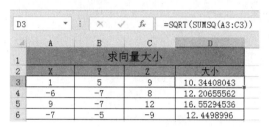

图 4-74　求向量的模

函数 70　SUMX2MY2——返回两数组中对应数值的平方差之和

【功能说明】:

返回两数组中对应数值的平方差之和。

【语法格式】:

SUMX2MY2(array_x, array_y)

【参数说明】:

array_x: 第一个数组或数值区域。

array_y: 第二个数组或数值区域。

🔔注意: 平方差之和的计算公式如下:

$$SUMX2MY2 = \sum (x^2 - y^2)$$

【实例】已知圆环的内径和外径, 计算圆环面积。

【实现方法】:

选择 C3 单元格, 在编辑栏中输入公式 "=PI()*SUMX2MY2(A3,B3)", 按 Enter 键确认输入, 向下复制公式, 即可计算出所有圆环的面积, 如图 4-75 所示。

	C3	▼	:	✕	✓	fx	=PI()*SUMX2MY2(A3,B3)	

	A	B	C	D	E
1	计算圆环的面积				
2	外径	内径	圆环面积		
3	19	15	427.2566009		
4	22	13	989.6016859		
5	37	30	1473.406955		
6	9	7	100.5309649		
7					

图 4-75　计算圆环面积

函数 71　SUMX2PY2——返回两数组中对应数值的平方和之和

【功能说明】：

返回两数组中对应数值的平方和之和，平方和之和在统计计算中经常使用。

【语法格式】：

SUMX2PY2(array_x, array_y)

【参数说明】：

array_x：第一个数组或数值区域。

array_y：第二个数组或数值区域。

注意：平方和之和的计算公式如下：

$$SUMX2PY2 = \sum (x^2 + y^2)$$

【实例】 在粉刷墙壁时，若墙壁上有多个圆形需要粉刷为彩色，假定粉刷彩色墙壁时按 8 元/平方米，计算粉刷彩色圆形需要的预算为多少？

【实现方法】：

选中 C2 单元格，在编辑栏中输入公式 "=8*PI()*SUMX2PY2(A2:A6,B2:B6)"，按 Enter 键确认输入，即可计算出粉刷彩色圆形的预算，如图 4-76 所示。

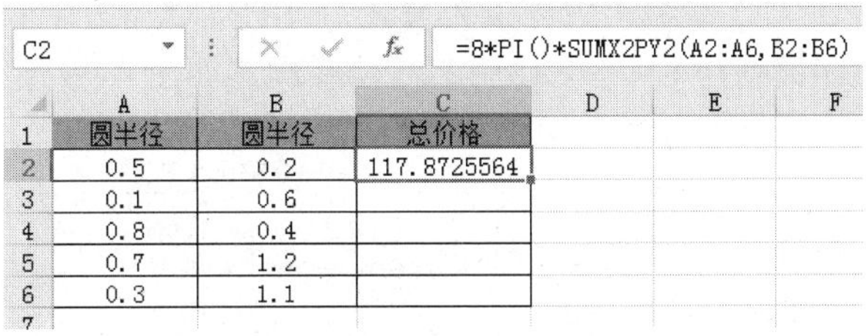

	A	B	C	D	E	F
	圆半径	圆半径	总价格			
2	0.5	0.2	117.8725564			
3	0.1	0.6				
4	0.8	0.4				
5	0.7	1.2				
6	0.3	1.1				

C2 ｜ ＝8*PI()*SUMX2PY2(A2:A6,B2:B6)

图 4-76　计算粉刷彩色圆形的预算

函数 72　SUMXMY2——返回两数组中对应数值之差的平方和

【功能说明】：

返回两数组中对应数值之差的平方和。

【语法格式】：

SUMXMY2(array_x, array_y)

【参数说明】：

array_x：第一个数组或数值区域。

array_y：第二个数组或数值区域。

注意：参数可以是数字，或者是包含数字的名称、数组或引用。

如果数组或引用参数包含文本、逻辑值或空白单元格，则这些值将被忽略；但包含零值的单元格将计算在内。

如果 array_x 和 array_y 的元素数目不同，函数 SUMXMY2 将返回错误值 #N/A。

注意：差的平方和的计算公式如下：

$$SUMXMY2=\sum(x-y)^2$$

【实例】验证 SUMXMY2 函数值的真伪。

【实现方法】：

（1）选中 C2 单元格，在编辑栏中输入公式“=POWER(A2-B2,2)”，按 Enter 键确认输入，即可计算出 A2 和 B2 单元格中数值差的平方，如图 4-77 所示。

（2）然后将 C2 单元格中的数据向下复制，在 C9 单元格输入公式“=SUM(C2:C8)”，按 Enter 键确认输入，可计算所有差的平方之和，如图 4-78 所示。

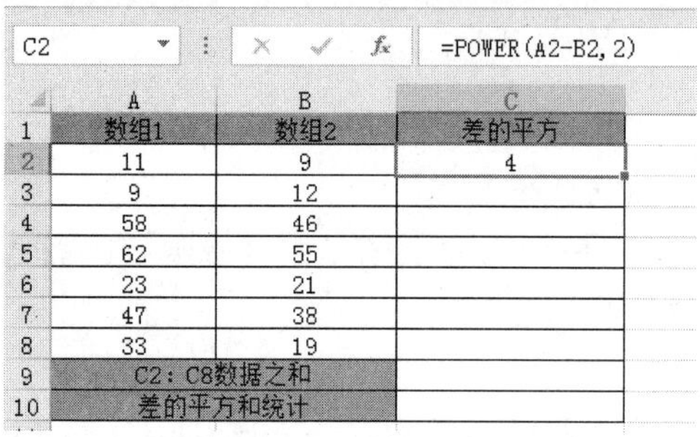

C2 =POWER(A2-B2,2)

	A	B	C
1	数组1	数组2	差的平方
2	11	9	4
3	9	12	
4	58	46	
5	62	55	
6	23	21	
7	47	38	
8	33	19	
9	C2：C8数据之和		
10	差的平方和统计		

图 4-77 计算 A2 和 B2 单元格数据差的平方

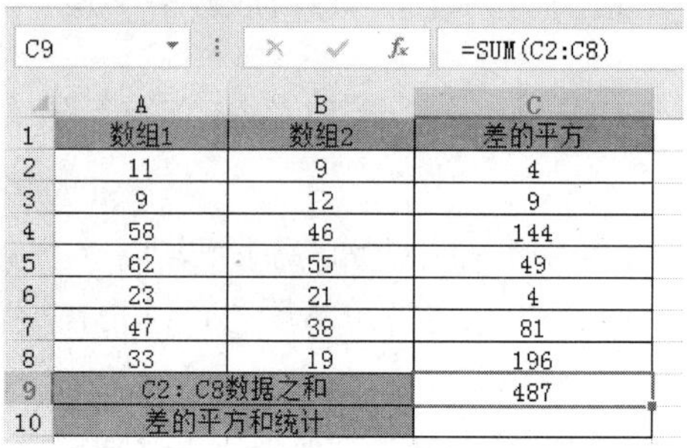

C9 =SUM(C2:C8)

	A	B	C
1	数组1	数组2	差的平方
2	11	9	4
3	9	12	9
4	58	46	144
5	62	55	49
6	23	21	4
7	47	38	81
8	33	19	196
9	C2：C8数据之和		487
10	差的平方和统计		

图 4-78 计算出所有差的平方之和

（3）选中 C10 单元格，在编辑栏中输入公式“=SUMXMY2(A2:A8,B2:B8)”，按 Enter 键确认输入，会发现该数据与 C9 单元格中的数据相同，如图 4-79 所示。

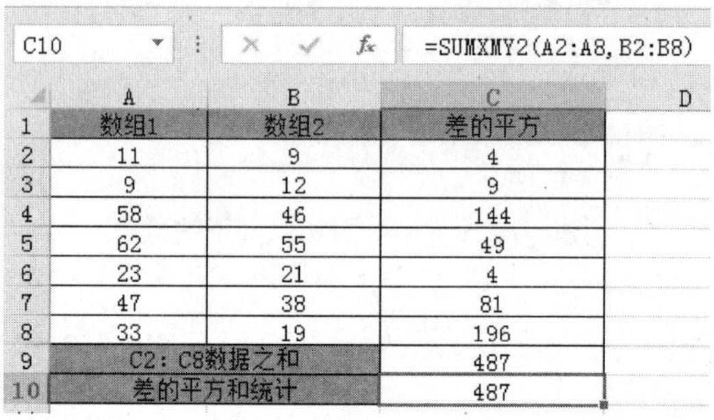

C10 =SUMXMY2(A2:A8,B2:B8)

	A	B	C	D
1	数组1	数组2	差的平方	
2	11	9	4	
3	9	12	9	
4	58	46	144	
5	62	55	49	
6	23	21	4	
7	47	38	81	
8	33	19	196	
9	C2：C8数据之和		487	
10	差的平方和统计		487	

图 4-79 计算差的平方和

函数 73 TANH——返回参数的双曲正切值

【功能说明】：

返回某一数字的双曲正切。

【语法格式】：

TANH(number)

【参数说明】：

number：任意实数。

注意：双曲正切的计算公式如下：

$$\text{TANH}(z)=\frac{\text{SINH}(z)}{\text{COSH}(z)}$$

【实例】验证双曲正切函数的值在[0, π]之间，并且是一个定义区间在[−1, 1]上的递减函数。

【实现方法】：

选中 C2 单元格，在编辑栏中输入公式“=TANH(B2)”，按 Enter 键确认输入，可计算出该数值下的双曲正切值，然后向下复制公式即可，如图 4-80 所示。

	A	B	C	D
	D2		f_x =TANH(B2)	
1		弧度数		双曲正切值
2	π	3.141592654		0.996272076
3	π/2	1.570796327		0.917152336
4	π/4	0.785398163		0.655794203
5	π/8	0.392699082		0.373684748
6	0	0		0
7	−π/8	−0.392699082		−0.373684748
8	−π/4	−0.785398163		−0.655794203
9	−π/2	−1.570796327		−0.917152336
10	−π	−3.141592654		−0.996272076

图 4-80　求双曲正切值

函数 74　TAN——返回给定角度的正切值

【功能说明】：

返回给定角度的正切值。

【语法格式】：

TAN(number)

【参数说明】：

number：想要求正切的角度，以弧度表示。可以乘以 PI()/180 为弧度。

【实例】求指定弧度数的正切值。

【实现方法】：

选中 D2 单元格，在编辑栏中输入公式“=TAN(B2)”，按 Enter 键确认输入，可计算出该数值下的正切值，然后向下复制公式即可，如图 4-81 所示。

	A	B	C	D
	D2		f_x =TAN(B2)	
1		弧度数		正切值
2	π	3.141592654		−1.22515E−16
3	π/2	1.570796327		1.63246E+16
4	π/4	0.785398163		1
5	π/8	0.392699082		0.414213562
6	0	0		0
7	−π/8	−0.392699082		−0.414213562
8	−π/4	−0.785398163		−1
9	−π/2	−1.570796327		−1.63246E+16
10	−π	−3.141592654		1.22515E−16

图 4-81　求正切值

函数 75　TRUNC——将数字截为整数或保留指定位数的小数

【功能说明】：

将数字的小数部分截去，返回整数。

【语法格式】:

TRUNC(number, [num_digits])

【参数说明】:

number: 需要截尾取整的数字。

num_digits: 用于指定取整精度的数字, num_digits 的默认值为 0 (零)。

【实例】 将销售统计表中销售额数据以万元作为单位表示, 舍去万元以下的数据。

【实现方法】:

选中 E3 单元格, 在编辑栏中输入公式"=TRUNC(D3/10000)", 按 Enter 键确认输入, 然后向下复制公式即可, 如图 4-82 所示。

月份	销售单价	销售量	总销售额	销售概算
			E3 fx =TRUNC(D3/10000)	
		销售统计表		
1月	0.32	12850000	4112000	411
2月	0.27	39800000	10746000	1074
3月	0.5	43685000	21842500	2184
4月	0.7	55362500	38753750	3875
5月	0.47	37440000	17596800	1759
6月	0.8	9000000	7200000	720
7月	1	10050000	10050000	1005
8月	0.29	22868000	6631720	663
9月	0.44	42040000	18497600	1849

图 4-82　以万元为单位统计数据

第 5 章　统计函数解析与实例应用

统计函数主要用于对数据区域进行统计分析，如求一个数据区域内的平均值、统计一个区域内的人数、统计满足条件记录的个数等。被广泛应用于数学应用和统计相关行业。最常用的有求最大值、最小值、平均值等。下面来探讨这类函数的应用。

函数 1　AVEDEV——返回一组数据与其均值的绝对偏差的平均值

【功能说明】：

返回一组数据与其均值的绝对偏差的平均值，AVEDEV 用于评测这组数据的离散度。

【语法格式】：

AVEDEV(number1, [number2],…)

【参数说明】：

number1, number2,…：number1 是必需的，后续数值是可选的，这是用于计算绝对偏差平均值的一组参数，参数的个数可以为 1～255 个。

注意：平均偏差的公式为：

$$\frac{1}{n}\sum|x-\overline{x}|$$

【实例】 在学生测量的统计表中，计算 3 次测量结果的绝对偏差平均值。

【实现方法】：

选中 E2 单元格，在编辑栏中输入公式 "=AVEDEV(B2:D2)"，按 Enter 键确认输入，即可计算出 3 次测量结果的绝对偏差平均值，如图 5-1 所示。

图 5-1　AVEDEV 函数的应用

函数 2　AVERAGEA——返回参数列表中数值的平均值

【功能说明】：

计算参数列表中数值的平均值（算术平均值）。

【语法格式】：

AVERAGEA(value1, [value2],…)

【参数说明】：

value1, value2,…：value1 是必需的，后续值是可选的。需要计算平均值的 1～255 个单元格、单元格区域或值。

【实例】计算学生的平均成绩。

【实现方法】：

选中 E2 单元格，在编辑栏中输入公式“=AVERAGEA(B2:D2)”，按 Enter 键确认输入，并向下复制公式即可，如图 5-2 所示。

E2 =AVERAGEA(B2:D2)

	A	B	C	D	E
1	学生姓名	语文成绩	数学成绩	英语成绩	平均成绩
2	张欢欢	65	95	80	80
3	李子国	85	92	86	87.66667
4	刘向群	96	91	96	94.33333
5	霍诗文	88	89	97	91.33333

图 5-2 求学生的平均成绩

函数 3 AVERAGEIFS——查找一组给定条件指定的单元格的平均值

【功能说明】：

返回满足多重条件的所有单元格的平均值（算术平均值）。

【语法格式】：

AVERAGEIFS(average_range, criteria_range1, criteria1, [criteria_range2, criteria2],…)

【参数说明】：

average_range：要计算平均值的一个或多个单元格，其中包括数字或包含数字的名称、数组或引用。

criteria_range1, criteria_range2,…：criteria_range1 是必需的，随后的 criteria_range 是可选的。

criteria1, criteria2,…：criteria1 是必需的，随后的 criteria 是可选的。数字、表达式、单元格引用或文本形式的 1～127 个条件，用于定义将对哪些单元格求平均值。

【实例】在下列员工销售数据统计表中，满足两个条件的产品平均销售额。

【实现方法】：

选中 D9 单元格，在编辑栏中输入公式“=AVERAGEIFS(D2:D8,D2:D8, ">65000", D2:D8, "<80000")”，按 Enter 键确认输入，即可计算出销售额 65 000～80 000 元之间的平均销售额，在 D10 单元格，输入公式“=AVERAGEIFS(D2:D8,B2:B8,">=250",C2:C8,">=270")”，计算出销售量≥250 且销售单价≥270 元的平均销售额，如图 5-3 所示。

D9 =AVERAGEIFS(D2:D8,D2:D8,">65000",D2:D8,"<80000")

输入公式

	A	B	C	D	E	F
1	销售员	销售量	销售单价	销售总额		
2	张欢欢	258	270	69660		
3	李子国	289	259	74851		
4	刘向群	246	281	69126		
5	霍诗文	293	275	80575		
6	袁诗雨	256	249	63744		
7	张浩	274	282	77268		
8	李华	265	273	72345		
9	计算出销售额65000—80000元之间的平均销售额			72650		
10	计算出销售量>=250且销售单价>=270元的平均销售额			74962		

函数返回值

图 5-3 AVERAGEIFS 函数的应用

函数 4　AVERAGEIF——返回满足给定条件的单元格的平均值

【功能说明】：

返回某个区域内满足给定条件的所有单元格的平均值（算术平均值）。

【语法格式】：

AVERAGEIF(range, criteria, [average_range])

【参数说明】：

range：要计算平均值的一个或多个单元格，其中包括数字或包含数字的名称、数组或引用。

criteria：数字、表达式、单元格引用或文本形式的条件，用于定义要对哪些单元格计算平均值。

average_range：要计算平均值的实际单元格集。如果忽略，则使用 range。

🔔 **注意**：average_range 不必与 range 的大小和形状相同。求平均值的实际单元格是通过使用 average_range 中左上方的单元格作为起始单元格，然后加入与 range 的大小和形状相对应的单元格确定的。例如：

如果 range 是	且 average_range 为	则计算的实际单元格为
A1:A5	B1:B5	B1:B5
A1:A5	B1:B3	B1:B5
A1:B4	C1:D4	C1:D4
A1:B4	C1:C2	C1:D4

【实例】 在下列学生的成绩表中，计算出英语成绩大于 90 分的平均值，数学成绩大于 89 分的平均成绩，语文成绩大于 85 分的平均成绩。

【实现方法】：

选中 B6 单元格，在编辑栏中输入公式"=AVERAGEIF(B2:B5,">85",B2:B5)"，按 Enter 键确认输入，即可计算出语文成绩大于 85 分的平均成绩，输入公式"C2 =AVERAGEIF (C2:C5,">89",C2:C5)"，按 Enter 键确认输入，即可计算出数学成绩大于 89 分的平均成绩，输入公式"D2 =AVERAGEIF(D2:D5,">90",D2:D5)"，按 Enter 键确认输入，即可计算出英语成绩大于 90 分的平均成绩，如图 5-4 所示。

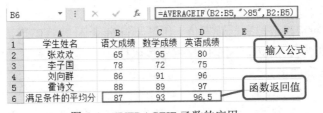

图 5-4　AVERAGEIF 函数的应用

函数 5　AVERAGE——返回参数的平均值

【功能说明】：

返回参数的平均值（算术平均值）。例如，如果区域 A1:A20 包含数字，则公式

"=AVERAGE(A1:A20)" 将返回这些数字的平均值。

【语法格式】：

AVERAGE(number1, [number2], …)

【参数说明】：

number1：要计算平均值的第一个数字、单元格引用 （单元格引用：用于表示单元格在工作表上所处位置的坐标集。例如，显示在第 B 列和第 3 行交叉处的单元格，其引用形式为"B3"。）或单元格区域。

number2,…：要计算平均值的其他数字、单元格引用或单元格区域，最多可包含 255 个。

【实例】 计算下列学生的平均成绩。

【实现方法】：

选中 E2 单元格，在编辑栏中输入公式 "=AVERAGE(B2:D2)"，按 Enter 键确认输入，即可计算出学生的平均成绩，如图 5-5 所示。

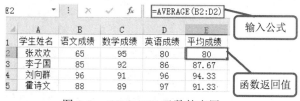

图 5-5   AVERAGE 函数的应用

函数 6   BETA.DIST——返回 Beta 累积分布函数

【功能说明】：

返回 Beta 分布。Beta 分布通常用于研究样本中一定部分的变化情况，例如，人们一天中看电视的时间比率。

【语法格式】：

BETA.DIST(x,alpha,beta,cumulative,[A],[B])

【参数说明】：

x：介于 A 和 B 之间用来进行函数计算的值。

alpha：分布参数。

beta：分布参数。

cumulative：决定函数形式的逻辑值。如果 cumulative 为 TRUE，BETA.DIST 返回累积分布函数；如果为 FALSE，则返回概率密度函数。

A：x 所属区间的下界。

B：x 所属区间的上界。

如果省略 A 和 B 的值，BETA.DIST 使用标准的累积 beta 分布，即 A＝0，B＝1。

【实例】 求 Beta 累积分布函数值。

【实现方法】：

选中 E3 单元格，在编辑栏中输入公式 "=BETA.DIST(A2,B2,C2,TRUE,D2,E2)"，按 Enter 键确认输入，即可求出计算 Beta 累积分布函数值，如图 5-6 所示。

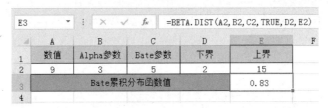

图 5-6　计算 Beta 累积分布函数值

函数 7　BETADIST——计算 β 累积分布函数

【功能说明】：

返回累积 beta 分布的概率密度函数。

【语法格式】：

BETADIST(x,alpha,beta,[A],[B])

【参数说明】：

x：介于 A 和 B 之间用来进行函数计算的数值。

alpha：分布参数。

beta：分布参数。

A：x 所属区间的下界。

B：x 所属区间的上界。

注意：此函数已被前面所讲的 BETA.DIST 函数取代，这些新函数可以提供更高的准确度，而且它们的名称可以更好地反映出其用途。仍然提供此函数是为了保持与 Excel 早期版本的兼容性。但是，如果不需要后向兼容性，则应考虑从现在开始使用新函数，因为它们可以更加准确地描述其功能。

函数 8　BETA.INV——返回具有给定概率的累积 beta 分布的区间点

【功能说明】：

返回 Beta 累积概率密度函数（BETA.DIST）的反函数。如果 probability = BETA.DIST(x,...TRUE)，则 BETA.INV(probability,...) = x。Beta 分布可用于项目设计，在给定期望的完成时间和变化参数后，模拟可能的完成时间。

【语法格式】：

BETA.INV(probability,alpha,beta,[A],[B])

【参数说明】：

probability：与 beta 分布相关的概率。

alpha：分布参数。

beta：分布参数。

A：x 所属区间的下界。

B：x 所属区间的上界。

【实例】求给定概率的累积分布函数的反函数值。

【实现方法】：

选中 F2 单元格，在编辑栏中输入公式 "=BETA.INV(A2,B2,C2,D2,E2)"，按 Enter 键确

认输入，即可计算出给定概率的累积分布函数的反函数值，如图 5-7 所示。

	A	B	C	D	E	F
1	概率值	Alpha参数	Bate参数	下界	上界	Beta累积分布函数的反函数值
2	0.0035	3	5	2	15	2.634021704
3	0.005	13	17	11	19	12.75259581
4	0.12	6	9	3	14	5.800924279
5	0.77	5	15	3	21	8.712786631

图 5-7　计算给定概率的累积分布函数的反函数值

函数 9　BETAINV——计算累积 β 分布函数的反函数值

【功能说明】：

返回指定的 beta 分布累积 beta 分布的概率密度函数的反函数值。即如果 probability = BETADIST(x,...)，则 BETAINV(probability,...) = x。beta 分布函数可用于项目设计，在给定期望的完成时间和变化参数后，模拟可能的完成时间。

【语法格式】：

BETAINV(probability,alpha,beta,[A],[B])

【参数说明】：

probability：与 beta 分布相关的概率。

alpha：分布参数。

beta：分布参数。

A：x 所属区间的下界。

B：x 所属区间的上界。

注意：此函数已被前面所讲的 BETA.INV 函数取代。

函数 10　BINOM.DIST——返回一元二项式分布的概率

【功能说明】：

返回一元二项式分布的概率。当符合下列所有条件时，可以使用 BINOM.DIST：检验或试验的次数固定，任何试验的结果只包含成功或失败两种情况，试验相互独立，且成功的概率在实验期间固定不变。

【语法格式】：

BINOM.DIST(number_s,trials,probability_s,cumulative)

【参数说明】：

number_s：试验成功的次数。

trials：独立试验的次数。

probability_s：每次试验中成功的概率。

cumulative：决定函数形式的逻辑值。如果 cumulative 为 TRUE，BINOM.DIST 返回累积分布函数，即至多 number_s 次成功的概率；如果为 FALSE，则返回概率密度函数，即 number_s 次成功的概率。

【实例】已知产品的不合格率，求多次抽取该产品时，抽取到次品率为 0 的概率是多少？

【实现方法】：

选中 C4 单元格，在编辑栏中输入公式"=BINOM.DIST(0,C\$3,\$B4,0)"，按 Enter 键确认输入，计算出结果后，将公式复制到其他单元格即可，如图 5-8 所示。

C4			× ✓ *fx*	=BINOM.DIST(0,C\$3,\$B4,0)	
	A	B	C	D	E	F
1	不同产品抽取到次品率为0的概率					
2			抽取次数			
3	产品代码	不合格率	5	15	25	35
4	CT02	0.15%	0.992522	0.977735	0.963167	0.948817
5	CT03	0.30%	0.98509	0.955933	0.927639	0.900182
6	MN01	0.45%	0.977702	0.934585	0.893371	0.853973
7	MN02	0.90%	0.955803	0.873182	0.797703	0.728749
8	JJ57	1.20%	0.941423	0.834361	0.739475	0.65538
9	KM13	2.00%	0.903921	0.738569	0.603465	0.493075
10	CC02	3.50%	0.836829	0.586016	0.410377	0.28738
11	OT13	7.00%	0.695688	0.336701	0.162957	0.078868
12	RM22	14.00%	0.470427	0.104106	0.023039	0.005099

图 5-8　计算抽取到次品率为 0 的概率

函数 11　BINOMDIST——计算一元二项式分布的概率值

【功能说明】：

返回一元二项式分布的概率值。

【语法格式】：

BINOMDIST(number_s,trials,probability_s,cumulative)

【参数说明】：

number_s：试验成功的次数。

trials：独立试验的次数。

probability_s：每次试验中成功的概率。

cumulative：决定函数形式的逻辑值。如果 cumulative 为 TRUE，BINOMDIST 返回累积分布函数，即至多 number_s 次成功的概率；如果为 FALSE，则返回概率密度函数，即 number_s 次成功的概率。

🔔注意：此函数被前面的 BINOM.DIST 函数取代。

函数 12　BINOM.INV——返回使累积二项式分布大于或等于临界值的最小值

【功能说明】：

返回使累积二项式分布大于或等于临界值的最小值。

【语法格式】：

BINOM.INV(trials,probability_s,alpha)

【参数说明】：

trials：伯努利试验次数。

probability_s：每次试验中成功的概率。

alpha：临界值。

【实例】已知某产品总抽取次数、不合格率、以及临界值 0.2，求抽取该产品时，抽取到次品的次数最少为多少次？

【实现方法】：

选中 C4 单元格，在编辑栏中输入公式"=BINOM.INV(C$3,$B4,0.2)"，按 Enter 键确认输入，计算出结果后，将公式复制到其他单元格即可，如图 5-9 所示。

C4			f_x	=BINOM.INV(C$3, $B4, 0.2)	
	A	B	C	D	E	F
1	抽取到次品的最少次数					
2			总抽取次数			
3	产品代码	不合格率	5	15	25	35
4	CT02	0.15%	0	0	0	0
5	CT03	0.30%	0	0	0	0
6	MN01	0.45%	0	0	0	0
7	MN02	0.90%	0	0	0	0
8	JJ57	1.20%	0	0	0	0
9	KM13	2.00%	0	0	0	0
10	CC02	3.50%	0	0	0	0
11	OT13	7.00%	0	0	1	1
12	RM22	14.00%	0	1	2	3

图 5-9　计算抽取到次品的最少次数

函数 13　CHIDIST——返回 χ^2 分布的单尾概率

【功能说明】：

返回 χ^2 分布的右尾概率。χ^2 分布与 χ^2 检验相关。使用 χ^2 检验可以比较观察值和期望值。

【语法格式】：

CHIDIST(x,deg_freedom)

【参数说明】：

x：用来计算分布的值。

deg_freedom：自由度的数值。

🔔注意：该函数已经被 CHISQ.DIST 函数和 CHISQ.DIST.RT 函数取代。

函数 14　CHIINV——返回 χ^2 分布单尾概率的反函数值

【功能说明】：

返回 χ^2 分布的右尾概率的反函数。如果 probability = CHIDIST(x,...)，则 CHIINV(probability,...) = x。使用此函数可比较观测结果和期望结果，从而确定初始假设是否有效。

【语法格式】：

CHIINV(probability,deg_freedom)

【参数说明】：

probability：与 χ^2 分布相关的概率。

deg_freedom：自由度的数值。

注意：此函数已被 CHISQ.INV 函数和 CHISQ.INV.RT 函数取代。

函数 15　CHISQ.DIST.RT——返回 χ^2 分布的右尾概率

【功能说明】：

返回 χ^2 分布的右尾概率。χ^2 分布与 χ^2 检验相关。使用 χ^2 检验可以比较观察值和期望值。例如，某项遗传学实验假设下一代植物将呈现出某一组颜色。通过比较观测结果和期望结果，可以确定初始假设是否有效。

【语法格式】：

CHISQ.DIST.RT(x,deg_freedom)

【参数说明】：

x：用来计算分布的值。

deg_freedom：自由度的数值。

【实例】根据给定的数值和自由度，计算 χ^2 分布的单尾概率。

【实现方法】：

选中 B4 单元格，在编辑栏中输入公式 "=CHISQ.DIST.RT(B$3,$A4)"，按 Enter 键确认输入，即可计算出给定数值和自由度的单尾概率，然后向右、向下复制公式即可，如图 5-10 所示。

B4		▼ ┊ ✕ ✓ 𝑓ₓ	=CHISQ.DIST.RT(B$3,$A4)		
	A	B	C	D	E
1			计算X²分布的单尾概率		
2				数值	
3	自由度	3	7	11	17
4	3	0.391625176	0.071897772	0.011725876	0.000706742
5	7	0.885002232	0.428879858	0.138619021	0.017396183
6	12	0.995544019	0.857613553	0.528918687	0.14959731
7	25	0.999999977	0.999850481	0.992945596	0.881793754
8	39	1	0.999999997	0.99999719	0.9991622

图 5-10　计算给定的数值和自由度的单尾概率

函数 16　CHISQ.DIST——返回 χ^2 分布

【功能说明】：

返回 χ^2 分布。χ^2 分布通常用于研究样本中某些事物变化的百分比，例如，人们一天中用来看电视的时间所占的比例。

【语法格式】：

CHISQ.DIST(x,deg_freedom,cumulative)

【参数说明】：

x：用来计算分布的值。

deg_freedom：自由度数。

cumulative：决定函数形式的逻辑值。如果 cumulative 为 TRUE，则 CHISQ.DIST 返回累积分布函数；如果为 FALSE，则返回概率密度函数。

【实例】已知数值和其自由度，求概率密度函数值。

【实现方法】：

选中 B4 单元格，在编辑栏中输入公式"=CHISQ.DIST(B$3,$A4,FALSE)"，按 Enter 键确认输入，即可计算出数值在给定自由度下的概率密度函数值，然后向右、向下复制公式即可，如图 5-11 所示。

B4		× ✓	f_x	=CHISQ.DIST(B$3,$A4,FALSE)	
	A	B	C	D	E
1	概率密度函数值				
2		数值			
3	自由度	3	7	11	17
4	3	0.15418033	0.0318734	0.005407378	0.000334681
5	7	0.092508198	0.104119775	0.043619519	0.006448193
6	12	0.007059978	0.0660843	0.085700342	0.037616665
7	25	8.63682E-08	0.000199296	0.004878626	0.036271107
8	39	7.28376E-15	6.32903E-09	3.66606E-06	0.000573926

图 5-11　计算 χ^2 分布的概率密度函数值

函数 17　CHISQ.INV.RT——返回具有给定概率的右尾 χ^2 分布的区间点

【功能说明】：

返回 χ^2 分布的右尾概率的反函数。

【语法格式】：

CHISQ.INV.RT(probability,deg_freedom)

【参数说明】：

probability：与 χ^2 分布相关的概率。

deg_freedom：自由度数。

【实例】求给定概率的累积分布函数的反函数值。

【实现方法】：

选中 B4 单元格，在编辑栏中输入公式"=CHISQ.INV.RT($A4,B$3)"，按 Enter 键确认输入，即可计算出给定概率的右尾 χ^2 分布反函数值，然后向右、向下复制公式即可，如图 5-12 所示。

B4		× ✓	f_x	=CHISQ.INV.RT($A4,B$3)	
	A	B	C	D	E
1	计算 χ^2 分布的右尾概率的反函数值				
2		数值			
3	χ^2分布概率	2	6	13	19
4	0.0017	12.75425406	21.18405935	33.00679048	42.13405779
5	0.0035	11.30998462	19.42707127	30.88890592	39.77708631
6	0.27	2.61866664	7.586360043	15.62454341	22.29128912
7	0.75	0.575364145	3.454598836	9.29906553	14.56199673
8	0.97	0.060918415	1.329608216	5.221012744	9.200440695

图 5-12　计算给定概率的右尾 χ^2 分布反函数值

函数 18 CHISQ.INV——返回具有给定概率的左尾 χ^2 分布的区间点

【功能说明】：

返回 χ^2 分布的左尾概率的反函数。χ^2 分布通常用于研究样本中某些事物变化的百分比，例如，人们一天中用来看电视的时间所占的比例。

【语法格式】：

CHISQ.INV(probability,deg_freedom)

【参数说明】：

probability：与 χ^2 分布相关联的概率。

deg_freedom：自由度数。

【实例】求给定概率的累积分布函数的反函数值。

【实现方法】：

选中 B4 单元格，在编辑栏中输入公式 "=CHISQ.INV($A4,B$3)"，按 Enter 键确认输入，即可计算出给定概率的左尾 χ^2 分布反函数值，然后向右、向下复制公式即可，如图 5-13 所示。

B4		:	×	✓	f_x	=CHISQ.INV($A4,B$3)	
	A		B	C		D	E
1	计算X²分布的左尾概率的反函数值						
2		数值					
3	X2分布概率	2		6		13	19
4	0.0017	0.003402893		0.459213183		2.890848417	5.830661469
5	0.0035	0.007012279		0.593979779		3.322137896	6.483436394
6	0.27	0.62942149		3.60463811		9.553182177	14.8830639
7	0.75	2.772588722		7.840804121		15.98390622	22.71780674
8	0.97	7.013115795		13.96761693		24.12494701	32.15772037

图 5-13 计算给定概率的左尾 χ^2 分布反函数值

函数 19 CHISQ.TEST——返回独立性检验值

【功能说明】：

返回独立性检验值。CHISQ.TEST 返回 χ^2 分布的统计值及相应的自由度。可以使用 χ^2 检验值确定假设结果是否被实验所证实。

【语法格式】：

CHISQ.TEST(actual_range,expected_range)

【参数说明】：

actual_range：包含观察值的数据区域，用于检验期望值。

expected_range：包含行列汇总的乘积与总计值之比率的数据区域。

【实例】求下列参数的独立性检验值。

【实现方法】：

选中 C9 单元格，在编辑栏中输入公式 "=CHISQ.TEST(A2:B4,A6:B8)"，按 Enter 键确认输入，即可计算出参数的独立性检验值，如图 5-14 所示。

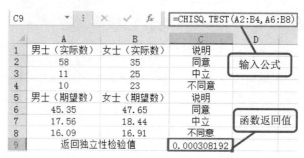

图 5-14 CHISQ.TEST 函数的应用

函数 20 CHITEST——返回 χ^2 分布单尾概率的反函数值

【功能说明】：

返回独立性检验值。函数 CHITEST 返回（χ^2）分布的统计值及相应的自由度。可以使用（χ^2）检验值确定假设值是否被实验所证实。

【语法格式】：

CHITEST(actual_range,expected_range)

【参数说明】：

actual_range：包含观察值的数据区域，用于检验期望值。

expected_range：包含行列汇总的乘积与总计值之比率的数据区域。

🔔**注意**：此函数已被 CHISQ.TEST 函数取代。

函数 21 CONFIDENCE.NORM——返回总体平均值的置信区间

【功能说明】：

置信区间为一个值区域。

【语法格式】：

CONFIDENCE.NORM(alpha,standard_dev,size)

【参数说明】：

alpha：用于计算置信度的显著水平参数。置信度等于 100*(1 - alpha)%，即如果 alpha 为 0.05，则置信度为 95%。

standard_dev：数据区域的总体标准偏差，假设为已知。

size：样本容量。

【实例】 假设样本取自 50 名乘车上班的旅客，他们花在路上的平均时间为 30 分钟，总体标准偏差为 2.5，计算总体上班时间平均值的置信区间。

【实现方法】：

选中 B5 单元格，在编辑栏中输入公式 "=CONFIDENCE.NORM(B2,B3,B4)"，按 Enter 键确认输入，即可计算出总体上班时间平均值的置信区间，如图 5-15 所示。

B5　=CONFIDENCE.NORM(B2,B3,B4)

	A	B	C	D	E
1	说明	数据			
2	显著性水平	0.05	置信区间最大值	30.7	
3	标准总体偏差	2.5	置信区间最小值	29.3	
4	样本大小	50			
5	结果	0.692952			

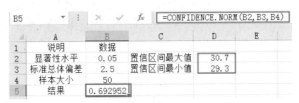

图 5-15　CONFIDENCE.NORM 函数的应用

函数 22　CONFIDENCE.T——使用学生的 T 分布返回总体平均值的置信区间

【功能说明】:

使用学生的 t 分布返回总体平均值的置信区间。

【语法格式】:

CONFIDENCE.T(alpha,standard_dev,size)

【参数说明】:

alpha：用于计算置信度的显著性水平。置信度等于 100*(1 - alpha)%，也就是说，如果 alpha 为 0.05，则置信度为 95%。

standard_dev：数据区域的总体标准偏差，假设为已知。

size：样本大小。

【实例】假设对 60 个工人进行了调查，他们平均每组装一个产品所花费的时间为 40 分钟，测量数据的总体标准偏差为 2.3，显著性水平为 0.06，求工人制造产品花费时间的置信区间。

【实现方法】:

（1）选中 D2 单元格，在编辑栏中输入公式“=CONFIDENCE.T(B2,B3,B4)”，按 Enter 键确认输入，即可求出工人制造产品花费时间的置信区间，如图 5-16 所示。

D2　=CONFIDENCE.T(B2,B3,B4)

	A	B	C	D	E
1	说明	数据		结果	
2	显著性水平	0.06		0.569405871	
3	标准总体偏差	2.3		置信区间最大值	
4	样本大小	60		置信区间最小值	

图 5-16　输入公式进行计算

（2）选中 E3 单元格，在编辑栏中输入公式“=40+D2”，在 E4 单元格中输入公式“=40-D2”，求出置信区间的最大值和最小值，如图 5-17 所示。

E4　=40-D2

	A	B	C	D	E
1	说明	数据		结果	
2	显著性水平	0.06		0.569405871	
3	标准总体偏差	2.3		置信区间最大值	40.6
4	样本大小	60		置信区间最小值	39.4

图 5-17　计算出置信区间的最大值和最小值

函数 23 CONFIDENCE——计算总体平均值的置信区间

【功能说明】：

使用正态分布返回总体平均值的置信区间。

置信区间为一个值区域。样本平均值 *x* 位于该区域的中间，区域范围为 *x* ± CONFIDENCE。

【语法格式】：

CONFIDENCE(alpha,standard_dev,size)

【参数说明】：

alpha：用于计算置信度的显著水平参数。置信度等于 100*(1 - alpha)%，亦即，如果 alpha 为 0.05，则置信度为 95%。

standard_dev：数据区域的总体标准偏差，假设为已知。

size：样本容量。

🔔注意：此函数已被 CONFIDENCE.NORM 函数和 CONFIDENCE.T 函数取代。

函数 24 CORREL——返回单元格区域之间的相关系数

【功能说明】：

返回单元格区域 array1 和 array2 之间的相关系数。使用相关系数可以确定两种属性之间的关系。例如，可以检测某地的平均温度和空调使用情况之间的关系。

【语法格式】：

CORREL(array1, array2)

【参数说明】：

array1：第一组数值单元格区域。

array2：第二组数值单元格区域。

【实例】计算出下列两组数据的相关系数。

【实现方法】：

选中 B6 单元格，在编辑栏中输入公式"=CORREL(A1:A5,B1:B5)"，按 Enter 键确认输入，即可计算出两组数据的相关系数，如图 5-18 所示，可以看出两组数据有很高的相关性。

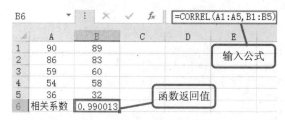

图 5-18 CORREL 函数的应用

函数 25 COUNTA——返回参数列表中非空值的单元格个数

【功能说明】：

计算区域中不为空的单元格的个数。

【语法格式】：

COUNTA(value1, [value2],…)

【参数说明】：

value1：表示要计数的值的第一个参数。

value2,…：表示要计数的值的其他参数，最多可包含 255 个参数。

【实例】 下列是 2012 年夏季训练成员名单，统计出参赛人数是多少？

【实现方法】：

选中 D8 单元格，在编辑栏中输入公式 "=COUNTA(A3:F6)"，按 Enter 键确认输入，即可统计出参赛人数，如图 5-19 所示。

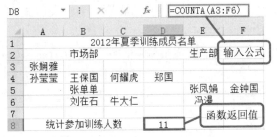

图 5-19　COUNTA 函数的应用

函数 26　COUNTBLANK——计算指定单元格区域中空白单元格个数

【功能说明】：

计算指定单元格区域中空白单元格的个数。

【语法格式】：

COUNTBLANK(range)

【参数说明】：

range：需要计算其中空白单元格个数的区域。

【实例】 下列是 2012 年夏季训练成员名单，统计出名单中的空格是多少？

【实现方法】：

选中 D8 单元格，在编辑栏中输入公式 "=COUNTBLANK(A3:F6)"，按 Enter 键确认输入，即可统计出空格数，如图 5-20 所示。

图 5-20　COUNTBLANK 函数的应用

函数 27 COUNTIF——计算区域中满足给定条件的单元格的个数

【功能说明】:

对区域中满足单个指定条件的单元格进行计数。

【语法格式】:

COUNTIF(range, criteria)

【参数说明】:

range:要对其进行计数的一个或多个单元格,其中包括数字或名称、数组或包含数字的引用。空值和文本值将被忽略。

criteria:用于定义将对哪些单元格进行计数的数字、表达式、单元格引用或文本字符串。

【实例】下列是 2012 年夏季训练成员名单,统计出市场部参加的人数。

【实现方法】:

选中 D9 单元格,在编辑栏中输入公式 "=COUNTIF(B2:B8,"市场部")",按 Enter 键确认输入,即可统计市场部参加的人数,如图 5-21 所示。

图 5-21 COUNTIF 函数的应用

函数 28 COUNTIFS——统计一组给定条件所指定的单元格数

【功能说明】:

将条件应用于跨多个区域的单元格,并计算符合所有条件的次数。

【语法格式】:

COUNTIFS(criteria_range1, criteria1, [criteria_range2, criteria2]…)

【参数说明】:

criteria_range1:在其中计算关联条件的第一个区域。

criteria1:条件的形式为数字、表达式、单元格引用或文本。

criteria_range2, criteria2,…:附加的区域及其关联条件。最多允许 127 个区域/条件对。

【实例】在下列员工销售数据统计表中,满足两个条件的个数。

【实现方法】:

选中 D9 单元格,在编辑栏中输入公式"=COUNTIFS(C2:C7,">270",D2:D7,">75000")",按 Enter 键确认输入,即可统计满足条件的个数,如图 5-22 所示。

图 5-22　COUNTIFS 函数的应用

函数 29　COUNT——返回区域中包含数字的单元格个数

【功能说明】：

COUNT 函数计算包含数字的单元格及参数列表中数字的个数。使用函数 COUNT 可以获取区域或数字数组中数字字段的输入项的个数。

【语法格式】：

COUNT(value1, [value2],…)

【参数说明】：

value1：要计算其中数字的个数的第一个项、单元格引用或区域。

value2,…：要计算其中数字的个数的其他项、单元格引用或区域，最多可包含 255 个。

【实例】 在下列员工销售数据统计表中，包含数字的单元格个数。

【实现方法】：

选中 C8 单元格，在编辑栏中输入公式 "=COUNT(B2:D7)"，按 Enter 键确认输入，即可统计包含数字的单元格个数，如图 5-23 所示。

图 5-23　COUNT 函数的应用

函数 30　COVARIANCE.P——返回总体协方差

【功能说明】：

返回总体协方差，即两个数据集中每对数据点的偏差乘积的平均数。利用协方差可以决定两个数据集之间的关系。

【语法格式】：

COVARIANCE.P(array1,array2)

【参数说明】：

array1：第一个所含数据为整数的单元格区域。

array2：第二个所含数据为整数的单元格区域。

【实例】求下列数两组数的总体协方差。

【实现方法】：

选中 B6 单元格，在编辑栏中输入公式 "=COVARIANCE.P(A1:A5,B1:B5)"，按 Enter 键确认输入，即可计算两组数的总体协方差，如图 5-24 所示。

图 5-24　COVARIANCE.P 函数的应用

函数 31　COVARIANCE.S——返回样本协方差

【功能说明】：

返回样本协方差，即两个数据集中每对数据点的偏差乘积的平均值。

【语法格式】：

COVARIANCE.S(array1,array2)

【参数说明】：

array1：第一个所含数据为整数的单元格区域。

array2：第二个所含数据为整数的单元格区域。

注意：与 COVARIANCE.P 函数用法相似，在此不举例说明。

函数 32　COVAR——返回协方差

【功能说明】：

回协方差，即两个数据集中每对数据点的偏差乘积的平均数。

【语法格式】：

COVAR(array1,array2)

【参数说明】：

array1：第一个所含数据为整数的单元格区域。

array2：第二个所含数据为整数的单元格区域。

注意：此函数已被 COVARIANCE.P 函数和 COVARIANCE.S 函数取代。

函数 33　DEVSQ——返回数据点与各自样本平均值偏差的平方和

【功能说明】：

返回数据点与各自样本平均值偏差的平方和。

【语法格式】:

DEVSQ(number1,number2,⋯)

【参数说明】:

number1, number2,⋯：为 1～255 个需要计算偏差平方和的参数，也可以不使用这种用逗号分隔参数的形式，而用单个数组或对数组的引用。

【实例】根据抽样检查结果中的数据，求偏差平方和。

【实现方法】:

选中 F4 单元格，在编辑栏中输入公式“=DEVSQ(B3:B12)”，按 Enter 键确认输入，即可计算出样本的偏差平方和，相对于先根据抽样数据求平均值，然后通过平均值与各抽样数据的差作为基数求出偏差平方和，显然使用 DEVSQ 函数求偏差平方和更简便，如图 5-25 所示。

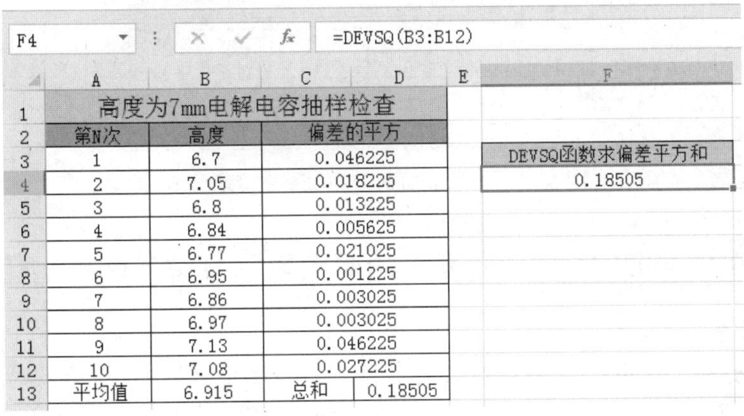
F4　=DEVSQ(B3:B12)

	A	B	C	D	E	F
1	高度为7mm电解电容抽样检查					
2	第N次	高度	偏差的平方			
3	1	6.7	0.046225			DEVSQ函数求偏差平方和
4	2	7.05	0.018225			0.18505
5	3	6.8	0.013225			
6	4	6.84	0.005625			
7	5	6.77	0.021025			
8	6	6.95	0.001225			
9	7	6.86	0.003025			
10	8	6.97	0.003025			
11	9	7.13	0.046225			
12	10	7.08	0.027225			
13	平均值	6.915	总和	0.18505		

图 5-25　求样本偏差平方和

函数 34　EXPON.DIST——返回指数分布

【功能说明】:

返回指数分布。使用函数 EXPON.DIST 可以建立事件之间的时间间隔模型。

【语法格式】:

EXPON.DIST(x,lambda,cumulative)

【参数说明】:

x：函数的值。

lambda：参数值。

cumulative：一逻辑值，指定要提供的指数函数的形式。如果 cumulative 为 TRUE，函数 EXPON.DIST 返回累积分布函数；如果 cumulative 为 FALSE，返回概率密度函数。

【实例】根据给定的函数值和参数值，求累积分布函数值和概率密度函数值。

【实现方法】:

（1）选中 C2 单元格，在编辑栏中输入公式“=EXPON.DIST(A2,B2,TRUE)”，按 Enter 键确认输入，向下复制公式，即可计算出给定数值的累积分布函数值，如图 5-26 所示。

C2 =EXPON.DIST(A2,B2,TRUE)

	A	B	C	D
1	函数值	参数值	累积分布函数值	概率密度函数值
2	1.7	5	0.999796532	
3	0.8	7	0.996302136	
4	2.4	9	1	
5	0.2	3	0.451188364	
6	0.7	7.8	0.995746444	

图 5-26　计算给定数值的累积分布函数值

（2）选中 D2 单元格，在编辑栏中输入公式“=EXPON.DIST(A2,B2,FALSE)”，按 Enter 键确认输入，向下复制公式，即可计算出给定数值的概率密度函数值，如图 5-27 所示。

D2 =EXPON.DIST(A2,B2,FALSE)

	A	B	C	D
1	函数值	参数值	累积分布函数值	概率密度函数值
2	1.7	5	0.999796532	0.001017342
3	0.8	7	0.996302136	0.025885046
4	2.4	9	1	3.74526E-09
5	0.2	3	0.451188364	1.646434908
6	0.7	7.8	0.995746444	0.033177735

图 5-27　计算给定数值的概率密度函数值

函数 35　EXPONDIST——计算 x 的对数累积分布反函数的值

【功能说明】：

返回指数分布。使用函数 EXPONDIST 可以建立事件之间的时间间隔模型。

【语法格式】：

EXPONDIST(x,lambda,cumulative)

【参数说明】：

x：函数的值。

lambda：参数值。

cumulative：一逻辑值，指定要提供的指数函数的形式。如果 cumulative 为 TRUE，函数 EXPONDIST 返回累积分布函数；如果 cumulative 为 FALSE，返回概率密度函数。

注意：此函数已被 EXPON.DIST 函数取代。

函数 36　F.DIST.RT——返回两组数据的（右尾）F 概率分布

【功能说明】：

返回两个数据集的（右尾）F 概率分布（变化程度）。使用此函数可以确定两个数据集是否存在变化程度上的不同。例如，分析进入高中的男生、女生的考试分数，确定女生分数的变化程度是否与男生不同。

【语法格式】：

F.DIST.RT(x,deg_freedom1,deg_freedom2)

【参数说明】：

x：用来进行函数计算的值。

deg_freedom1：分子的自由度。

deg_freedom2：分母的自由度。

F.DIST.RT 的计算公式为 F.DIST.RT=P(F>x)，其中 F 为呈 F 分布且带有 deg_freedom1 和 deg_freedom2 自由度的随机变量。

【实例】根据给定的参数值、分子自由度和分母自由度，计算出 F 概率分布。

【实现方法】：

选中 D2 单元格，在编辑栏中输入公式"=F.DIST.RT(A2,B2,C2)"，按 Enter 键确认输入，向下复制公式，即可计算出给定数值的 F 概率分布值，如图 5-28 所示。

	A	B	C	D
				=F.DIST.RT(A2,B2,C2)
1	参数值	分子自由度	分母自由度	F概率分布
2	1.7	5	3	0.351307727
3	0.8	7	5	0.620438882
4	9.83	9	9	0.001112307
5	17	3	11	0.000192624
6	49	4	3	0.004585599

图 5-28　计算 F 概率分布值

函数 37　F.DIST——返回 F 概率分布

【功能说明】：

返回 F 概率分布，使用此函数可以确定两个数据集是否存在变化程度上的不同。例如，分析进入高中的男生、女生的考试分数，确定女生分数的变化程度是否与男生不同。

【语法格式】：

F.DIST(x,deg_freedom1,deg_freedom2,cumulative)

【参数说明】：

x：用来进行函数计算的值。

deg_freedom1：分子的自由度。

deg_freedom2：分母的自由度。

cumulative：决定函数形式的逻辑值。如果 cumulative 为 TRUE，则 F.DIST 返回累积分布函数；如果为 FALSE，则返回概率密度函数。

注意：该函数的使用方法与 F.DIST.RT 函数相似，这里不再详细介绍。

函数 38　F.INV.RT——返回（右尾）F 概率分布的反函数

【功能说明】：

返回（右尾）F 概率分布的反函数。如果 p = F.DIST.RT(x,...)，则 F.INV.RT(p,...) = x。

【语法格式】：

F.INV.RT(probability,deg_freedom1,deg_freedom2)

【参数说明】：

probability：与 F 累积分布相关的概率。

deg_freedom1：分子的自由度。

deg_freedom2：分母的自由度。

【实例】根据给定的 F 函数概率值、分子自由度和分母自由度，求 F 概率分布的反函数值。

【实现方法】：

选中 D2 单元格，在编辑栏中输入公式 "=F.INV.RT(A2,B2,C2)"，按 Enter 键确认输入，向下复制公式，即可计算出 F 概率分布的反函数值，如图 5-29 所示。

	A	B	C	D
	概率	分子自由度	分母自由度	F概率分布反函数值
2	0.375	5	3	1.580080058
3	0.698	7	5	0.66750485
4	0.73	9	9	0.656045095
5	0.89	3	11	0.20616584
6	0.995	4	3	0.041221611

图 5-29　计算给定数值的 F 概率分布函数的反函数值

函数 39　F.INV——返回 F 概率分布的反函数

【功能说明】：

返回 F 概率分布的反函数。如果 p = F.DIST(x,...)，则 F.INV(p,...) = x。在 F 检验中，可以使用 F 分布比较两个数据集的变化程度。

【语法格式】：

F.INV(probability,deg_freedom1,deg_freedom2)

【参数说明】：

probability：与 F 累积分布相关的概率。

deg_freedom1：分子的自由度。

deg_freedom2：分母的自由度。

🔔注意：与 F.INV.RT 函数用法相似，在此不举例说明。

函数 40　F.TEST——返回 F 检验的结果

【功能说明】：

返回 F 检验的结果，即当数组 1 和数组 2 的方差无明显差异时的双尾概率。可以使用此函数判断两个样本的方差是否不同。例如，给定公立和私立学校的测试成绩，可以检验各学校间测试成绩的差别程度。

【语法格式】：

F.TEST(array1,array2)

【参数说明】：

array1：第一个数组或数据区域。

array2：第二个数组或数据区域。

【实例】根据下列数组计算出双尾概率。

【实现方法】：

选中 B6 单元格，在编辑栏中输入公式"=F.TEST(A1:A5,B1:B5)"，按 Enter 键确认输入，即可计算出双尾概率，如图 5-30 所示。

图 5-30　F.TEST 函数的应用

函数 41　FINV——返回 F 概率分布的反函数值

【功能说明】：

返回（右尾）F 概率分布的反函数。如果 p = FDIST(x,…)，则 FINV(p,…) = x。

在 F 检验中，可以使用 F 分布比较两个数据集的变化程度。例如，可以分析美国和加拿大的收入分布，判断两个国家是否有相似的收入变化程度。

【语法格式】：

FINV(probability,deg_freedom1,deg_freedom2)

【参数说明】：

probability：与 F 累积分布相关的概率。

deg_freedom1：分子的自由度。

deg_freedom2：分母的自由度。

注意：此函数已被 F.INV 函数和 F.INV.RT 函数取代。

函数 42　FISHERINV——返回 Fisher 逆变换值

【功能说明】：

返回 Fisher 变换的反函数值。使用此变换可以分析数据区域或数组之间的相关性。如果 y = FISHER(x)，则 FISHERINV(y) = x。

【语法格式】：

FISHERINV(y)

【参数说明】：

y：要对其进行反变换的数值。

【实例】求指定数值的 Fisher 变换的反函数值。

【实现方法】：

选中 B2 单元格，在编辑栏中输入公式"=FISHERINV(A2)"，按 Enter 键确认输入，向下复制公式，即可计算出给定数值的 Fisher 变换的反函数值，如图 5-31 所示。

B2　=FISHERINV(A2)

	A	B	C
1	数值	FISHER逆变换值	
2	-0.9	-0.71629787	
3	-0.2	-0.19737532	
4	0	0	
5	0.2	0.19737532	
6	0.9	0.71629787	
7	-7	-0.999998337	
8	7	0.999998337	

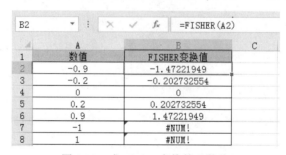

图 5-31　求 Fisherinv 变换的反函数值

函数 43　FISHER——返回 Fisher 变换值

【功能说明】：

返回点 x 的 Fisher 变换，该变换生成一个正态分布而非偏斜的函数。使用此函数可以完成相关系数的假设检验。

【语法格式】：

FISHER(x)

【参数说明】：

x：要对其进行变换的数值。

【实例】根据给定的数值，计算出 Fisher 变换的函数值。

【实现方法】：

选中 B2 单元格，在编辑栏中输入公式“=FISHER(A2)”，按 Enter 键确认输入，向下复制公式，即可计算出给定数值 Fisher 变换的函数值，如图 5-32 所示。

B2　=FISHER(A2)

	A	B	C
1	数值	FISHER变换值	
2	-0.9	-1.47221949	
3	-0.2	-0.202732554	
4	0	0	
5	0.2	0.202732554	
6	0.9	1.47221949	
7	-1	#NUM!	
8	1	#NUM!	

图 5-32　求 Fisher 变换的函数值

函数 44　FORECAST——通过一条线性回归拟合线返回一个预测值

【功能说明】：

根据已有的数值计算或预测未来值。此预测值为基于给定的 x 值推导出的 y 值。已知的数值为已有的 x 值和 y 值，再利用线性回归对新值进行预测。可以使用该函数对未来销售额、库存需求或消费趋势进行预测。

【语法格式】：

FORECAST(x, known_y's, known_x's)

【参数说明】：

x：需要进行值预测的数据点。

known_y's：因变量数组或数据区域。

known_x's：自变量数组或数据区域。

函数 FORECAST 的计算公式为 a+bx，式中：

$$a = \bar{Y} - b\bar{X}$$

【实例】根据下列两个数组，移至 X 为 30，求 Y 的预测值。

【实现方法】：

选中 D5 单元格，在编辑栏中输入公式"=FORECAST(D4,A1:A5,B1:B5)"，按 Enter 键确认输入，即可计算出 Y 的预测值，如图 5-33 所示。

图 5-33　FORECAST 函数的应用

函数 45　FREQUENCY——以一列垂直数组返回一组数据的频率分布

【功能说明】：

计算数值在某个区域内的出现频率，然后返回一个垂直数组。例如，使用函数 FREQUENCY 可以在分数区域内计算测验分数的个数。由于函数 FREQUENCY 返回一个数组，所以它必须以数组公式的形式输入。

【语法格式】：

FREQUENCY(data_array, bins_array)

【参数说明】：

data_array：一个值数组或对一组数值的引用，用户要为它计算频率。如果 data_array 中不包含任何数值，函数 FREQUENCY 将返回一个零数组。

bins_array：一个区间数组或对区间的引用，该区间用于对 data_array 中的数值进行分组。如果 bins_array 中不包含任何数值，函数 FREQUENCY 返回的值与 data_array 中的元素个数相等。

【实例】根据某班级的期中考试成绩，计算出区间内不及格、及格、良和优对应的人数。

【实现方法】：

选中 D5 单元格，在编辑栏中输入公式"=FORECAST(D4,A1:A5,B1:B5)"，按 Ctrl+Shift+Enter 组合键确认输入，即可计算出不及格、及格、良和优对应的人数，如图 5-34 所示。

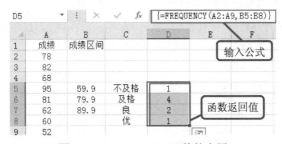

图 5-34　FORECAST 函数的应用

函数 46 GAMMA——返回伽马函数值

【功能说明】：

返回 gamma 函数值。

【语法格式】：

GAMMA(number)

【参数说明】：

number：返回一个数字。number 数值为正数。

【实例】 根据给定的数值，计算出 GAMMA 函数值。

【实现方法】：

选中 B2 单元格，在编辑栏中输入公式"=GAMMA(A2)"，按 Enter 键确认输入，向下复制公式，即可计算出给定数值的 GAMMA 函数值，如图 5-35 所示。

	A	B	C
1	数值	GAMMA函数值	
2	0.7	1.298055333	
3	3.5	3.32335097	
4	6	120	
5	9	40320	
6	0	#NUM!	
7	-1	#NUM!	

图 5-35 求 GAMMA 函数值

函数 47 GAMMA.DIST——返回伽马分布

【功能说明】：

返回伽玛分布。可以使用此函数来研究具有偏态分布的变量。伽玛分布通常用于排队分析。

【语法格式】：

GAMMA.DIST(x,alpha,beta,cumulative)

【参数说明】：

x：用来计算分布的值。

alpha：分布参数。

beta：分布参数。如果 beta = 1，GAMMA.DIST 返回标准伽玛分布。

cumulative：决定函数形式的逻辑值。如果 cumulative 为 TRUE，函数 GAMMA.DIST 返回累积分布函数；如果为 FALSE，则返回概率密度函数。

【实例】 根据给定的参数，返回伽马分布。

【实现方法】：

（1）选中 D2 单元格，在编辑栏中输入公式"=GAMMA.DIST(A2,B2,C2,TRUE)"，按 Enter 键确认输入，向下复制公式，即可计算出伽马分布的累积分布函数值，如图 5-36 所示。

（2）选中 E2 单元格，在编辑栏中输入公式"=GAMMA.DIST(A2,B2,C2,FALSE)"，按 Enter 键确认输入，向下复制公式，即可计算出伽马分布的概率密度函数值，如图 5-37 所示。

D2　=GAMMA.DIST(A2,B2,C2,TRUE)

	A	B	C	D	E
1	数值	Alpha分布参数	Bate分布参数	伽马分布的累积分布函数值	伽马分布的概率密度函数值
2	11	3	9	0.125367331	
3	3.5	2	7	0.09020401	
4	6	5	14	8.44579E-05	
5	7	11	15	3.73612E-12	
6	1	2	7	0.0092824	
7	15	6	9	0.007301958	

图 5-36　计算伽马分布的累积函数值

E2　=GAMMA.DIST(A2,B2,C2,FALSE)

	A	B	C	D	E
1	数值	Alpha分布参数	Bate分布参数	伽马分布的累积分布函数值	伽马分布的概率密度函数值
2	11	3	9	0.125367331	0.024446882
3	3.5	2	7	0.09020401	0.043323619
4	6	5	14	8.44579E-05	6.54075E-05
5	7	11	15	3.73612E-12	5.64343E-12
6	1	2	7	0.0092824	0.017691386
7	15	6	9	0.007301958	0.002249033

图 5-37　计算伽马分布的概率密度函数值

函数 48　GAMMA.INV——返回伽马累积分布的反函数

【功能说明】:

返回伽玛累积分布的反函数。如果 p = GAMMA.DIST(x,...)，则 GAMMA.INV(p,...) = x。使用此函数可研究可能出现偏态分布的变量。

【语法格式】:

GAMMA.INV(probability,alpha,beta)

【参数说明】:

probability：与伽玛分布相关的概率。

alpha：分布参数。

beta：分布参数。如果 beta = 1，GAMMA.INV 返回标准伽玛分布。

【实例】根据给定的参数，计算伽马累积分布函数的反函数值。

【实现方法】:

选中 D2 单元格，在编辑栏中输入公式“=GAMMA.INV(A2,B2,C2)”，按 Enter 键确认输入，向下复制公式，即可计算出伽马累积分布函数的反函数值，如图 5-38 所示。

D2　=GAMMA.INV(A2,B2,C2)

	A	B	C	D
1	概率	Alpha分布参数	Bate分布参数	伽马累积分布的反函数值
2	0.003	3	9	2.529058557
3	0.009	2	7	8.25822E-07
4	0.07	5	14	2.59334E-14
5	0.15	11	15	2.48235E-30
6	0.29	2	7	0.000834826
7	0.8	6	9	6.34877E-10

图 5-38　计算伽马累积分布函数的反函数值

函数 49　GAMMADIST——计算伽马分布

【功能说明】：

返回伽玛分布。可以使用此函数研究具有偏态分布的变量。伽玛分布通常用于排队分析。

【语法格式】：

GAMMADIST(x,alpha,beta,cumulative)

【参数说明】：

x：用来计算分布的值。

alpha：分布参数。

beta：分布参数。如果 beta = 1，函数 GAMMADIST 返回标准伽玛分布。

cumulative：决定函数形式的逻辑值。如果 cumulative 为 TRUE，函数 GAMMADIST 返回累积分布函数；如果为 FALSE，则返回概率密度函数。

注意：此函数已被 GAMMA.DIST 函数取代。

函数 50　GAMMAINV——计算伽马累积分布的反函数值

【功能说明】：

返回伽玛累积分布函数的反函数。如果 P = GAMMADIST(x,...)，则 GAMMAINV(p,...) = x。使用此函数可研究可能出现偏态分布的变量。

【语法格式】：

GAMMAINV(probability,alpha,beta)

【参数说明】：

probability：与伽玛分布相关的概率。

alpha：分布参数。

beta：分布参数。如果 beta = 1，函数 GAMMAINV 返回标准伽玛分布。

注意：此函数已被 GAMMA.INV 函数取代。

函数 51　GAMMALN——计算伽马函数的自然对数

【功能说明】：

返回伽玛函数的自然对数，$\Gamma(x)$。

【语法格式】：

GAMMALN(x)

【参数说明】：

x：用于进行 GAMMALN 函数计算的数值（x>0）。

【实例】 根据给定的数值，计算出伽马函数的自然对数。

【实现方法】：

选中 B2 单元格，在编辑栏中输入公式"=GAMMALN(A2)"，按 Enter 键确认输入，向下复制公式，即可计算出伽马函数的自然对数，如图 5-39 所示。

B2 =GAMMALN(A2)

	A	B
1	数值	伽马函数的自然对数
2	0.003	5.807418735
3	0.7	0.260867247
4	1	0
5	9	10.6046029
6	23	48.47118135
7	-3	#NUM!

图 5-39 计算伽马函数的自然对数

函数 52 GAUSS——返回比标准正态累积分布小 0.5 的值

【功能说明】：

计算标准正态总体的成员处于平均值与平均值的 z 倍标准偏差之间的概率。

【语法格式】：

GAUSS(z)

【参数说明】：

z：返回一个数字。

NORM.S.DIST(0,True) 总是返回 0.5，所以 GAUSS (z) = NORM.S.DIST(z,True) - 0.5。

【实例】根据给定的数值，计算比标准正态累积分布小 0.5 的值。

【实现方法】：

选中 B2 单元格，在编辑栏中输入公式“=GAUSS(A2)”，按 Enter 键确认输入，向下复制公式，即可计算出比标准正态累积分布小 0.5 的值，如图 5-40 所示。

B2 =GAUSS(A2)

	A	B
1	数值	GAUSS函数值
2	0.003	0.001196825
3	0.7	0.258036348
4	1	0.341344746
5	9	0.5
6	23	0.5
7	-3	-0.498650102

图 5-40 GAUSS 函数应用

函数 53 GEOMEAN——返回正数数组或区域的几何平均值

【功能说明】：

返回正数数组或区域的几何平均值。例如，可以使用函数 GEOMEAN 计算可变复利的平均增长率。

【语法格式】：

GEOMEAN(number1, [number2],…)

【参数说明】：

number1, number2, …：number1 是必需的，后续数值是可选的，这是用于计算平均值的一组参数，参数的个数可以为 1～255 个，也可以用单一数组或对某个数组的引用来代替用逗号分隔的参数。

【实例】根据某班级的期中考试成绩，计算出期中测试的几何平均值。

【实现方法】：

选中 B10 单元格，在编辑栏中输入公式"=GEOMEAN(B2:B9)"，按 Enter 键确认输入，即可计算出期中测试的几何平均值，如图 5-41 所示。

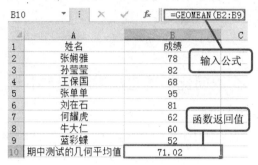

图 5-41　GEOMEAN 函数的应用

函数 54　GROWTH——根据现有的数据计算或预测指数增长值

【功能说明】：

根据现有的数据预测指数增长值。根据现有的 x 值和 y 值，GROWTH 函数返回一组新的 x 值对应的 y 值。可以使用 GROWTH 工作表函数来拟合满足现有 x 值和 y 值的指数曲线。

【语法格式】：

GROWTH(known_y's, [known_x's], [new_x's], [const])

【参数说明】：

known_y's：满足指数回归拟合曲线 y=b*m^x 的一组已知的 y 值。

known_x's：满足指数回归拟合曲线 y=b*m^x 的一组已知的可选 x 值。

new_x's：需要通过 growth 函数为其返回对应 y 值的一组新 x 值。

const：一逻辑值，用于指定是否将常量 b 强制设为 1。

【实例】根据某公司上班年的产品销量，计算出 7 月、8 月和 9 月的销售量。

【实现方法】：

选中 D5:D6 单元格区域，在编辑栏中输入公式"=GROWTH(B2:B7,A2:A7,C5:C7)"，按 Ctrl+Shift+Enter 组合键确认输入，即可计算出 7 月、8 月和 9 月的销售量，如图 5-42 所示。

图 5-42　GROWTH 函数的应用

函数 55　HARMEAN——返回数据集合的调和平均值

【功能说明】：

返回数据集合的调和平均值。调和平均值与倒数的算术平均值互为倒数。

【语法格式】：

HARMEAN(number1, [number2], …)

【参数说明】：

number1, number2, …：number1 是必需的，后续数值是可选的。这是用于计算平均值的一组参数，参数的个数可以为 1～255 个，也可以用单一数组或对某个数组的引用来代替用逗号分隔的参数。调和平均值总小于几何平均值，而几何平均值总小于算术平均值。

【实例】 根据某班级的期中考试成绩，计算出期中测试的调和平均值。

【实现方法】：

选中 B10 单元格，在编辑栏中输入公式 "=HARMEAN(B2:B9)"，按 Enter 键确认输入，即可计算出期中测试的调和平均值，如图 5-43 所示。

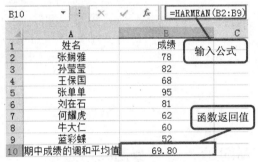

图 5-43　HARMEAN 函数的应用

函数 56　HYPGEOM.DIST——返回超几何分布

【功能说明】：

返回超几何分布。给定样本容量、样本总体容量和样本总体中成功的次数，函数 HYPGEOM.DIST 返回样本取得给定成功次数的概率。

【语法格式】：

HYPGEOM.DIST(sample_s,number_sample,population_s,number_pop,cumulative)

【参数说明】：

sample_s：样本中成功的次数。

number_sample：样本容量。

population_s：样本总体中成功的次数。

number_pop：样本总体的容量。

cumulative：决定函数形式的逻辑值。如果 cumulative 为 TRUE，函数 HYPGEOM.DIST 返回累积分布函数；如果为 FALSE，则返回概率密度函数。

🔔注意：超几何分布的计算公式如下：

$$P(X=x)=h(x,n,M,N)=\frac{\binom{M}{x}\binom{N-M}{n-x}}{\binom{N}{n}}$$

式中：

x = sample_s

n = number_sample

M = population_s

N = number_pop

【实例】班级总共有 58 名学生，期中女生有 32 名，选出 18 名同学参加跳绳比赛。计算在选出的 18 名学生中，恰好选出 10 名女生的概率是多少？

【实现方法】：

选中 E2 单元格，在编辑栏中输入公式"=HYPGEOM.DIST(D2,C2,B2,A2,FALSE)"，按 Enter 键确认输入，即可计算出恰好选出 10 名女生的概率，如图 5-44 所示。

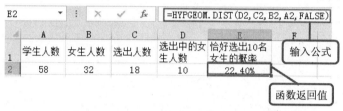

图 5-44　HYPGEOM.DIST 函数的应用

函数 57　HYPGEOMDIST——计算超几何分布

【功能说明】：

返回超几何分布。给定样本容量、样本总体容量和样本总体中成功的次数，函数 HYPGEOMDIST 返回样本取得给定成功次数的概率。

【语法格式】：

HYPGEOMDIST(sample_s,number_sample,population_s,number_pop)

【参数说明】：

sample_s：样本中成功的次数。

number_sample：样本容量。

population_s：样本总体中成功的次数。

number_pop：样本总体的容量。

⚠注意：此函数已被 HYPGEOM.DIST 函数取代。

函数 58　INTERCEPT——计算线性回归直线的截距

【功能说明】：

利用现有的 x 值与 y 值计算直线与 y 轴的截距。截距为穿过已知的 known_x's 和 known_y's 数据点的线性回归线与 y 轴的交点。当自变量为 0（零）时，使用 INTERCEPT

函数可以决定因变量的值。

【语法格式】：

INTERCEPT(known_y's, known_x's)

【参数说明】：

known_y's：因变的观察值或数据的集合。

known_x's：自变的观察值或数据的集合。

【实例】根据下列成绩，计算出考试成绩线性回归直线的截距。

【实现方法】：

选中 B12 单元格，在编辑栏中输入公式"=INTERCEPT(A2:A11,B2:B11)"，按 Enter 键确认输入，即可计算出考试成绩线性回归直线的截距，如图 5-45 所示。

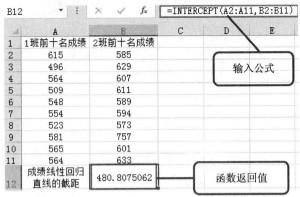

图 5-45　INTERCEPT 函数的应用

函数 59　KURT——返回数据集的峰值

【功能说明】：

返回数据集的峰值。峰值反映与正态分布相比某一分布的尖锐度或平坦度。正峰值表示相对尖锐的分布，负峰值表示相对平坦的分布。

【语法格式】：

KURT(number1, [number2], …)

【参数说明】：

number1,number2,…：number1 是必需的，后续数值是可选的，这是用于计算峰值的一组参数，参数的个数可以为 1～255 个，也可以用单一数组或对某个数组的引用来代替用逗号分隔的参数。

【实例】根据给定的数据集，求数据集的峰值。

【实现方法】：

选中 B9 元格，在编辑栏中输入公式"=KURT(B3:B8)"，按 Enter 键确认输入，向下复制公式，即可计算出各区销售量变化的峰值，如图 5-46 所示。

图 5-46　求数据集的峰值

函数 60　LARGE——求一组数值中第 k 个最大值

【功能说明】：

返回数据集中第 k 个最大值。使用此函数可以根据相对标准选择数值。例如，可以使用函数 LARGE 得到第一名、第二名或第三名的得分。

【语法格式】：

LARGE(array, k)

【参数说明】：

array：需要确定第 k 个最大值的数组或数据区域。

k：返回值在数组或数据单元格区域中的位置（从大到小排）。

【实例】求员工工资表中员工当月的最高工资。

【实现方法】：

选中 D12 单元格，在编辑栏中输入公式"=LARGE(D3:D11,1)"，按 Enter 键确认输入，向右复制公式，即可计算出当月员工的最高工资，如图 5-47 所示。

图 5-47　求当月员工的最高工资

函数 61　LINEST——计算线性回归直线的参数

【功能说明】：

LINEST 函数可通过使用最小二乘法计算与现有数据最佳拟合的直线，来计算某直线的统计值，然后返回描述此直线的数组，也可以将 LINEST 与其他函数结合使用来计算未知参数中其他类型的线性模型的统计值，包括多项式、对数、指数和幂级数。因为此函数返回数值数组，所以必须以数组公式的形式输入。

【语法格式】：

LINEST(known_y's, [known_x's], [const], [stats])

【参数说明】：

known_y's：关系表达式 $y = mx + b$ 中已知的 y 值集合。

known_x's：关系表达式 $y = mx + b$ 中已知的 x 值集合。

const：一个逻辑值，用于指定是否将常量 b 强制设为 0。如果 const 为 TRUE 或被省略，b 将按通常方式计算。如果 const 为 FALSE，b 将被设为 0，并同时调整 m 值使 $y = mx$。

stats：一个逻辑值，用于指定是否返回附加回归统计值。如果 stats 为 TRUE，则 LINEST 函数返回附加回归统计值。如果 stats 为 FALSE 或被省略，LINEST 函数只返回系数 m 和常量 b。

【实例】 根据销售统计表中各区上半年的销售数据，预测各区 7 月份的销售量。

【实现方法】：

选中 B9 单元格，在编辑栏中输入公式 "=SUM(LINEST(B3:B8,$A$3:$A$8)*{7,1})"，按 Enter 键确认输入，向右复制公式，即可预测各区 7 月份销售量，如图 5-48 所示。

B9		✕ ✓ fx	=SUM(LINEST(B3:B8,$A$3:$A$8)*{7,1})		
	A	B	C	D	E	F
1	各区上半年销售量统计					
2	月份	崇安区	北塘区	滨湖区	惠山区	惠山区
3	1	980	1020	1300	980	750
4	2	1850	1300	1200	1023	671
5	3	1100	980	1730	1010	1450
6	4	1980	870	1678	998	1350
7	5	2900	690	1456	1500	780
8	6	1860	1030	1699	1940	2020
9	预测7月份各区销售量	2621.333333	792.666667	1781.6	1863.73333	1827.8667

图 5-48　预测 7 月份各区销售量

函数 62　LOGEST——计算指数回归曲线的参数

【功能说明】：

在回归分析中，计算最符合数据的指数回归拟合曲线，并返回描述该曲线的数值数组。因为此函数返回数值数组，所以必须以数组公式的形式输入。

【语法格式】：

LOGEST(known_y's, [known_x's], [const], [stats])

【参数说明】：

known_y's：关系表达式 $y = b*m\wedge x$ 中已知的 y 值集合。

known_x's：关系表达式 $y=b*m\wedge x$ 中已知的 x 值集合，为可选参数。

const：一个逻辑值，用于指定是否将常量 b 强制设为 1。如果 const 为 TRUE 或省略，b 将按正常计算。如果 const 为 FALSE，则常量 b 将设为 1，而 m 的值满足公式 $y=m\wedge x$。

stats：一个逻辑值，用于指定是否返回附加回归统计值。如果 stats 为 TRUE，函数 LOGEST 将返回附加的回归统计值。如果 stats 为 FALSE 或省略，则函数 LOGEST 只返回系数 m 和常量 b。

【实例】某公司统计了前 6 月的广告投入和销量增量，现在需要计算指数趋势的参数。

【实现方法】：

选中 B9:C9 单元格区域，在编辑栏中输入公式"=LOGEST(C2:C7,B2:B7)"，按 Ctrl+Shift+ Enter 组合键确认输入，即可计算指数趋势的参数，如图 5-49 所示。

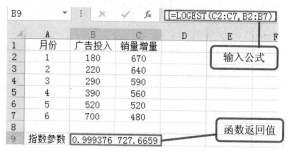

图 5-49　LOGEST 函数的应用

函数 63　LOGINV——计算 x 的对数累积分布反函数的值

【功能说明】：

返回 x 的对数累积分布函数的反函数，此处的 ln(x) 是含有 mean 与 standard_dev 参数的正态分布。如果 p=LOGNORMDIST(x,...)，则 LOGINV（p,...）=x。

使用对数分布可分析经过对数变换的数据。

【语法格式】：

LOGINV(probability, mean, standard_dev)

【参数说明】：

probability：与对数分布相关的概率。

mean：ln(x) 的平均值。

standard_dev：ln(x) 的标准偏差。

📢注意：此函数已被 LOGNORM.INV 函数取代。

函数 64　LOGNORM.DIST——返回 x 的对数分布函数

【功能说明】：

返回 x 的对数分布函数，此处的 ln(x) 是含有 Mean 与 Standard_dev 参数的正态分布。使用此函数可以分析经过对数变换的数据。

【语法格式】：

LOGNORM.DIST(x,mean,standard_dev,cumulative)

【参数说明】：

x：用来进行函数计算的值。

mean：ln(x) 的平均值。

standard_dev：ln(x) 的标准偏差。

cumulative：决定函数形式的逻辑值。如果 cumulative 为 TRUE，LOGNORM.DIST 返回累积分布函数；如果为 FALSE，则返回概率密度函数。

【实例】根据给定的参数，返回 X 的对数分布。

【实现方法】：

（1）选中 D2 单元格，在编辑栏中输入公式“=LOGNORM.DIST(A2,B2,C2,TRUE)”，按Enter键确认输入，向下复制公式，即可计算出X的对数分布的累积分布函数值，如图 5-50 所示。

D2　=LOGNORM.DIST(A2,B2,C2,TRUE)

	A	B	C	D	E
1	数值	平均值	标准偏差	X的对数累积分布函数值	X的对数概率密度函数值
2	7	3	9	0.453382047	
3	3	2	7	0.448769952	
4	9	5	14	0.42066277	
5	13	11	15	0.286943316	
6	1	2	9	0.412070448	
7	2	6	9	0.277712556	

图 5-50　计算 X 的对数分布的累积函数值

（2）选中 E2 单元格，在编辑栏中输入公式“=LOGNORM.DIST(A2,B2,C2,FALSE)”，按 Enter 键确认输入，向下复制公式，即可计算出 X 的对数分布的概率密度函数值，如图 5-51 所示。

E2　=LOGNORM.DIST(A2,B2,C2,FALSE)

	A	B	C	D	E
1	数值	平均值	标准偏差	X的对数累积分布函数值	X的对数概率密度函数值
2	7	3	9	0.453382047	0.006289134
3	3	2	7	0.448769952	0.0188404
4	9	5	14	0.42066277	0.00310339
5	13	11	15	0.286943316	0.001746661
6	1	2	9	0.412070448	0.04324583
7	2	6	9	0.277712556	0.018626797

图 5-51　计算 X 的对数分布的概率密度函数值

函数 65　LOGNORM.INV——返回 x 的对数累积分布函数的反函数

【功能说明】：

返回 x 的对数累积分布函数的反函数，此处的 ln(x) 是含有 Mean 与 Standard_dev 参数的正态分布。如果 p = LOGNORM.DIST(x,...)，则 LOGNORM.INV(p,...) = x。

使用对数分布可分析经过对数变换的数据。

【语法格式】：

LOGNORM.INV(probability, mean, standard_dev)

【参数说明】：

probability：与对数分布相关的概率。

mean：ln(x) 的平均值。

standard_dev：ln(x) 的标准偏差。

【实例】根据给定的参数，计算 X 的对数累积分布函数的反函数值。

【实现方法】：

选中 D2 单元格，在编辑栏中输入公式"=LOGNORM.INV(A2,B2,C2)"，按 Enter 键确认输入，向下复制公式，即可计算出 X 的对数累积分布函数的反函数值，如图 5-52 所示。

	A	B	C	D
	对数分布概率	平均值	标准偏差	X的对数累积分布的反函数值
2	0.004	9	1	571.3089845
3	0.009	7	0.5	336.026806
4	0.07	14	0.13	992663.6517
5	0.15	15	0.9	1286209.334
6	0.29	7	0.01	1090.581319
7	0.8	5	0.02	150.9324559

图 5-52　计算 X 的对数累积分布函数的反函数值

函数 66　LOGNORMDIST——计算 x 的对数累积分布

【功能说明】：

返回 x 的对数累积分布函数，其中 ln(x) 是服从参数 mean 和 standard_dev 的正态分布，使用此函数可以分析经过对数变换的数据。

【语法格式】：

LOGNORMDIST(x,mean,standard_dev)

【参数说明】：

x：用来进行函数计算的数值。

mean：ln(x) 的平均值。

standard_dev：ln(x) 的标准偏差。

🔔注意：此函数已被 LOGNORM.DIST 函数取代。

函数 67　MAXA——返回参数列表中的最大值

【功能说明】：

返回参数列表中的最大值。

【语法格式】：

MAXA(value1,[value2],…)

【参数说明】：

value1：需要从中找出最大值的第一个数值参数。

value2,…：需要从中找出最大值的 2～255 个数值参数。

🔔注意：参数可以是下列形式，数值；包含数值的名称、数组或引用；数字的文本表示；或者引用中的逻辑值，例如 TRUE 和 FALSE。包含 TRUE 的参数作为 1 来计算；包含文本或 FALSE 的参数作为 0（零）来计算。

【实例】在某品牌手机销售统计表中，求出最大销售量。

【实现方法】:

选中 G12 单元格，在编辑栏中输入公式“=MAXA(B3:G11)”，按 Enter 键确认输入，即可求出各产品的最大销售量，如图 5-53 所示。

G12　=MAXA(B3:G11)

某品牌手机销售统计						
月份	崇安区	北塘区	滨湖区	惠山区	惠山区	锡山区
1月	1523	1020	1300	980	750	1456
2月	1850	1300	1200	1023	671	1374
3月	2200	980	2260	1254	1450	1780
4月	1980	870	1678	998	1350	1327
5月	1870	690	1456	1500	780	1258
6月	1860	1030	1699	2300	1476	1620
7月	2030	1000	1487	699	821	1340
8月	2100	1430	1030	574	970	1050
9月	1030	1020	1000	578	1020	1230
最大值						2300

图 5-53　求手机的最大销售量

函数 68　MAX——返回一组值中的最大值

【功能说明】:

返回一组值中的最大值。

【语法格式】:

MAX(number1, [number2], …)

【参数说明】:

number1, number2,…：number1 是必需的，后续数值是可选的。这些是要从中找出最大值的 1～255 个数字参数。

注意：参数可以是数字或者是包含数字的名称、数组或引用。

【实例】 在销售统计表中，求出各产品的最大销售量。

【实现方法】:

选中 B12 单元格，在编辑栏中输入公式“=MAX(B3:B11)”，按 Enter 键确认输入，向右复制公式，即可求出各产品的最大销售量，如图 5-54 所示。

B12　=MAX(B2:B11)

销售统计表						
月份	苹果	橘子	香蕉	西瓜	火龙果	荔枝
1月	105870	128500	485200	98000	75000	45600
2月	207780	298000	562000	102300	67100	37400
3月	398700	285000	478340	125400	45500	58700
4月	254110	385100	687400	99800	35000	32700
5月	187410	209000	587400	150000	78000	25800
6月	100050	375000	690000	230000	47600	67400
7月	120300	198000	720000	398000	82100	75600
8月	204000	228680	378000	574000	97000	92700
9月	305000	128900	345000	578000	102000	24500
最大销售量	398700	385100	720000	578000	102000	92700

图 5-54　求产品的最大销售量

函数 69　MEDIAN——返回给定数值的中值

【功能说明】：

返回给定数值的中值。中值是在一组数值中居于中间的数值。

【语法格式】：

MEDIAN(number1, [number2], …)

【参数说明】：

number1, number2,…：number1 是必需的，后续数值是可选的。这些是要计算中值的 1～255 个数字。如果参数集合中包含偶数个数字，函数 MEDIAN 将返回位于中间的两个数的平均值。

【实例】 求销售统计表中各产品销售量的中值。

【实现方法】：

选择 B12 单元格，在编辑栏中输入公式"= MEDIAN(B2:B11)"，按 Enter 键确认输入，向右复制公式，即可求出各产品销售量的中值，如图 5-55 所示。

	B12		× ✓	fx	= MEDIAN(B2:B11)		
▲	A	B	C	D	E	F	G
1				销售统计表			
2	月份	智能手机	平板电脑	数码相机	移动电源	迷你音响	蓝牙耳机
3	1月	1523	1020	1300	980	750	456
4	2月	2037	1300	1200	1023	671	374
5	3月	3320	980	990	1254	455	587
6	4月	1980	870	678	998	350	327
7	5月	1870	690	456	1500	780	258
8	6月	1860	1030	699	2300	476	674
9	7月	2030	1000	487	699	821	756
10	8月	2100	1430	1030	574	970	927
11	9月	3050	1020	1000	578	1020	245
12	中值	2030	1020	990	998	750	456

图 5-55　求销售量的中值

函数 70　MINA——返回参数列表中的最小值

【功能说明】：

返回参数列表中的最小值。

【语法格式】：

MINA(value1, [value2],…)

【参数说明】：

value1, value2,…：value1 是必需的，后续值是可选的。这些是需要从中查找最小值的 1～255 个数值。

【实例】 求出工资统计表中员工的最低工资。

【实现方法】：

选中 F13 单元格，在编辑栏中输入公式"=MINA(C3:C12,F3:F12)"，按 Enter 键确认输入，即可计算出工资表中员工的最低工资，如图 5-56 所示。

F13　=MINA(C3:C12,F3:F12)

	A	B	C	D	E	F
1	工资统计表					
2	工号	姓名	实际发放工资	工号	姓名	实际发放工资
3	CT13001	薛文泉	3800	CT13011	蔡琳	4750
4	CT13002	李莎	4200	CT13012	鲍贤敏	5520
5	CT13003	邓健	5500	CT13013	曹萍萍	3960
6	CT13004	龙平	3750	CT13014	柴宗颖	3800
7	CT13005	叶波	4600	CT13015	曹志方	3700
8	CT13006	李勇	3900	CT13016	陈定娟	5500
9	CT13007	唐志凤	4200	CT13017	高芸	5100
10	CT13008	安建华	6000	CT13018	耿娜娜	4600
11	CT13009	白桂	5500	CT13019	龚洁	4900
12	CT13010	费冬冬	3950	CT13020	陈宝玉	4300
13	最低工资					3700

图 5-56　求最低工资

函数 71　MIN——返回参数中最小值

【功能说明】:

返回一组值中的最小值。

【语法格式】:

MIN(number1, [number2],…)

【参数说明】:

number1, number2,…：number1 是必需的，后续数值是可选的，这些是要从中查找最小值的 1～255 个数字。

【实例】 计算向量的模。

【实现方法】:

选中 G12 单元格，在编辑栏中输入公式“=MIN(B3:G11)”，按 Enter 键确认输入，即可计算出销售统计表中的最低销售量，如图 5-57 所示。

G12　=MIN(B3:G11)

	A	B	C	D	E	F	G
1	平板电脑销售情况统计表						
2	月份	崇安区	北塘区	滨湖区	惠山区	惠山区	锡山区
3	1月	1030	1020	1300	980	750	1100
4	2月	1850	1300	1200	1023	671	1374
5	3月	1500	980	1730	1254	1450	1200
6	4月	1980	870	1678	998	1350	740
7	5月	1870	690	1456	1500	780	1050
8	6月	1860	1030	1699	1940	1280	1620
9	7月	1880	1000	1487	699	821	880
10	8月	1970	1300	1030	620	970	1050
11	9月	1030	1020	1000	970	1020	1230
12	最低销售量						620

图 5-57　求最低销售量

函数 72　MODE.MULT——返回一组数据或数据区域中出现频率最高或重复出现的数值的垂直数组

【功能说明】:

返回一组数据或数据区域中出现频率最高或重复出现的数值的垂直数组。对于水平数组，请使用 TRANSPOSE(MODE.MULT(number1,number2,…))。

如果有多个众数，则将返回多个结果，因为此函数返回数值数组，所以它必须以数组公式的形式输入。

【语法格式】:

MODE.MULT((number1,[number2],…])

【参数说明】:

number1：要计算其众数的第一个数字参数。

number2,…：要计算其众数的 2～254 个数字参数，也可以用单一数组或对某个数组的引用来代替用逗号分隔的参数。

【实例】 在第二季度顾客投诉表中，出现最多的工号是多少?

【实现方法】:

选中 D3 单元格，在编辑栏中输入公式"=MODE.MULT(B2:B8)"，按 Enter 键确认输入，即可计算出被投诉最多的工号，如图 5-58 所示。

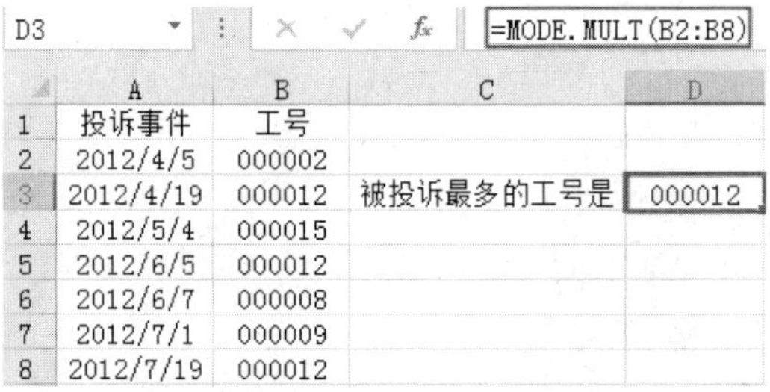

	A	B	C	D
1	投诉事件	工号		
2	2012/4/5	000002		
3	2012/4/19	000012	被投诉最多的工号是	000012
4	2012/5/4	000015		
5	2012/6/5	000012		
6	2012/6/7	000008		
7	2012/7/1	000009		
8	2012/7/19	000012		

图 5-58 MODE.MULT 函数的应用

函数 73 MODE.SNGL——返回在某一数组或数据区域中出现频率最多的数值

【功能说明】:

返回在某一数组或数据区域中出现频率最多的数值。

【语法格式】:

MODE.SNGL(number1,[number2], …])

【参数说明】:

number1：用于计算众数的第一个参数。

number2, …：用于计算众数的 2～254 个参数，也可以用单一数组或对某个数组的引用来代替用逗号分隔的参数。

【实例】 在请假统计表中，快速找出请假次数最多的员工工号。

【实现方法】:

选中 G12 单元格，在编辑栏中输入公式"=MODE.SNGL(B3:G11)"，按 Enter 键确认输入，即可求出请假次数最多的工人工号，如图 5-59 所示。

G12　=MODE.SNGL(B3:G11)

	A	B	C	D	E	F	G
1	DIP车间请假统计						
2	月份	请假人员工号					
3	2013/7/1	13005	13009	13012	13199	13074	13085
4	2013/7/2	13001	13028	13105	13005	13097	13285
5	2013/7/3	13012	13056	13077	13028	13085	13144
6	2013/7/4	13028	13001	13005	13105	13012	13202
7	2013/7/5	13056	13105	13005	13012	13077	13256
8	2013/7/6	13012	13007	13074	13009	13001	13005
9	2013/7/7	13005	13199	13056	13097	13199	13144
10	2013/7/8	13105	13009	13085	13028	13256	13285
11	2013/7/9	13012	13001	13005	13256	13144	13202
12	请假最多的工人工号						13005

图 5-59　求请假次数最多的工人工号

函数 74　NEGBINOM.DIST——返回负二项式分布

【功能说明】:

返回负二项式分布，即当成功概率为 probability_s 时，在 number_s 次成功之前出现 number_f 次失败的概率。

此函数与二项式分布相似，只是它的成功次数固定，试验次数为变量。与二项式分布类似的是试验次数被假设为自变量。

【语法格式】:

NEGBINOM.DIST(number_f,number_s,probability_s,cumulative)

【参数说明】:

number_f：失败次数。

number_s：成功的极限次数。

probability_s：成功的概率。

cumulative：决定函数形式的逻辑值。如果 cumulative 为 TRUE，NEGBINOM.DIST 返回累积分布函数；如果为 FALSE，则返回概率密度函数。

【实例】 已知某产品的合格率为 90%，对其进行抽样检查，样本数量为 50 个，求有 n（n 小于等于 50）个产品合格的负二项式分布值是多少？

【实现方法】:

选中 D2 单元格，在编辑栏中输入公式"=NEGBINOM.DIST($A$2,B2,$C$2,FALSE)"，按 Enter 键确认输入，向下复制公式，即可计算出指定个数的产品合格的负二项式分布值，如图 5-60 所示。

D2　=NEGBINOM.DIST($A$2,B2,$C$2,FALSE)

	A	B	C	D	E
1	样本数量	合格产品数（n）	产品合格率	有n个合格品的概率	
2	50	1	90%	9E-51	
3		5		1.86743E-45	
4		15		9.85306E-38	
5		25		1.25844E-32	
6		35		9.23916E-29	
7		45		1.17386E-25	
8		50		2.59986E-24	

图 5-60　指定个数产品合格的负二项式分布值

函数 75　NORM.DIST——返回指定平均值和标准偏差的正态分布函数

【功能说明】：

返回指定平均值和标准偏差的正态分布函数，此函数在统计方面应用范围广泛（包括假设检验）。

【语法格式】：

NORM.DIST(x,mean,standard_dev,cumulative)

【参数说明】：

x：需要计算其分布的数值。

mean：分布的算术平均值。

standard_dev：分布的标准偏差。

cumulative：决定函数形式的逻辑值。如果 cumulative 为 TRUE，NORM.DIST 返回累积分布函数；如果为 FALSE，则返回概率密度函数。

【实例】根据给定的参数，返回正态分布函数值。

【实现方法】：

（1）选中 D2 单元格，在编辑栏中输入公式"=NORM.DIST(A2,B2,C2,TRUE)"，按 Enter 键确认输入，向下复制公式，即可计算出累积分布函数值，如图 5-61 所示。

	A	B	C	D	E
	数值	平均值	标准偏差	累积分布函数值	概率密度函数值
2	7	3	9	0.671639357	
3	3	2	7	0.556798497	
4	9	5	14	0.612451519	
5	13	11	15	0.553035117	
6	1	2	9	0.455764119	
7	2	6	9	0.328360643	

图 5-61　计算累积分布函数值

（2）选中 E2 单元格，在编辑栏中输入公式"=NORM.DIST(A2,B2,C2,FALSE)"，按 Enter 键确认输入，向下复制公式，即可计算出概率密度函数值，如图 5-62 所示。

	A	B	C	D	E
	数值	平均值	标准偏差	累积分布函数值	概率密度函数值
2	7	3	9	0.671639357	0.040158203
3	3	2	7	0.556798497	0.056413163
4	9	5	14	0.612451519	0.027356197
5	13	11	15	0.553035117	0.026360789
6	1	2	9	0.455764119	0.04405414
7	2	6	9	0.328360643	0.040158203

图 5-62　计算概率密度函数值

函数 76　NORM.INV——返回指定平均值和标准偏差的正态累积分布函数的反函数

【功能说明】：

返回指定平均值和标准偏差的正态累积分布函数的反函数。

【语法格式】：

NORM.INV(probability,mean,standard_dev)

【参数说明】：

probability：对应于正态分布的概率。

mean：分布的算术平均值。

standard_dev：分布的标准偏差。

【实例】根据给定的参数，计算累积分布函数的反函数值。

【实现方法】：

选中 D2 单元格，在编辑栏中输入公式"=NORM.INV(A2,B2,C2)"，按 Enter 键确认输入，向下复制公式，即可计算出累积分布函数的反函数值，如图 5-63 所示。

	A	B	C	D
				=NORM.INV(A2,B2,C2)
1	正态分布概率	平均值	标准偏差	累积分布的反函数值
2	0.004	9	1	6.347930192
3	0.009	7	0.5	5.817190937
4	0.07	14	0.13	13.80814717
5	0.15	15	0.9	14.06720995
6	0.29	7	0.01	6.994466153
7	0.8	5	0.02	5.016832425

图 5-63　计算累积分布函数的反函数值

函数 77　NORM.S.DIST——返回标准正态分布函数

【功能说明】：

返回标准正态分布函数（该分布的平均值为 0，标准偏差为 1）。

可以使用此函数代替标准正态曲线面积表。

【语法格式】：

NORM.S.DIST(z,cumulative)

【参数说明】：

z：需要计算其分布的数值。

cumulative：cumulative 是一个决定函数形式的逻辑值。如果 cumulative 为 TRUE，NORMS.DIST 返回累积分布函数；如果为 FALSE，则返回概率密度函数。

【实例】根据给定的参数，返回标准正态分布。

【实现方法】：

（1）选中 B2 单元格，在编辑栏中输入公式"=NORM.S.DIST(A2,TRUE)"，按 Enter 键确认输入，向下复制公式，即可计算出标准正态分布的累积分布函数值，如图 5-64 所示。

（2）选中 C2 单元格，在编辑栏中输入公式"=NORM.S.DIST(A2,FALSE)"，按 Enter 键确认输入，向下复制公式，即可计算出标准正态分布的概率密度函数值，如图 5-65 所示。

B2 =NORM.S.DIST(A2,TRUE)

	A	B	C
1	数值	标准正态累积分布函数值	标准正态概率密度函数值
2	7	1	
3	3	0.998650102	
4	9	1	
5	13	1	
6	1	0.841344746	
7	2	0.977249868	

图 5-64　计算标准正态分布的累积函数值

C2 =NORM.S.DIST(A2,FALSE)

	A	B	C
1	数值	标准正态累积分布函数值	标准正态概率密度函数值
2	7	1	9.13472E-12
3	3	0.998650102	0.004431848
4	9	1	1.02798E-18
5	13	1	7.99883E-38
6	1	0.841344746	0.241970725
7	2	0.977249868	0.053990967

图 5-65　计算标准正态分布的概率密度函数值

函数 78　NORM.S.INV——返回标准正态累积分布函数的反函数

【功能说明】:

返回标准正态累积分布函数的反函数。该分布的平均值为 0，标准偏差为 1。

【语法格式】:

NORM.S.INV(probability)

【参数说明】:

probability：对应于正态分布的概率。

【实例】 根据给定的参数，计算标准正态累积分布函数的反函数值。

【实现方法】:

选中 B2 单元格，在编辑栏中输入公式“=NORM.S.INV(A2)”，按 Enter 键确认输入，向下复制公式，即可计算出标准正态累积分布函数的反函数值，如图 5-66 所示。

B2 =NORM.S.INV(A2)

	A	B
1	正态分布概率	标准正态累积分布的反函数值
2	0.02	-2.053748911
3	0.09	-1.340755034
4	0.15	-1.036433389
5	0.5	0
6	0.9	1.281551566
7	0.99	2.326347874

图 5-66　计算标准正态累积分布函数的反函数值

函数 79　NORMDIST——计算指定平均值和标准偏差的正态分布函数

【功能说明】：

返回指定平均值和标准偏差的正态分布函数，此函数在统计方面应用范围广泛（包括假设检验）。

【语法格式】：

NORMDIST(x,mean,standard_dev,cumulative)

【参数说明】：

x：需要计算其分布的数值。

mean：分布的算术平均值。

standard_dev：分布的标准偏差。

cumulative：决定函数形式的逻辑值。如果 cumulative 为 TRUE，NORMDIST 返回累积分布函数；如果为 FALSE，则返回概率密度函数。

🔔注意：此函数已被 NORM.DIST 函数替代。

函数 80　NORMINV——计算指定平均值和标准偏差的正态累积分布函数的反函数

【功能说明】：

返回指定平均值和标准偏差的正态累积分布函数的反函数。

【语法格式】：

NORMINV(probability,mean,standard_dev)

【参数说明】：

probability：对应于正态分布的概率。

mean：分布的算术平均值。

standard_dev：分布的标准偏差。

🔔注意：此函数已被 NORM.INV 函数替代。

函数 81　NORMSDIST——计算标准正态累积分布函数

【功能说明】：

返回标准正态累积分布函数，该分布的平均值为 0，标准偏差为 1。可以使用该函数代替标准正态曲线面积表。

【语法格式】：

NORMSDIST(z)

【参数说明】：

z：需要计算其分布的数值。

🔔注意：此函数已被 NORM.S.DIST 函数替代。

零点起飞学 Excel 函数与公式

函数 82　NORMSINV——计算标准正态累积分布函数的反函数

【功能说明】：

返回标准正态累积分布函数的反函数，该分布的平均值为 0，标准偏差为 1。

【语法格式】：

NORMSINV(probability)

【参数说明】：

probability：对应于正态分布的概率。

🔔注意：此函数已被 NORM.S.INV 函数替代。

函数 83　PEARSON——返回 Pearson（皮尔生）积矩法相关系数 r

【功能说明】：

返回 Pearson（皮尔生）乘积矩相关系数 r，这是一个范围在[-1.0, 1.0]的无量纲指数，反映了两个数据集合之间的线性相关程度。

【语法格式】：

PEARSON(array1, array2)

【参数说明】：

array1：自变量集合。

array2：因变量集合。

参数可以是数字，或者包含数字的名称、数组常量或引用。

【实例】 求下列两个数组之间的乘积矩相关系数。

【实现方法】：

选中 B7 单元格，在编辑栏中输入公式 " =PEARSON(A1:A6,B1:B6)"，按 Enter 键确认输入，即可计算出数组之间的乘积矩相关系数，如图 5-67 所示。

图 5-67　PEARSON 函数的应用

函数 84　PERCENTILE.EXC——返回区域中数值的第 k 个百分点的值（不含 0 与 1）

【功能说明】：

返回区域中数值的第 K 个百分点的值，其中 k 为 0~1 之间的值，不包含 0 和 1。

【语法格式】：

PERCENTILE.EXC(array,k)

【参数说明】：

array：用于定义相对位置的数组或数据区域。

k：0～1 之间的百分点值，不包含 0 和 1。

【实例】 求销售统计表中，位于销售数据第 0.5 个百分点的销售量。

【实现方法】：

选中 F12 单元格，在编辑栏中输入公式"= PERCENTILE.EXC(A3:F11,0.5)"，按 Enter 键确认输入，即可计算出位于销售量的中间值，如图 5-68 所示。

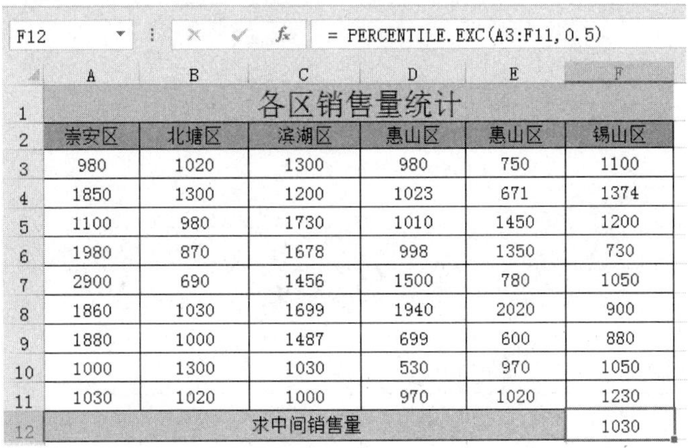

F12　= PERCENTILE.EXC(A3:F11, 0.5)

	A	B	C	D	E	F
1	各区销售量统计					
2	崇安区	北塘区	滨湖区	惠山区	惠山区	锡山区
3	980	1020	1300	980	750	1100
4	1850	1300	1200	1023	671	1374
5	1100	980	1730	1010	1450	1200
6	1980	870	1678	998	1350	730
7	2900	690	1456	1500	780	1050
8	1860	1030	1699	1940	2020	900
9	1880	1000	1487	699	600	880
10	1000	1300	1030	530	970	1050
11	1030	1020	1000	970	1020	1230
12	求中间销售量					1030

图 5-68　PERCENTILE.EXC 函数的应用

函数 85　PERCENTILE.INC——返回区域中数值的第 k 个百分点的值（含 0 与 1）

【功能说明】：

返回区域中数值的第 k 个百分点的值，k 为 0～1 之间的百分点值，包含 0 和 1。

可以使用此函数来确定接受阈值，例如，可以决定对得分排名在第 90 个百分点之上的候选人进行检测。

【语法格式】：

PERCENTILE.INC(array,k)

【参数说明】：

array：用于定义相对位置的数组或数据区域。

k：0～1 之间的百分点值，包含 0 和 1。

【实例】 若在某门专业课考试完毕后，设定位于成绩数据中 60%的成绩为过线成绩，求过线成绩为多少？若想要计算最低成绩，又该如何计算呢？

【实现方法】：

（1）选中 A12 单元格，在编辑栏中输入公式"=PERCENTILE.INC(A2:F10,0.6)"，按 Enter 键确认输入，确认即可计算出过线成绩，如图 5-69 所示。

（2）选中 A14 单元格，在编辑栏中输入公式"=PERCENTILE.INC(A2:F10,0)"，按 Enter 键确认输入，即可求出该门专业课的最低成绩，如图 5-70 所示。

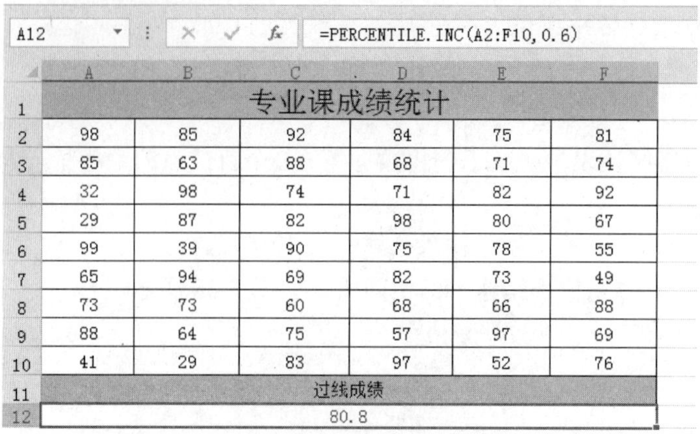

A12　=PERCENTILE.INC(A2:F10,0.6)

	A	B	C	D	E	F
1	专业课成绩统计					
2	98	85	92	84	75	81
3	85	63	88	68	71	74
4	32	98	74	71	82	92
5	29	87	82	98	80	67
6	99	39	90	75	78	55
7	65	94	69	82	73	49
8	73	73	60	68	66	88
9	88	64	75	57	97	69
10	41	29	83	97	52	76
11	过线成绩					
12	80.8					

图 5-69　计算专业课过线成绩

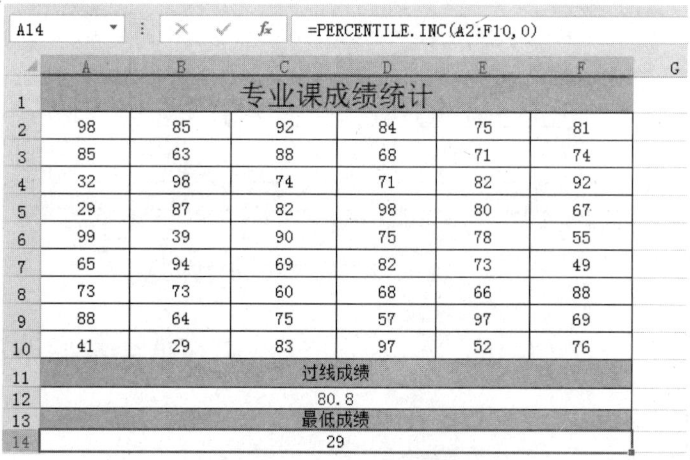

A14　=PERCENTILE.INC(A2:F10,0)

	A	B	C	D	E	F
1	专业课成绩统计					
2	98	85	92	84	75	81
3	85	63	88	68	71	74
4	32	98	74	71	82	92
5	29	87	82	98	80	67
6	99	39	90	75	78	55
7	65	94	69	82	73	49
8	73	73	60	68	66	88
9	88	64	75	57	97	69
10	41	29	83	97	52	76
11	过线成绩					
12	80.8					
13	最低成绩					
14	29					

图 5-70　求该门专业课最低成绩

函数 86　PERCENTRANK.EXC——返回某个数值在一个数据集中的百分比排位（不含 0 与 1）

【功能说明】：

返回某个数值在一个数据集中的百分比（0～1，不包括 0 和 1）排位。

【语法格式】：

PERCENTRANK.EXC(array,x,[significance])

【参数说明】：

array：定义相对位置的数值数组或数值数据区域。

x：想要知道其排位的值。

significance：一个确定返回的百分比值的有效位数的值。如果忽略，则 PERCENTRANK.EXC 使用 3 位小数 (0.xxx)。

【实例】下列是某班级的部分数学成绩表，计算每位同学在所有同学中的百分比排位。

【实现方法】：

选中 C2 单元格，在编辑栏中输入公式“=PERCENTRANK.EXC(B2:B9,B2)”，按 Enter

键确认输入，即可计算出每位同学在所有同学中的百分比排位，如图 5-71 所示。

C2　=PERCENTRANK.EXC(B2:B9,B2)

	A	B	C
1	学生姓名	数学成绩	百分比排位
2	张婀雅	71	33.3%
3	孙莹莹	83	55.5%
4	王保国	71	33.3%
5	张单单	49	11.1%
6	刘在石	92	77.7%
7	何耀虎	88	66.6%
8	牛大仁	96	88.8%
9	蓝彩蝶	59	22.2%

输入公式

函数返回值

图 5-71　PERCENTRANK.EXC 函数的应用

函数 87　PERCENTRANK.INC——返回某个数值在一个数据集中的百分比排位（含 0 与 1）

【功能说明】：

将某个数值在数据集中的排位作为数据集的百分比值返回，此处的百分比值范围为 0～1（含 0 和 1）。

【语法格式】：

PERCENTRANK.INC(array,x,[significance])

【参数说明】：

array：定义相对位置的数组或数字区域。

x：数组中需要得到其排位的值。

significance：一个用来标识返回百分比值的有效位数的值。如果省略，函数 PERCENTRANK.INC 保留 3 位小数 (0.xxx)。

【实例】已知所有学生的专业课成绩，若成绩百分比在 80%以上则为 A；在 60%以上 80%以下为 B；在 60%以下为 C，按照此规则为学生专业课成绩评定等级。

【实现方法】：

选中 E12 单元格，在编辑栏中输入公式“=IF(PERCENTRANK.INC($A$2:$F$10,C12)>80%, "A",IF (PERCENTRANK.INC($A$2:$F$10,C12)>60%,"B","C"))”，按 Enter 键确认输入，并向下复制公式，即可为指定学生的专业课评出相应等级，如图 5-72 所示。

E12　=IF(PERCENTRANK.INC($A$2:$F$10,C12)>80%,"A",IF(PER

	A	B	C	D	E	F
1	专业课成绩统计					
2	98	85	92	84	75	81
3	85	63	88	68	71	74
4	32	98	74	71	82	92
5	29	87	82	98	80	67
6	99	39	90	75	78	55
7	65	94	69	82	73	49
8	73	73	60	68	66	88
9	88	64	75	57	97	69
10	41	29	83	97	52	76
11	姓名		专业课成绩		成绩等级	
12	冯少民		65		C	
13	葛媛媛		86		B	
14	高琳		95		A	

图 5-72　为学生专业课成绩评定等级

函数 88　PERMUT——返回从给定元素数目的集合中选取若干元素的排列数

【功能说明】：

返回从给定数目的对象集合中选取的若干对象的排列数。排列为有内部顺序的对象或事件的任意集合或子集。排列与组合不同，组合的内部顺序无意义，此函数可用于彩票抽奖的概率计算。

【语法格式】：

PERMUT(number, number_chosen)

【参数说明】：

number：表示对象个数的整数。

number_chosen：表示每个排列中对象个数的整数。

【实例】 已知总元素个数和选取元素数，选取指定个数的元素有多少排列数。

【实现方法】：

选中 C2 单元格，在编辑栏中输入公式"=PERMUT($A$2,B2)"，按 Enter 键确认输入，并向下复制公式，即可计算出选取指定个数元素数有多少中排列方式，如图 5-73 所示。

	A	B	C	D	E
	元素总数	选取元素个数	排列个数		
2	10	1	10		
3		2	90		
4		3	720		
5		4	5040		
6		5	30240		
7		6	151200		
8		7	604800		
9		8	1814400		
10		9	3628800		
11		10	3628800		

图 5-73　计算排列数

函数 89　PHI——返回标准正态分布的密度函数值

【功能说明】：

返回标准正态分布的密度函数值。

【语法格式】：

PHI(x)

【参数说明】：

x：所需的标准正态分布密度值。

【实例】 已知标准正态函数的密度，求其函数值。

【实现方法】：

选中 B2 单元格，在编辑栏中输入公式"=PHI(A2)"，按 Enter 键确认输入，并向下复制公式，即可计算出标准正态分布的密度函数值，如图 5-74 所示。

B2　=PHI(A2)

	A	B
1	数值	PHI函数值
2	-9	1.02798E-18
3	0	0.39894228
4	3	0.004431848
5	15	5.53071E-50

图 5-74　计算标准正态分布的密度函数值

函数 90　POISSON.DIST——返回泊松分布

【功能说明】:

返回泊松分布。泊松分布通常用于预测一段时间内事件发生的次数，如一分钟内通过收费站的轿车的数量。

【语法格式】:

POISSON.DIST(x,mean,cumulative)

【参数说明】:

x：事件数。

mean：期望值。

cumulative：一逻辑值，确定所返回的概率分布的形式。如果 cumulative 为 TRUE，函数 POISSON.DIST 返回泊松累积分布概率，即随机事件发生的次数在 0～x 之间（包含 0 和 x)；如果为 FALSE，则返回泊松概率密度函数，即随机事件发生的次数恰好为 x。

【实例】 已知某产品自平均每年发生故障的次数，计算该产品自购买后，经过若干年，不发生故障的概率为多少？

【实现方法】:

选中 B3 单元格，在编辑栏中输入公式"=POISSON.DIST(0,$B$1*A3,0)"，按 Enter 键确认输入，并向下复制公式，即可计算出经过指定年份后，产品不发生故障的概率，如图 5-75 所示。

B3　=POISSON.DIST(0,$B$1*A3,0)

	A	B	C
1	产品发生故障次数（次/年）	0.1	
2	购买产品经过年数	不发生故障概率	
3	0.1	0.990049834	
4	0.2	0.980198673	
5	0.5	0.951229425	
6	1	0.904837418	
7	2	0.818730753	
8	3	0.740818221	
9	4	0.670320046	

图 5-75　计算产品不发生故障的概率

函数 91　POISSON——计算泊松分布

【功能说明】：

返回泊松分布。泊松分布通常用于预测一段时间内事件发生的次数，如一分钟内通过收费站的轿车数量。

【语法格式】：

POISSON(x,mean,cumulative)

【参数说明】：

x：事件数。

mean：期望值。

cumulative：一逻辑值，确定所返回的概率分布的形式。如果 cumulative 为 TRUE，函数 POISSON 返回泊松累积分布概率；如果为 FALSE，则返回泊松概率密度函数。

注意：此函数已被 POISSON.DIST 函数替代。

函数 92　PROB——计算区域中的数值落在指定区间内的概率

【功能说明】：

返回区域中的数值落在指定区间内的概率。如果没有给出上限 (upper_limit)，则返回区间 x_range 内的值等于下限 lower_limit 的概率。

【语法格式】：

PROB(x_range, prob_range, [lower_limit], [upper_limit])

【参数说明】：

x_range：具有各自相关概率值的 x 数值区域。

prob_range：与 x_range 中的值相关的一组概率值。

lower_limit：用于计算概率的数值下限。

upper_limit：用于计算概率的可选数值上限。

【实例】 已知数据集、数据集概率和上下界，求数据集中的数值落在指定区间内的概率。

【实现方法】：

选中 B8 单元格，在编辑栏中输入公式"=PROB(A2:A6,B2:B6,A2,A4)"，按 Enter 键确认输入，即可计算出每位同学在所有同学中的百分比排位数据集中的数值落在指定区间内的概率，如图 5-76 所示。

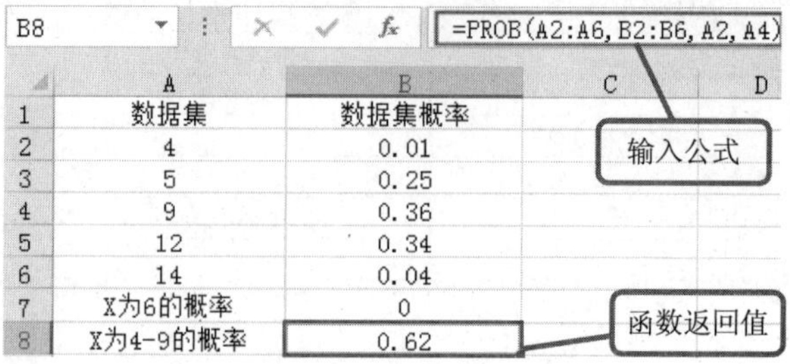

	A	B
1	数据集	数据集概率
2	4	0.01
3	5	0.25
4	9	0.36
5	12	0.34
6	14	0.04
7	X为6的概率	0
8	X为4-9的概率	0.62

图 5-76　PROB 函数的应用

函数 93　QUARTILE.EXC——基于 0~1 之间（不包括 0 和 1）的百分点值返回数据集的四分位数

【功能说明】：

基于 0~1 之间（不包括 0 和 1）的百分点值返回数据集的四分位数。

【语法格式】：

QUARTILE.EXC(array, quart)

【参数说明】：

array：想要求得其四分位数值的数值数组或数值单元格区域。

quart：指示要返回哪一个值。

如果 quart 等于	函数 QUARTILE.INC 返回
0	最小值
1	第一个四分位数（第 25 个百分点值）
2	中分位数（第 50 个百分点值）
3	第三个四分位数（第 75 个百分点值）
4	最大值

【实例】根据学生的成绩，计算出四分位数的值。

【实现方法】：

选中 D7、D8、D9 单元格，在编辑栏中输入公式"=QUARTILE.EXC(B2:B9,1/2/3)"，按 Enter 键确认输入，即可计算出四分位数的值，如图 5-77 所示。

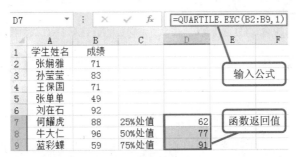

图 5-77　QUARTILE.EXC 函数的应用

函数 94　QUARTILE.INC——基于 0~1 之间（包括 0 和 1）的百分点值返回数据集的四分位数

【功能说明】：

根据 0~1 之间的百分点值（包含 0 和 1）返回数据集的四分位数。

四分位数通常用于在销售额和测量数据中对总体进行分组。例如，可以使用函数 QUARTILE.INC 求得总体中前 25% 的收入值。

【语法格式】：

QUARTILE.INC(array,quart)

【参数说明】：

array：需要求得四分位数值的数组或数值型单元格区域。

quart：决定返回哪一个四分位值。

🔔注意：与 QUARTILE.EXC 函数用法相似，在此不举例说明。

函数 95   QUARTILE——返回数据集的四分位数

【功能说明】：

返回数据集的四分位数。四分位数通常用于在销售额和测量数据中对总体进行分组。例如，可以使用函数 QUARTILE 求得总体中前 25% 的收入值。

【语法格式】：

QUARTILE(array,quart)

【参数说明】：

array：需要求得四分位数值的数组或数值型单元格区域。

quart：决定返回哪一个四分位值。

如果 quart 等于	函数 QUARTILE.INC 返回
0	最小值
1	第一个四分位数（第 25 个百分点值）
2	中分位数（第 50 个百分点值）
3	第三个四分位数（第 75 个百分点值）
4	最大值

🔔注意：此函数已被 QUARTILE.EXC 函数和 QUARTILE.INC 函数替代。

函数 96   RANK.AVG——返回一个数字在数字列表中的排位

【功能说明】：

返回一个数字在数字列表中的排位：数字的排位是其大小与列表中其他值的比值；如果多个值具有相同的排位，则将返回平均排位。

【语法格式】：

RANK.AVG(number,ref,[order])

【参数说明】：

number：要查找其排位的数字。

ref：数字列表数组或对数字列表的引用。ref 中的非数值型值将被忽略。

Order：一个指定数字的排位方式的数字。order 为 0（零）或忽略，数字的排位就会基于 ref 是按照降序排序的列表。如果 order 不为零，数字的排位就会基于 ref 是按照升序排序的列表。

【实例】根据学生的成绩，计算出排列名次。

【实现方法】：

选中 C2 单元格，在编辑栏中输入公式"=RANK.AVG(B2,B2:B9,0)"，按 Enter 键确认输入，即可计算出分数的排名，如图 5-78 所示。

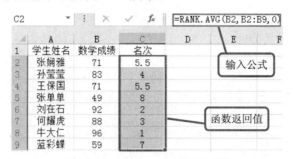

图 5-78　RANK.AVG 函数的应用

函数 97　RANK.EQ——返回一个数字在数字列表中的排位

【功能说明】：

返回一个数字在数字列表中的排位，其大小与列表中的其他值相关。如果多个值具有相同的排位，则返回该组数值的最高排位。

如果要对列表进行排序，则数字排位可作为其位置。

【语法格式】：

RANK.EQ(number,ref,[order])

【参数说明】：

number：需要找到排位的数字。

ref：数字列表数组或对数字列表的引用。ref 中的非数值型值将被忽略。

order：一数字，指明数字排位的方式。order 为 0（零）或忽略，数字的排位就会基于 ref 按照降序排序的列表。如果 order 不为零，数字的排位就会基于 ref 是按照升序排序的列表。

注意：与 RANK.AVG 函数用法相似，在此不举例说明。

函数 98　RANK——返回一组数字的排列顺序

【功能说明】：

返回一个数字在数字列表中的排位。数字的排位是其大小与列表中其他值的比值（如果列表已排过序，则数字的排位就是它当前的位置）。此函数已被 RANK.AVG 函数和 RANK.EQ 函数替代。

【语法格式】：

RANK(number,ref,[order])

【参数说明】：

number：需要找到排位的数字。

ref：数字列表数组或对数字列表的引用。ref 中的非数值型值将被忽略。

order：一数字，指明数字排位的方式。order 为 0（零）或忽略，数字的排位就会基于 ref 按照降序排序的列表。如果 order 不为零，数字的排位就会基于 ref 是按照升序排序的列表。

【实例】下列是上半年每个月份的销售量，计算出各月份在上半年的排名。

【实现方法】：

选中 C2 单元格，在编辑栏中输入公式"=RANK(B2,B2:B7,0)"，按 Enter 键确认输入，即可计算出 x 销量的排名，如图 5-79 所示。

图 5-79　RANK 函数的应用

函数 99　RSQ——返回给定数据点的 Pearson（皮尔生）积矩法相关系数的平方

【功能说明】：

返回根据 known_y's 和 known_x's 中数据点计算得出的 Pearson 乘积矩相关系数的平方。有关详细信息，请参阅 PEARSON 函数。R 平方值可以解释为 y 方差与 x 方差的比例。

【语法格式】：

RSQ(known_y's,known_x's)

【参数说明】：

known_y's：数组或数据点区域。

known_x's：数组或数据点区域。

【实例】求下列两个数组之间的乘积矩相关系数的平方。

【实现方法】：

选中 B7 单元格，在编辑栏中输入公式"=RSQ(A1:A6,B1:B6)"，按 Enter 键确认输入，即可计算出数组之间的乘积矩相关系数的平方，如图 5-80 所示。

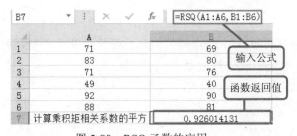

图 5-80　RSQ 函数的应用

函数 100　SKEW——返回分布的不对称度

【功能说明】：

返回分布的偏斜度。不对称度反映以平均值为中心分布的不对称程度。正不对称度表示不对称部分的分布更趋向正值。负不对称度表示不对称部分的分布更趋向负值。

【语法格式】：

SKEW(number1, [number2],…)

【参数说明】：

number1, number2,…：number1 是必需的，后续数值是可选的，这是用于计算不对称度的一组参数，参数的个数可以为 1～255 个，也可以用单一数组或对某个数组的引用来代替用逗号分隔的参数。

【实例】计算下列两个数组之间的偏斜度。

【实现方法】：

选中 B8 单元格，在编辑栏中输入公式"=SKEW(A1:A7,B1:B7)"，按 Enter 键确认输入，即可计算出两个数组之间的偏斜度，如图 5-81 所示。

图 5-81　SKEW 函数的应用

函数 101　SLOPE——计算线性回归直线的斜率

【功能说明】：

返回根据 known_y's 和 known_x's 中的数据点拟合的线性回归直线的斜率。斜率为直线上任意两点的垂直距离与水平距离的比值，也就是回归直线的变化率。

【语法格式】：

SLOPE(known_y's, known_x's)

【参数说明】：

known_y's：数字型因变量数据点数组或单元格区域。

known_x's：自变量数据点集合。

注意：与 SKEW 函数用法相似，在此不举例说明。

函数 102　SMALL——求一组数值中第 k 个最小值

【功能说明】：

返回数据集中第 k 个最小值，使用此函数可以返回数据集中特定位置上的数值。

【语法格式】：

SMALL(array, k)

【参数说明】：

array：需要找到第 k 个最小值的数组或数字型数据区域。

k：要返回的数据在数组或数据区域里的位置（从小到大）。

【实例】求成绩统计表中最后一名、倒数第 2 名及倒数第 3 名的成绩。

【实现方法】:

选中 I3 单元格，在编辑栏中输入公式“=SMALL(A1:G10,H3)”，按 Enter 键确认输入，即可计算出最后一名的成绩，然后向下复制公式，即可求出倒数第 2 名和倒数第 3 名的成绩，如图 5-82 所示。

I3 =SMALL(A1:G10,H3)

	A	B	C	D	E	F	G	H	I
1	成绩统计表								
2	85	98	85	92	84	75	81	名次	分数
3	73	85	63	88	68	71	74	1	29
4	92	32	98	74	71	82	92	2	32
5	64	35	87	82	98	80	67	3	35
6	88	99	39	90	75	78	55		
7	92	65	94	69	82	73	49		
8	67	73	73	60	68	66	88		
9	74	88	64	75	57	97	69		
10	95	41	29	83	97	52	76		

图 5-82　计算成绩表中倒数最后 3 名的成绩

函数 103　STANDARDIZE——通过平均值和标准方差返回正态分布概率值

【功能说明】:

返回以 mean 为平均值，以 standard_dev 为标准偏差的分布的正态化数值。

【语法格式】:

STANDARDIZE(x, mean, standard_dev)

【参数说明】:

x：需要进行正态化的数值。

mean：分布的算术平均值。

standard_dev：分布的标准偏差。

【实例】根据给出的数值、算术平均值以及标准偏差，求函数的正态化数值。

【实现方法】:

选中 D2 单元格，在编辑栏中输入公式“=STANDARDIZE(A2,B2,C2)”，按 Enter 键确认输入，向下复制公式，即可求出正态化数值，如图 5-83 所示。

D2 =STANDARDIZE(A2,B2,C2)

	A	B	C	D
1	数值	算术平均值	标准偏差	正态化数值
2	14	13	0.001	1000
3	21	22	0.007	-142.8571429
4	5	9	0.02	-200
5	13	27	0.06	-233.3333333
6	27	36	0.18	-50
7	46	60	0.57	-24.56140351

图 5-83　计算正态化数值

函数 104　STDEV.P——计算基于以参数形式给出的整个样本总体的标准偏差

【功能说明】:

计算基于以参数形式给出的整个样本总体的标准偏差（忽略逻辑值和文本）。标准偏差反映数值相对于平均值（mean）的离散程度。

【语法格式】:

STDEV.P(number1,[number2],…])

【参数说明】:

number1：对应于样本总体的第一个数值参数。

number2,…：对应于样本总体的 2～254 个数值参数，也可以用单一数组或对某个数组的引用代替用逗号分隔的参数。

【实例】 计算销售统计表中数据的标准偏差。

【实现方法】:

选中 G12 单元格，在编辑栏中输入公式"=STDEV.P(B3:G11)"，按 Enter 键确认输入，即可计算出最销售数据的标准偏差，如图 5-84 所示。

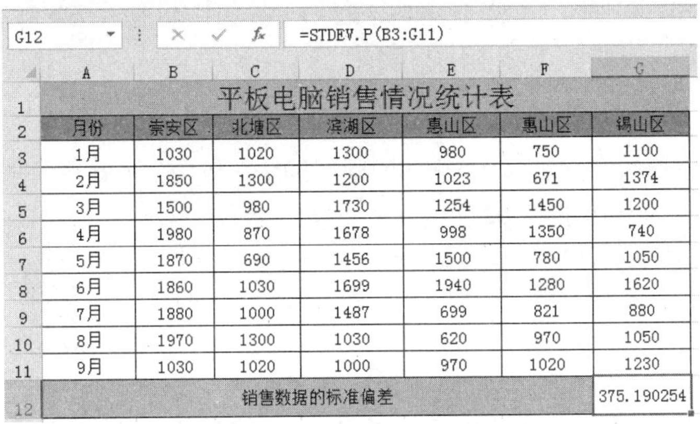

G12　=STDEV.P(B3:G11)

	A	B	C	D	E	F	G
1	平板电脑销售情况统计表						
2	月份	崇安区	北塘区	滨湖区	惠山区	惠山区	锡山区
3	1月	1030	1020	1300	980	750	1100
4	2月	1850	1300	1200	1023	671	1374
5	3月	1500	980	1730	1254	1450	1200
6	4月	1980	870	1678	998	1350	740
7	5月	1870	690	1456	1500	780	1050
8	6月	1860	1030	1699	1940	1280	1620
9	7月	1880	1000	1487	699	821	880
10	8月	1970	1300	1030	620	970	1050
11	9月	1030	1020	1000	970	1020	1230
12	销售数据的标准偏差						375.190254

图 5-84　数据的标准偏差

函数 105　STDEV.S——基于样本估算标准偏差（忽略样本中的逻辑值和文本）

【功能说明】:

基于样本估算标准偏差（忽略样本中的逻辑值和文本）。标准偏差反映数值相对于平均值（mean）的离散程度。

【语法格式】:

STDEV.S(number1,[number2],…])

【参数说明】:

number1：对应于总体样本的第一个数值参数，也可以用单一数组或对某个数组的引用来代替用逗号分隔的参数。

number2,…：对应于总体样本的 2～254 个数值参数，也可以用单一数组或对某个数组的引用来代替用逗号分隔的参数。

🔔注意：与 STDEV.P 函数用法相似，在此不举例说明。

函数 106　STDEVA——估算基于样本的标准偏差

【功能说明】：

估算基于样本的标准偏差。标准偏差反映数值相对于平均值（mean）的离散程度。它与 STDEV 函数的区别是文本值和逻辑值（TRUE 或 FALSE）也将参与计算。

【语法格式】：

STDEVA(value1, [value2],…)

【参数说明】：

value1,value2,…：value1 是必需的，后续值是可选的，这是对应于总体样本的一组值，数值的个数可以为 1～255 个，也可以用单一数组或对某个数组的引用来代替用逗号分隔的参数。

🔔注意：与 STDEV.P 函数用法相似，在此不再举例说明。

函数 107　STDEVPA——返回以参数形式给出的整个样本总体的标准偏差，包含文本和逻辑值

【功能说明】：

返回以参数形式给出的整个样本总体的标准偏差，包含文本和逻辑值。标准偏差反映数值相对于平均值 (mean) 的离散程度。

【语法格式】：

STDEVPA(value1, [value2],…)

【参数说明】：

value1,value2,…：value1 是必需的，后续值是可选的，这是对应于样本总体的一组值，数值的个数可以为 1～255 个，也可以用单一数组或对某个数组的引用来代替用逗号分隔的参数。

🔔注意：与 STDEV.P 函数用法相似，在此不举例说明。

函数 108　STDEVP——返回以参数形式给出的整个样本总体的标准偏差

【功能说明】：

返回以参数形式给出的整个样本总体的标准偏差。标准偏差反映数值相对于平均值 (mean) 的离散程度。

【语法格式】：

STDEVP(number1,[number2],…)

【参数说明】：

number1：对应于样本总体的第一个数值参数。

number2,…：对应于样本总体的 2～255 个数值参数，也可以用单一数组或对某个数组的引用来代替用逗号分隔的参数。

注意：此函数已被 STDEV.P 函数取代。

函数 109　STDEV——估算基于样本的标准偏差

【功能说明】：

估算基于样本的标准偏差。标准偏差反映数值相对于平均值（mean）的离散程度。

【语法格式】：

STDEV(number1,[number2],…])

【参数说明】：

number1：对应于总体样本的第一个数值参数。

number2,…：对应于总体样本的 2~255 个数值参数，也可以用单一数组或对某个数组的引用来代替用逗号分隔的参数。

注意：此函数已被 STDEV.S 函数取代。

函数 110　STEYX——计算预测值的标准误差

【功能说明】：

返回通过线性回归法计算每个 x 的 y 预测值时所产生的标准误差。标准误差用来度量根据单个 x 变量计算出的 y 预测值的误差量。

【语法格式】：

STEYX(known_y's, known_x's)

【参数说明】：

known_y's：因变量数据点数组或区域。

known_x's：自变量数据点数组或区域。

【实例】计算出下列两组数组之间的标准误差。

【实现方法】：

选中 B8 单元格，在编辑栏中输入公式"=STEYX(A1:A7,B1:B7)"，按 Enter 键确认输入，即可计算出两个数组之间的偏斜度，如图 5-85 所示。

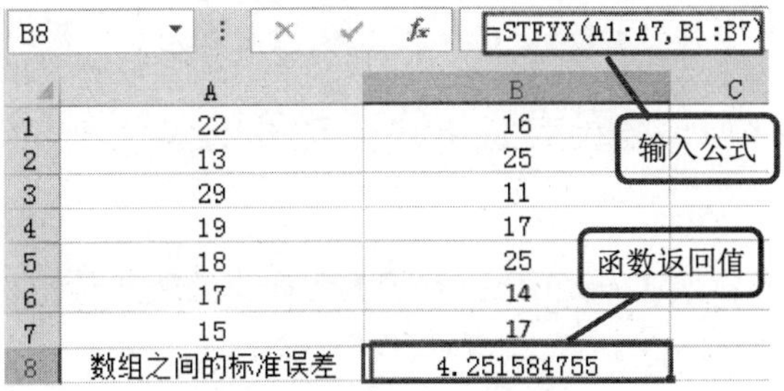

图 5-85　STEYX 函数的应用

函数 111　T.DIST.2T——返回学生的双尾 t 分布

【功能说明】：

返回学生的双尾 t 分布。学生的 t 分布用于小样本数据集的假设检验。使用此函数可以代替 t 分布的临界值表。

【语法格式】：

T.DIST.2T(x,deg_freedom)

【参数说明】：

x：需要计算分布的数值。

deg_freedom：一个表示自由度数的整数。

【实例】 根据数值和自由度，计算出双尾分布临界值。

【实现方法】：

选中 C2 单元格，在编辑栏中输入公式"=T.DIST.2T(A2,B2)"，按 Enter 键确认输入，即可计算出双尾分布临界值，如图 5-86 所示。

	A	B	C	D
	C2		fx	=T.DIST.2T(A2,B2)
1	数值	自由度	双尾分布	
2	0.11	5	0.916688046	
3	0.9	13	0.384489174	
4	2	15	0.063945007	

图 5-86　计算双尾分布临界值

函数 112　T.DIST.RT——返回学生的右尾 t 分布

【功能说明】：

返回学生的右尾 t 分布，该 t 分布用于小样本数据集的假设检验。使用此函数可以代替 t 分布的临界值表。

【语法格式】：

T.DIST.RT(x,deg_freedom)

【参数说明】：

x：需要计算分布的数值。

deg_freedom：一个表示自由度数的整数。

注意：该函数使用方法与 T.DIST.2T 函数相似，这里就不再赘述。

函数 113　T.DIST——返回学生 t 分布的百分点

【功能说明】：

返回学生的 t 分布，该 t 分布用于小样本数据集的假设检验。使用此函数可以代替 t 分布的临界值表。

【语法格式】：

T.DIST(x,deg_freedom, cumulative)

【参数说明】：

x：用于计算分布的数值。

deg_freedom：一个表示自由度数的整数。

cumulative：决定函数形式的逻辑值。如果 cumulative 为 TRUE，则 T.DIST 返回累

积分布函数；如果为 FALSE，则返回概率密度函数。

返回学生 t 分布的百分点（概率），其中，数字值 (x) 是用来计算百分点的 t 的计算值。t 分布用于小型样本数据集的假设检验。可以使用该函数代替 t 分布的临界值表。

【实例】根据数值和自由度，返回学生的 T 分布。

【实现方法】：

（1）选中 C2 单元格，在编辑栏中输入公式“=T.DIST(A2,B2,TRUE)”，按 Enter 键确认输入，向下复制公式，即可计算出指定数值和自由度的 t 分布的累积分布函数值，如图 5-87 所示。

C2　=T.DIST(A2,B2,TRUE)

	A	B	C	D
1	数值	自由度	t分布的累积分布函数值	t分布的概率密度函数值
2	0.11	5	0.541655977	
3	0.9	13	0.807755413	
4	2	15	0.968027496	
5	5	22	0.999973658	
6	12	30	1	

图 5-87　计算 t 分布的累积分布函数值

（2）选中 D2 单元格，在编辑栏中输入公式“=T.DIST(A2,B2,FALSE)”，按 Enter 键确认输入，并向下复制公式，即可计算出 t 分布的概率密度函数值，如图 5-88 所示。

D2　=T.DIST(A2,B2,FALSE)

	A	B	C	D
1	数值	自由度	t分布的累积分布函数值	t分布的概率密度函数值
2	0.11	5	0.541655977	0.37686403
3	0.9	13	0.807755413	0.25633868
4	2	15	0.968027496	0.059207732
5	5	22	0.999973658	6.3784E-05
6	12	30	1	5.80975E-13

图 5-88　计算 t 分布的概率密度函数值

函数 114　T.INV.2T——返回双尾学生 t 分布的双尾反函数

【功能说明】：

返回学生 t 分布的双尾反函数。

【语法格式】：

T.INV.2T(probability,deg_freedom)

【参数说明】：

probability：与学生 t 分布相关的概率。

deg_freedom：代表分布的自由度数。

【实例】根据双尾学生 t 分布概率和自由度，计算出 t 分布的 t 值。

【实现方法】：

选中 C2 单元格，在编辑栏中输入公式“=T.INV.2T(A2,B2)”，按 Enter 键确认输入，即可计算出 t 分布的 t 值，如图 5-89 所示。

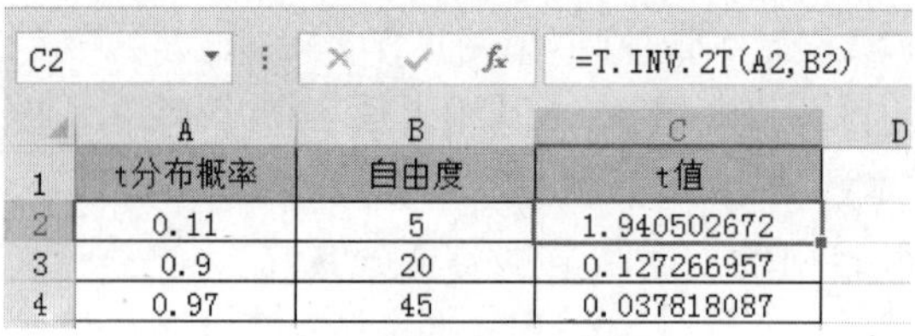

C2 =T.INV.2T(A2,B2)

	A	B	C
1	t分布概率	自由度	t值
2	0.11	5	1.940502672
3	0.9	20	0.127266957
4	0.97	45	0.037818087

图 5-89　计算 t 值

函数 115　T.INV——返回学生的 t 分布的左尾区间点

【功能说明】：

返回学生的 t 分布的左尾反函数。

【语法格式】：

T.INV(probability,deg_freedom)

【参数说明】：

probability：与学生 t 分布相关的概率。

deg_freedom：代表分布的自由度数。

注意：*该函数与 T.INV.2T 函数用法相似，这里就不再赘述。*

函数 116　T.TEST——返回与学生 t 检验相关的概率

【功能说明】：

返回与学生 t 检验相关的概率。可以使用函数 T.TEST 判断两个样本是否可能来自两个具有相同平均值的相同基础样本总体。

【语法格式】：

T.TEST(array1,array2,tails,type)

【参数说明】：

array1：第一个数据集。

array2：第二个数据集。

tails：指示分布曲线的尾数。如果 tails = 1，函数 t.test 使用单尾分布。如果 tails = 2，函数 t.test 使用双尾分布。

type：要执行的 t 检验的类型。

参数：

如果 **type** 等于	检 验 方 法
1	成对
2	等方差双样本检验
3	异方差双样本检验

【实例】已知两组数据，分布曲线为双尾数，检验类型是成对，计算学生的 t 检验的概率。

【实现方法】：

选中 B11 单元格，在编辑栏中输入公式“=T.TEST(A2:A10,B2:B10,2,1)”，按 Enter 键确认输入，即可计算出学生的 t 检验的概率，如图 5-90 所示。

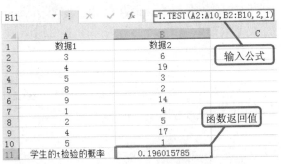

图 5-90 T.TEST 函数的应用

函数 117 TREND——计算一条线性回归拟合线的值

【功能说明】：

返回一条线性回归拟合线的值，即找到适合已知数组 known_y's 和 known_x's 的直线（用最小二乘法），并返回指定数组 new_x's 在直线上对应的 y 值。

【语法格式】：

TREND(known_y's, [known_x's], [new_x's], [const])

【参数说明】：

known_y's：关系表达式 y = mx + b 中已知的 y 值集合。

known_x's：关系表达式 y = mx + b 中已知的可选 x 值集合。

new_x's：需要函数 trend 返回对应 y 值的新 x 值。

const：一逻辑值，用于指定是否将常量 b 强制设为 0。

【实例】假设某公司在某年的一季度销售数据如下，那么计算其二季度的销售目标。

【实现方法】：

选中 E2:G2 单元格区域，在编辑栏中输入公式"=TREND(B2:D2,B1:D1,E1:G1)"，按 Ctrl+Shift+Enter 组合键确认输入，即可计算出两个数组之间的偏斜度，如图 5-91 所示。

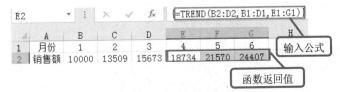

图 5-91 TREND 函数的应用

函数 118 TRIMMEAN——返回数据集的内部平均值

【功能说明】：

返回数据集的内部平均值。函数 TRIMMEAN 先从数据集的头部和尾部除去一定百分比的数据点，然后求平均值。当希望在分析中剔除一部分数据的计算时，可以使用此函数。

【语法格式】：

TRIMMEAN(array, percent)

【参数说明】：

array：需要进行整理并求平均值的数组或数值区域。

percent：计算时所要除去的数据点的比例，例如，如果 percent = 0.2，在 20 个数据点的集合中，就要除去 4 个数据点 (20 x 0.2)：头部除去 2 个，尾部除去 2 个。

【实例】计算销售统计表中数据的内部平均值。

【实现方法】：

选中 G12 单元格，在编辑栏中输入公式“=TRIMMEAN(B3:G11,0.1)”，按 Enter 键确认输入，即可计算出销售数据的内部平均值，如图 5-92 所示。

G12 =TRIMMEAN(B3:G11,0.1)

	A	B	C	D	E	F	G
1	数码相机销售情况统计表						
2	月份	崇安区	北塘区	滨湖区	惠山区	惠山区	锡山区
3	1月	1030	1020	1300	980	750	1100
4	2月	1850	1300	1200	1023	671	1374
5	3月	1500	980	1730	1254	1450	1200
6	4月	1980	870	1678	998	1350	740
7	5月	1870	690	1456	1500	780	1050
8	6月	1860	1030	1699	1940	1280	1620
9	7月	1880	1000	1487	699	821	880
10	8月	1970	1300	1030	620	970	1050
11	9月	1030	1020	1000	970	1020	1230
12	销售数据的内部平均值						1216.78

图 5-92 计算数据的内部平均值

函数 119 VAR.P——计算基于整个样本总体的方差

【功能说明】：

计算基于整个样本总体的方差（忽略样本总体中的逻辑值和文本）。

【语法格式】：

VAR.P(number1,[number2],…])

【参数说明】：

number1：对应于样本总体的第一个数值参数。

number2,…：对应于样本总体的 2～254 个数值参数。

【实例】计算销售统计表中数据的总体方差。

【实现方法】：

选中 G12 单元格，在编辑栏中输入公式“=VAR.P(B3:G11)”，按 Enter 键确认输入，即可计算出销售数据的总体的方差，如图 5-93 所示。

G12 =VAR.P(B3:G11)

	A	B	C	D	E	F	G
1	数码相机销售情况统计表						
2	月份	崇安区	北塘区	滨湖区	惠山区	惠山区	锡山区
3	1月	1330	1020	1300	1279	1346	1100
4	2月	1208	1300	1200	1023	1553	1374
5	3月	1500	1265	1303	1254	1450	1200
6	4月	1500	1372	1158	1450	1350	1140
7	5月	1268	1311	1456	1500	780	1050
8	6月	1403	1030	1699	1940	1280	1620
9	7月	1300	1000	1487	1230	821	1244
10	8月	1302	1300	1030	1158	970	1050
11	9月	1030	1020	1000	1297	1020	1230
12	销售数据总体方差						45866.0964

图 5-93 求样本总体的方差

函数 120　VAR.S——估算基于样本的方差（忽略样本中的逻辑值和文本）

【功能说明】：

估算基于样本的方差（忽略样本中的逻辑值和文本）。

【语法格式】：

VAR.S(number1,[number2],…])

【参数说明】：

number1：对应于总体样本的第一个数值参数。

number2,…：对应于总体样本的 2～254 个数值参数。

【实例】 如果某次补考只有 5 名学生参加，成绩为 A1=88、A2=55、A3=90、A4=72、A5=85，用 VAR.P 函数估算成绩方差，则公式 "=VAR.S(A1:A5)" 返回 214.5。

注意：与 VAR.P 函数用法相似，不再做具体介绍。

函数 121　VARA——计算基于给定样本的方差

【功能说明】：

计算基于给定样本的方差。它与 VAR 函数的区别是文本值和逻辑值（TRUE 或 FALSE）也将参与计算。

【语法格式】：

VARA(value1, [value2],…)

【参数说明】：

value1,value2,…：value1 是必需的，后续值是可选的，这些是对应于总体样本的 1～255 个数值参数。

注意：与 VAR.P 函数用法相似，不再具体介绍。

函数 122　VARPA——计算基于整个样本总体的方差

【功能说明】：

计算基于整个样本总体的方差。它与 VARP 函数的区别是文本值和逻辑值（TRUE 或 FALSE）也将参与计算。

【语法格式】：

VARPA(value1, [value2],…)

【参数说明】：

value1, value2,…：value1 是必需的，后续值是可选的，这些是对应于样本总体的 1～255 个数值参数。

注意：与 VAR.P 函数用法相似，不再具体介绍。

函数 123　VARP——计算基于整个样本总体的方差

【功能说明】：

计算基于整个样本总体的方差。

【语法格式】：

VARP(number1,[number2],…])

【参数说明】：

number1：对应于样本总体的第一个数值参数。

number2,…：对应于样本总体的 2～255 个数值参数。

注意：此函数已被 VAR.P 函数取代。

函数 124 VAR——计算基于给定样本的方差

【功能说明】：

计算基于给定样本的方差。

【语法格式】：

VAR(number1,[number2],…])

【参数说明】：

number1：对应于总体样本的第一个数值参数。

number2,…：对应于总体样本的 2～255 个数值参数。

注意：此函数已被 VAR.S 函数取代。

函数 125 WEIBULL.DIST——返回韦伯分布

【功能说明】：

返回韦伯分布。使用此函数可以进行可靠性分析，如计算设备的平均故障时间。

【语法格式】：

WEIBULL.DIST(x,alpha,beta,cumulative)

【参数说明】：

x：用来进行函数计算的数值。

alpha：分布参数。

beta：分布参数。

cumulative：确定函数的形式。

【实例】根据指定的数值和分布参数，求韦伯分布。

【实现方法】：

（1）选中 D2 单元格，在编辑栏中输入公式"=WEIBULL.DIST(A2,B2,C2,TRUE)"，按 Enter 键确认输入，即可计算出韦伯累积分布函数值，如图 5-94 所示。

D2			fx	=WEIBULL.DIST(A2, B2, C2, TRUE)	
	A	B	C	D	E
1	数值	Alpha分布参数	Beta分布参数	韦伯累积分布函数值	韦伯概率密度函数值
2	3	1	9	0.283468689	
3	5	6	12	0.005219114	
4	9	5	14	0.103979891	
5	15	11	15	0.632120559	
6	4	2	9	0.179245192	
7	7	6	9	0.19858579	

图 5-94 计算韦伯累积分布函数值

（2）选中 E2 单元格，在编辑栏中输入公式"=WEIBULL.DIST(A2,B2,C2,FALSE)"，按 Enter 键确认输入，即可计算出韦伯概率密度函数值，如图 5-95 所示。

图 5-95　计算韦伯概率密度函数值

函数 126　Z.TEST——返回 z 检验的单尾 P 值

【功能说明】：

返回 z 检验的单尾 P 值。对于给定的假设总体平均值 x，Z.TEST 返回样本平均值大于数据集（数组）中观察平均值的概率，即观察样本平均值。

【语法格式】：

Z.TEST(array,x,[sigma])

【参数说明】：

array：用来检验 x 的数组或数据区域。

x：待检验的数值。

sigma：样本总体（已知）的标准偏差，如果省略，则使用样本标准偏差。

【实例】计算产品价格高于平均值概率。

【实现方法】：

选中 H4 单元格，在编辑栏中输入公式"=Z.TEST(A2:E11,H2,H3)"，按 Enter 键确认输入，即可计算出数据集中的数据高于平均值的概率，如图 5-96 所示。

图 5-96　求高于样本平均值概率

第6章 查找与引用函数解析与实例应用

当需要在数据清单或表格中查找特定数值，或者需要查找某一单元格的引用时，可以使用查询和引用函数。例如，如果需要在表格中查找与第一列中的值相匹配的数值，可以使用 VLOOKUP 函数。如果需要确定数据清单中数值的位置，可以使用 MATCH 函数。本章介绍这类函数的应用。

函数 1 ADDRESS——创建一个以文本方式对工作簿中某一单元格的引用

【功能说明】：

在给出指定行数和列数的情况下，可以使用 ADDRESS 函数获取工作表单元格的地址。例如，ADDRESS(2,3) 返回 $C$2。在另一个示例中，ADDRESS(77,300) 返回 $KN$77。可以使用其他函数（如 ROW 和 COLUMN 函数）为 ADDRESS 函数提供行号和列标参数。

【语法格式】：

ADDRESS(row_num, column_num, [abs_num], [a1], [sheet_text])

【参数说明】：

row_num：一个数值，指定要在单元格引用中使用的行号。

column_num：一个数值，指定要在单元格引用中使用的列标。

abs_num：一个数值，指定要返回的引用类型。为 1 或省略，返回类型绝对单元格引用；为 2，返回类型绝对行号，相对列标；为 3，返回类型相对行号，绝对列标；为 4，返回类型相对单元格引用。

a1：一个逻辑值，指定 A1 或 R1C1 引用样式。在 A1 样式中，列和行将分别按字母和数字顺序添加标签。在 R1C1 引用样式中，列和行均按数字顺序添加标签。如果参数 A1 为 TRUE 或被省略，则 ADDRESS 函数返回 A1 样式引用；如果为 FALSE，则 ADDRESS 函数返回 R1C1 样式引用。

sheet_text：一个文本值，指定要用作外部引用的工作表的名称。例如，公式 =ADDRESS(1,1,,,"Sheet2") 返回 Sheet2!$A$1。如果忽略参数 sheet_text，则不使用任何工作表名称，并且该函数所返回的地址引用当前工作表上的单元格。

【实例】 根据返回条件，返回指定单元格的地址。

【实现方法】：

（1）选中 B2 单元格，在编辑栏中输入公式"=ADDRESS(3,4)"，按 Enter 键确认输入，即可以绝对引用的方式返回 C3 单元格的地址，如图 6-1 所示。

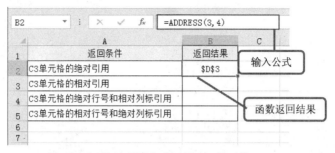

图 6-1　以绝对引用方式返回 D3 单元格

（2）在 B3、B4 和 B5 单元格中，分别输入公式"=ADDRESS(3,4,4)"、"=ADDRESS(3,4,2)"和"=ADDRESS(3,4,3)"，按 Enter 键确认输入，即可根据公式返回对应结果，如图 6-2 所示。

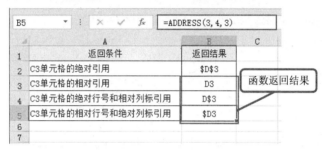

图 6-2　ADDRESS 函数的应用

函数 2　AREAS——返回引用中涉及的区域个数

【功能说明】：

返回引用中包含的区域个数。区域表示连续的单元格区域或某个单元格。

【语法格式】：

AREAS(reference)

【参数说明】：

reference：对某个单元格或单元格区域的引用，也可以引用多个区域。如果需要将几个引用指定为一个参数，则必须用括号括起来，以免 Microsoft Excel 将逗号视为字段分隔符。

【实例】某公司将各个销售部门的销售量统计在不同的单元格区域内，现在需要统计公司所有的区域总数。

【实现方法】：

选中 C2 单元格，在编辑栏中输入公式"=AREAS((A5:C11,E5:G11))"，按 Enter 键确认输入，即可计算出区域的总数，如图 6-3 所示。

函数 3　CHOOSE——返回指定数值参数列表中的数值

【功能说明】：

使用 index_num 返回数值参数列表中的数值。使用 CHOOSE 可以根据索引号从最

图 6-3　返回区域的个数

多 254 个数值中选择一个。例如，如果 value1～value7 表示一周的 7 天，当将 1～7 之间的数字用作 index_num 时，则 CHOOSE 返回其中的某一天。

【语法格式】：

CHOOSE(index_num, value1, [value2], …)

【参数说明】：

index_num：指定所选定的值参数。index_num 必须为 1～254 之间的数字，或者为公式或对包含 1～254 之间某个数字的单元格的引用。

value1, value2, …：value1 是必需的，后续值是可选的，这些值参数的个数介于 1～254 之间，函数 CHOOSE 基于 index_num 从这些值参数中选择一个数值或一项要执行的操作。参数可以为数字、单元格引用、已定义名称、公式、函数或文本。

【实例】在学生考试成绩表中，计算出各门课程的总分数。

【实现方法】：

（1）选中 B14 单元格，然后在编辑栏中输入公式 "=SUM(CHOOSE(1,B2:B12,C2:C12, D2:D12))"，按 Enter 键确认输入，即可计算出语文课程的总分数，如图 6-4 所示。

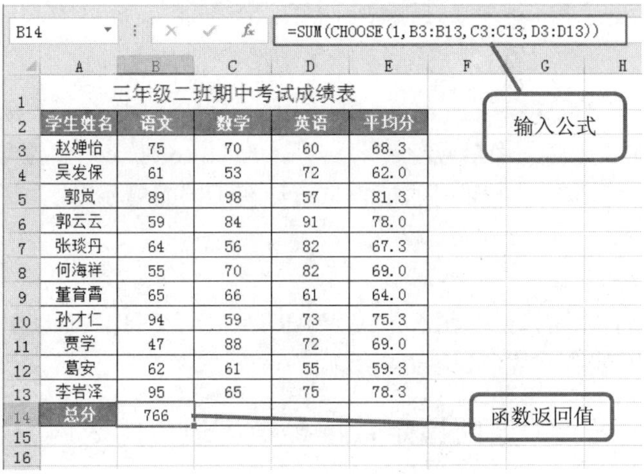

图 6-4　计算语文课程的总分数

（2）在 C2 和 D2 单元格中，分别在编辑栏中输入公式 "=SUM(CHOOSE(2,B2:B12,

C2:C12,D2: D12))”和“=SUM(CHOOSE(3,B2:B12,C2:C12,D2:D12))”，按 Enter 键确认输入，即可计算数学和英语这两门课程的总分数，如图 6-5 所示。

	A	B	C	D	E
1	三年级二班期中考试成绩表				
2	学生姓名	语文	数学	英语	平均分
3	赵婵怡	75	70	60	68.3
4	吴发保	61	53	72	62.0
5	郭岚	89	98	57	81.3
6	郭云云	59	84	91	78.0
7	张琰丹	64	56	82	67.3
8	何海祥	55	70	82	69.0
9	董育霄	65	66	61	64.0
10	孙才仁	94	59	73	75.3
11	贾学	47	88	72	69.0
12	葛安	62	61	55	59.3
13	李岩泽	95	65	75	78.3
14	总分	766	770	780	

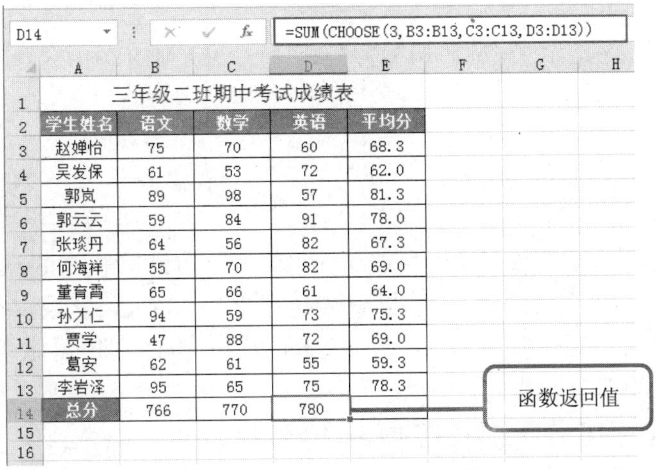

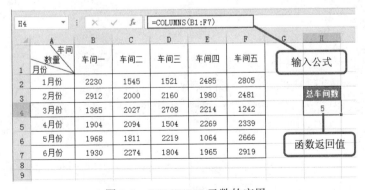

图 6-5　计算其他门课程的总分数

本案例公式“=SUM(CHOOSE(1,B2:B12,C2:C12,D2:D12))”与公式“=SUM(B2:D2)”等价（因为 CHOOSE(1,B2:B12,C2:C12,D2:D12)返回 B2:B12）。

函数 4　COLUMNS——返回数组或引用的列数

【功能说明】:

返回数组或引用的列数。

【语法格式】:

COLUMNS(array)

【参数说明】:

array：需要得到其列数的数组、数组公式或对单元格区域的引用。

【实例】某工厂统计了各车间上半年的生产数量，现在需要统计车间总数。

【实现方法】:

选中 H4 单元格，在编辑栏中输入公式“=COLUMNS(B1:F7)”，按 Enter 键确认输入，即可计算出车间的总数，如图 6-6 所示。

	A	B	C	D	E	F
1	车间 数量 月份	车间一	车间二	车间三	车间四	车间五
2	1月份	2230	1545	1521	2485	2805
3	2月份	2912	2000	2160	1980	2481
4	3月份	1365	2027	2708	2214	1242
5	4月份	1904	2094	1504	2269	2339
6	5月份	1968	1811	2219	1064	2666
7	6月份	1930	2274	1804	1965	2919

图 6-6　COLUMNS 函数的应用

函数 5   COLUMN——返回引用的列标

【功能说明】：

返回指定单元格引用的列标。例如，公式"=COLUMN(D10)"返回 4，因为列 D10 在第四列。

【语法格式】：

COLUMN([reference])

【参数说明】：

reference：要返回其列标的单元格或单元格区域。如果省略 reference，则假定为是对函数 COLUMN 所在单元格的引用。如果 reference 为一个单元格区域，并且函数 COLUMN 作为水平数组输入，则函数 COLUMN 将 reference 中的列标以水平数组的形式返回 Reference 不能引用多个区域。

【实例】 根据一级编号建立有规律的三级序列编号。

【实现方法】：

（1）选中 B2 单元格，在编辑栏中输入公式"=$A2&"-"&(COLUMN()-1)"，按 Enter 键确认输入，即可根据"1"一级序列编号返回"1-1"二级序列编号。

（2）再次选中 B2 单元格，将光标移动到该单元格的右下角，当光标变成黑色十字形状时，按住鼠标左键向右拖动进行公式填充，即可自动返回有规律的二级序列编号，如图 6-7 所示。

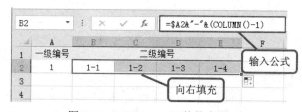

图 6-7   COLUMNS 函数的应用

函数 6   FORMULATEXT——作为字符串返回单元格中的公式

【功能说明】：

以字符串的形式返回公式。

【语法格式】：

FORMULATEXT(reference)

【参数说明】：

reference：对单元格或单元格区域的引用。

【实例】 某公司统计了各个员工第一季度的销售数量，现在需要计算出该公司第一季度的总销售量，并显示出其计算公式。

【实现方法】：

（1）选中 H4 单元格，在编辑栏中输入公式"=SUM(B2:D9)"，按 Enter 键确认输入，即可计算出该公司第一季的销售总量，如图 6-8 所示。

图 6-8　计算销售总量

（2）选中 H6 单元格，在编辑栏中输入公式"=FORMULATEXT(H4)"，按 Enter 键确认输入，即可在 H6 单元格中返回 H4 单元格的公式内容（即显示出计算销售总量的公式），如图 6-9 所示。

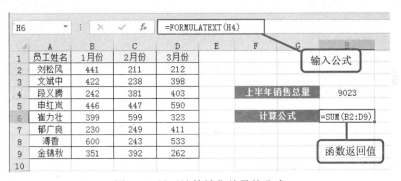

图 6-9　显示计算销售总量的公式

函数 7　GETPIVOTDATA——提取存储在数据透视表中的数据

【功能说明】：

返回存储在数据透视表中的数据。如果报表中的汇总数据可见，则可以使用函数 GETPIVOTDATA 从数据透视表中检索汇总数据。

【语法格式】：

GETPIVOTDATA(data_field, pivot_table, [field1, item1, field2, item2], ⋯)

【参数说明】：

data_field：包含要检索的数据的数据字段的名称，用引号引起来。

pivot_table：在数据透视表中对任何单元格、单元格区域或命名的单元格区域的引用。此信息用于决定哪个数据透视表包含要检索的数据。

field1, item1, field2, item2：1～126 对用于描述要检索的数据的字段名和项名称，可以按任何顺序排列。字段名和项名称用引号引起来。对于 OLAP 数据透视表，项可以包含维的源名称及项的源名称。

【实例】从数据透视表中检索出指定班级的语文总成绩。

【实现方法】：

（1）根据学生考试成绩表，制作出数据透视表，并设置好检索条件。

（2）选中 B23 单元格，在编辑栏中输入公式"=GETPIVOTDATA("语文",B10,A22, A23)"，按 Enter 键确认输入，即可从数据透视表中检索出班级为"一（1）班"的语文总成绩为 225，如图 6-10 所示。

图 6-10　GETPIVOTDATA 函数的应用

函数 8　HLOOKUP——在数据表的首行查找指定的数值，并在数据表中指定行的同一列中返回一个数值

【功能说明】：

在表格或数值数组的首行查找指定的数值，并在表格或数组中指定行的同一列中返回一个数值。当比较值位于数据表的首行，并且要查找下面给定行中的数据时，请使用函数 HLOOKUP。HLOOKUP 中的 H 代表"行"。

【语法格式】：

HLOOKUP(lookup_value, table_array, row_index_num, [range_lookup])

【参数说明】：

lookup_value：需要在表的第一行中进行查找的数值。lookup_value 可以为数值、引用或文本字符串。

table_array：需要在其中查找数据的信息表。使用对区域或区域名称的引用。

row_index_num：table_array 中待返回的匹配值的行序号。row_index_num 为 1 时，返回 table_array 第一行的数值，row_index_num 为 2 时，返回 table_array 第二行的数值，以此类推。

range_lookup：一逻辑值，指明函数 HLOOKUP 查找时是精确匹配，还是近似匹配。如果为 TRUE 或省略，则返回近似匹配值。如果 Range_lookup 为 FALSE，函数 HLOOKUP 将查找精确匹配值。

【实例】在员工销售统计表中，根据总销售金额自动返回每位员工的销售提成率。

【实现方法】：

（1）选中 E2 单元格，在编辑栏中输入公式“=HLOOKUP(D2,$B$13:$D$15,3)”，按 Enter 键确认输入，即可返回员工“赵河腾”的销售业绩提成率，然后单击“开始”选项卡下“数字”选项组中的“百分比样式”按钮，将其单元格格式设置为“百分比”格式，如图 6-11 所示。

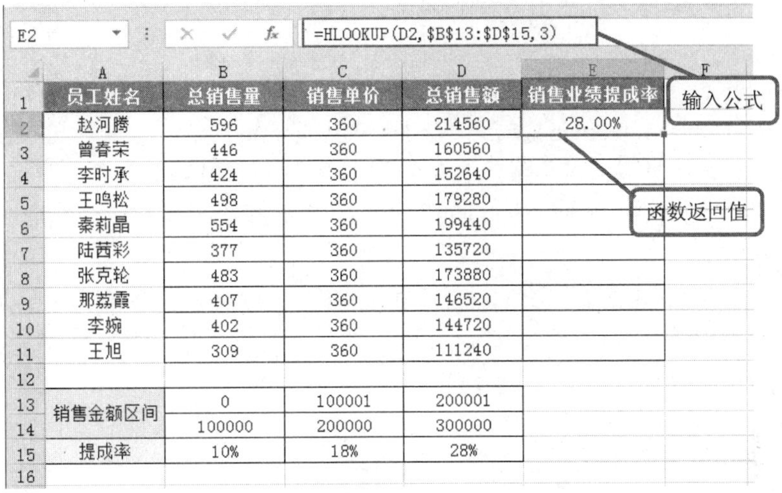

	A	B	C	D	E	F
1	员工姓名	总销售量	销售单价	总销售额	销售业绩提成率	
2	赵河腾	596	360	214560	28.00%	
3	曾春荣	446	360	160560		
4	李时承	424	360	152640		
5	王鸣松	498	360	179280		
6	秦莉晶	554	360	199440		
7	陆茜彩	377	360	135720		
8	张克轮	483	360	173880		
9	那荔霞	407	360	146520		
10	李婉	402	360	144720		
11	王旭	309	360	111240		
12						
13	销售金额区间	0	100001	200001		
14		100000	200000	300000		
15	提成率	10%	18%	28%		
16						

图 6-11 计算第一名员工的销售业绩提成率

（2）再次选中 E2 单元格，将光标移动到该单元格的右下角，当光标变成黑色十字形状时双击，向下填充公式，即可返回其他员工的销售业绩提成率，如图 6-12 所示。

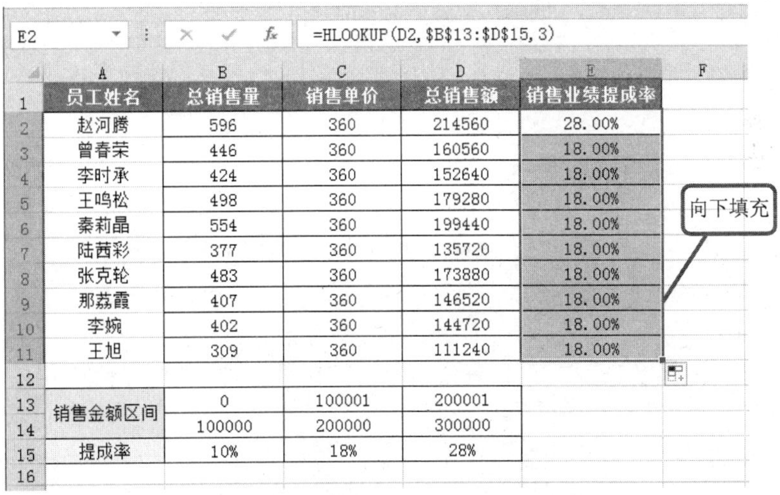

	A	B	C	D	E	F
1	员工姓名	总销售量	销售单价	总销售额	销售业绩提成率	
2	赵河腾	596	360	214560	28.00%	
3	曾春荣	446	360	160560	18.00%	
4	李时承	424	360	152640	18.00%	
5	王鸣松	498	360	179280	18.00%	
6	秦莉晶	554	360	199440	18.00%	
7	陆茜彩	377	360	135720	18.00%	
8	张克轮	483	360	173880	18.00%	
9	那荔霞	407	360	146520	18.00%	
10	李婉	402	360	144720	18.00%	
11	王旭	309	360	111240	18.00%	
12						
13	销售金额区间	0	100001	200001		
14		100000	200000	300000		
15	提成率	10%	18%	28%		
16						

图 6-12 计算其他员工的销售业绩提成率

函数 9 HYPERLINK——创建一个快捷方式，打开存储在网络服务器、Intranet 或 Internet 中的文件

【功能说明】：

创建快捷方式或跳转，用以打开存储在网络服务器、Intranet 或 Internet 中的文档。当

单击 HYPERLINK 函数所在的单元格时，Excel 将打开存储在 link_location 中的文件。

【语法格式】：

HYPERLINK(link_location, [friendly_name])

【参数说明】：

link_location：要打开的文档的路径和文件名。link_location 可以指向文档中的某个位置，link_location 可以为括在引号中的文本字符串，也可以是对包含文本字符串链接的单元格的引用。

friendly_name：单元格中显示的跳转文本或数字值。friendly_name 显示为蓝色并带有下划线。如果省略 friendly_name，单元格会将 link_location 显示为跳转文本。friendly_name 可以为数值、文本字符串、名称或包含跳转文本或数值的单元格。

【实例】 在员工信息管理表格中，创建员工的 E-mail 电子邮件连接地址。

【实现方法】：

（1）选中 E3 单元格，在编辑栏中输入公式"=HYPERLINK("mailto:zhangyf@126.com", "发送 E-mail")"，按 Enter 键确认输入，即可为员工"张芳艺"创建"发送 E-mail"超链接，如图 6-13 所示。

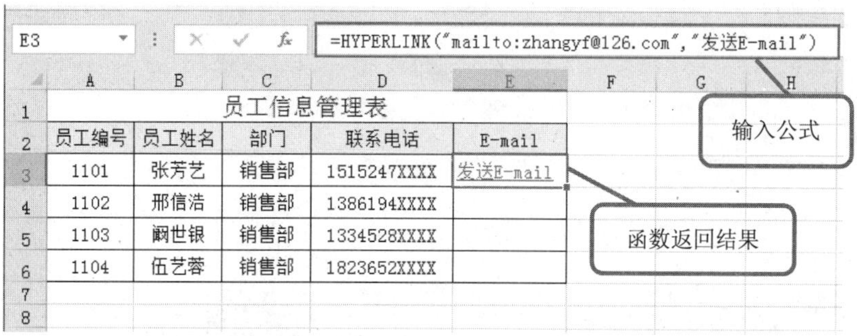

图 6-13　创建第一名员工的邮件地址超链接

（2）在 E4、E5 和 E6 单元格中，分别输入公式"=HYPERLINK("mailto:xingxh@126.com", "发送 E-mail")"、"=HYPERLINK("mailto:kansy@126.com","发送 E-mail")"和"=HYPERLINK ("mailto:wuyr@126.com","发送 E-mail")"，按 Enter 键确认输入，即可为其他员工创建"发送 E-mail"超链接，如图 6-14 所示。

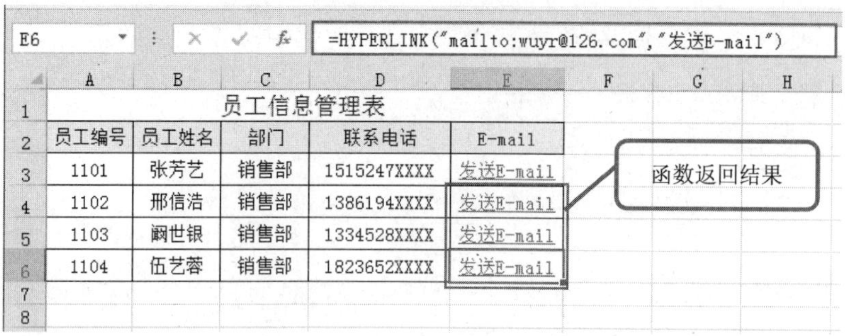

图 6-14　创建其他员工的邮件地址超链接

函数 10　INDEX——返回指定单元格或单元格数组的值（数组形式）

【功能说明】：

返回表格或数组中的元素值，此元素由行号和列标的索引值给定。当函数 INDEX 的第一个参数为数组常量时，使用数组形式。

【语法格式】：

INDEX(array, row_num, [column_num])

【参数说明】：

array：单元格区域或数组常量。

row_num：选择数组中的某行，函数从该行返回数值。如果省略 row_num，则必须有 column_num。

column_num：选择数组中的某列，函数从该列返回数值。如果省略 column_num，则必须有 row_num。

【实例】在配件报价统计报表中，查找指定配件的进货价和销售价。

【实现方法】：

（1）选中 F5 单元格，在编辑栏中输入公式"=INDEX(A3:C10,3,2)"，按 Enter 键确认输入，即可查找到配件"防雾灯"的进价，如图 6-15 所示。

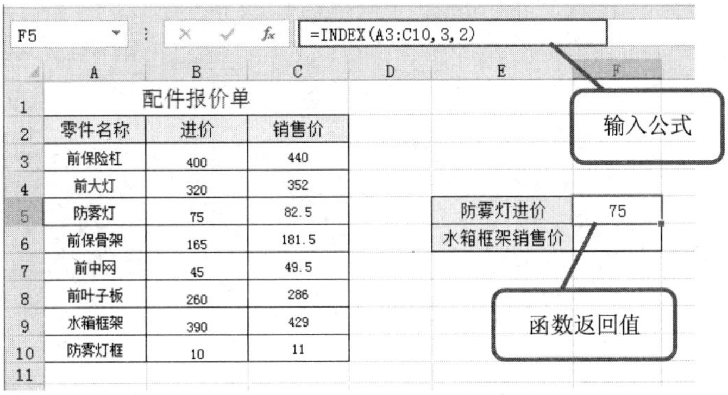

图 6-15　查找配件进价

（1）选中 F6 单元格，在编辑栏中输入公式"=INDEX(A3:C10,7,3)"，按 Enter 键确认输入，即可查找到配件"水箱框架"的销售价，如图 6-16 所示。

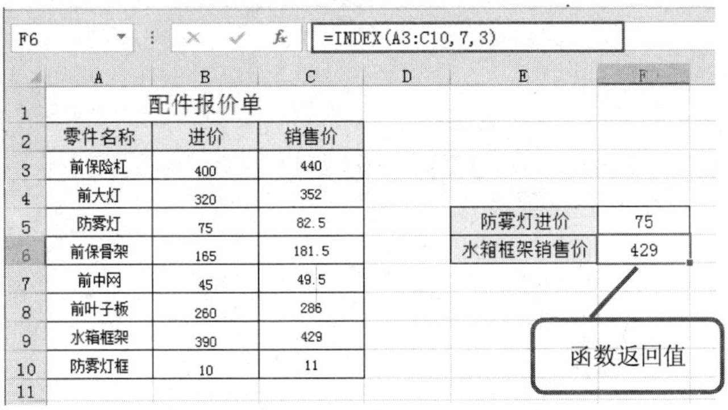

图 6-16　查找配件销售价

函数 11   INDEX——返回指定行与列交叉处的单元格引用（引用形式）

【功能说明】：

返回指定的行与列交叉处的单元格引用。如果引用由不连续的选定区域组成，可以选择某一选定区域。

【语法格式】：

INDEX(reference, row_num, [column_num], [area_num])

【参数说明】：

reference：对一个或多个单元格区域的引用。

row_num：引用中某行的行号，函数从该行返回一个引用。

column_num：引用中某列的列标，函数从该列返回一个引用。

area_num：选择引用中的一个区域，以从中返回 row_num 和 column_num 的交叉区域。选中或输入的第一个区域序号为 1，第二个为 2，依此类推。如果省略 area_num，则函数 INDEX 使用区域 1。

【实例】 在货品销售统计表中，查找货品的进货数量和销售数量。

【实现方法】：

（1）选中 B11 单元格，在编辑栏中输入公式"=INDEX((A2:C9,A2:E9),1,3,1)"，按 Enter 键确认输入，即可查找到鼠标的进货数量，如图 6-17 所示。

（2）选中 B12 单元格，在编辑栏中输入公式"=INDEX((A2:C9,A2:E9),7,5,2)"，按 Enter 键确认输入，即可查找到扫描仪的销售数量，如图 6-18 所示。

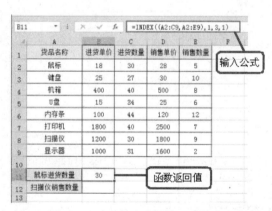

图 6-17   查找指定货品的进货数量

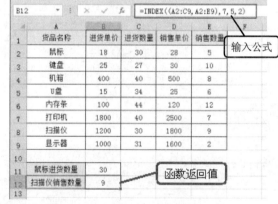

图 6-18   查找指定货品的销售数量

函数 12   INDIRECT——返回由文本字符串指定的引用

【功能说明】：

返回由文本字符串指定的引用，此函数立即对引用进行计算，并显示其内容。如果需要更改公式中对单元格的引用，而不更改公式本身，请使用函数 INDIRECT。

【语法格式】：

INDIRECT(ref_text, [a1])

【参数说明】：

ref_text：对单元格的引用，此单元格包含 A1 样式的引用、R1C1 样式的引用、定义为引用的名称或对作为文本字符串的单元格的引用。如果 ref_text 是对另一个工作簿的引用（外部引用），则那个工作簿必须被打开。

a1：一个逻辑值，用于指定包含在单元格 ref_text 中的引用的类型。如果 a1 为 TRUE或省略，ref_text 被解释为 a1-样式的引用；如果 a1 为 FALSE，则将 ref_text 解释为 R1C1样式的引用。

【实例】 在城市电话区号对照表中，根据其中单元格区域来查询电话区号。

【实现方法】：

选中 E6 单元格，在编辑栏中输入公式 "=INDIRECT("B7")"，按 Enter 键确认输入，即可在 E6 单元格中直接引用 B7 单元格中的数据，如图 6-19 所示。

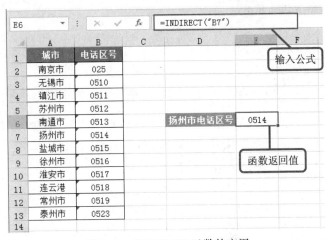

图 6-19　INDIRECT 函数的应用

函数 13　LOOKUP——从单行或单列数组中查找一个值，条件是向后兼容性

【功能说明】：

LOOKUP 函数可从单行或单列区域或者从一个数组返回值。LOOKUP 函数具有两种语法形式：向量形式和数组形式。

1. 向量形式

向量是只含一行或一列的区域。LOOKUP 的向量形式在单行区域或单列区域（称为"向量"）查找值，然后返回第二个单行区域或单列区域中相同位置的值。当要指定包含要匹配的值的区域时，请使用 LOOKUP 函数的这种形式。LOOKUP 函数的另一种形式自动在第一行或第一列中查找。

【语法格式】：

LOOKUP(lookup_value, lookup_vector, [result_vector])

【参数说明】：

lookup_value：LOOKUP 在第一个向量中搜索的值。lookup_value 可以是数字、文本、逻辑值、名称或对值的引用。

lookup_vector：只包含一行或一列的区域。lookup_vector 中的值可以是文本、数字或逻辑值。

result_vector：只包含一行或一列的区域。result_vector 参数必须与 lookup_vector 大小相同。

2. 数组形式

LOOKUP 的数组形式在数组的第一行或第一列中查找指定的值，并返回数组最后一行或最后一列内同一位置的值。当要匹配的值位于数组的第一行或第一列中时，请使用 LOOKUP 的这种形式。当要指定列或行的位置时，请使用 LOOKUP 的另一种形式。

【语法格式】：

LOOKUP(lookup_value, array)

【参数说明】：

lookup_value：LOOKUP 在数组中搜索的值。lookup_value 参数可以是数字、文本、逻辑值、名称或对值的引用。

array：包含要与 lookup_value 进行比较的文本、数字或逻辑值的单元格区域。

注意：LOOKUP 的数组形式与 HLOOKUP 和 VLOOKUP 函数非常相似。区别在于：HLOOKUP 在第一行中搜索 lookup_value 的值，VLOOKUP 在第一列中搜索，而 LOOKUP 根据数组维度进行搜索。

【实例】在列 A 中查找频率 4.19，然后返回列 B 中同一行内的值（橙色）。

【实现方法】：

选中 B7 单元格，在编辑栏中输入公式"=LOOKUP(4.19,A2:A6,B2:B6)"，按 Enter 键确认输入，即可找出频率为 4.19 所对应的颜色，如图 6-20 所示。

图 6-20　LOOKUP 函数的应用

函数 14　MATCH——返回符合特定值特定顺序的项在数组中的相对位置

【功能说明】：

MATCH 函数可在单元格区域中搜索指定项，然后返回该项在单元格区域中的相对位置。

如果需要获得单元格区域中某个项目的位置而不是项目本身，则应该使用 MATCH 函数而不是某个 LOOKUP 函数。例如，可以使用 MATCH 函数为 INDEX 函数的

row_num 参数提供值。

【语法格式】：

MATCH(lookup_value, lookup_array, [match_type])

【参数说明】：

lookup_value：需要在 lookup_array 中查找的值。lookup_value 参数可以为值（数字、文本或逻辑值）或对数字、文本或逻辑值的单元格引用。

lookup_array：要搜索的单元格区域。

match_type：数字−1、0 或 1。为 1 或省略，MATCH 函数会查找小于或等于 lookup_value 的最大值。lookup_array 参数中的值必须按升序排列；为 0，MATCH 函数会查找等于 lookup_value 的第一个值。lookup_array 参数中的值可以按任何顺序排列；为 −1，MATCH 函数会查找大于或等于 lookup_value 的最小值。lookup_array 参数中的值必须按降序排列。

【实例 1】在考试成绩统计表中，查找考生"邢信浩"所在的位置。

【实现方法】：

首先在 D4 单元格中，输入要查询的考生姓名，如"邢信浩"，然后在 E4 单元格中输入公式"=MATCH(D4,A1:A7,0)"，按 Enter 键确认输入，即可查询考生"邢信浩"在"考生姓名"数据列中行号，在本例中返回的结果为 3，如图 6-21 所示。

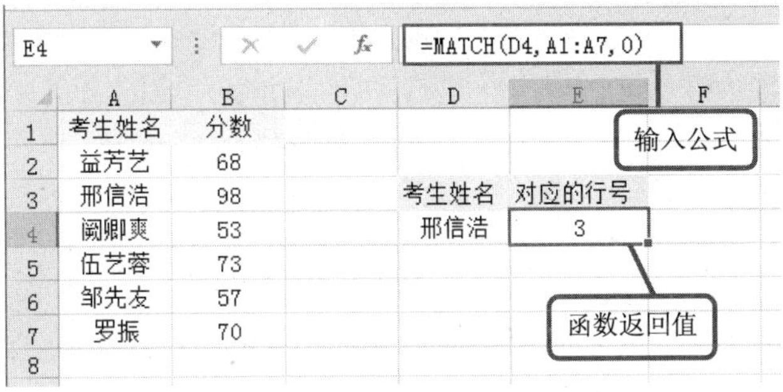

图 6-21　MATCH 函数的应用

【实例 2】在员工销售统计表中，查询员工编号查找员工姓名。

【实现方法】：

选中 H14 单元格，在编辑栏中输入公式"=INDEX(A1:E11,MATCH(G6,A1:A11,0),2)"，按 Enter 键确认输入，即可根据员工编号返回员工姓名，如图 6-22 所示。

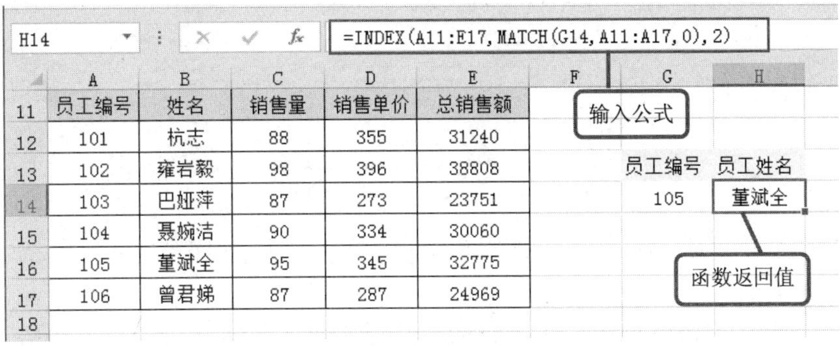

图 6-22　根据员工编号查询员工姓名

函数 15　OFFSET——以指定引用为参照系，通过给定偏移量得到新的引用

【功能说明】：

以指定的引用为参照系，通过给定偏移量得到新的引用。返回的引用可以为一个单元格或单元格区域，并可以指定返回的行数或列数。

【语法格式】：

OFFSET(reference, rows, cols, [height], [width])

【参数说明】：

reference：作为偏移量参照系的引用区域。reference 必须为对单元格或相连单元格区域的引用。

rows：相对于偏移量参照系的左上角单元格，上（下）偏移的行数。如果使用 5 作为参数 rows，则说明目标引用区域的左上角单元格比 reference 低 5 行。行数可为正数（代表在起始引用的下方）或负数（代表在起始引用的上方）。

cols：相对于偏移量参照系的左上角单元格，左（右）偏移的列数。如果使用 5 作为参数 cols，则说明目标引用区域的左上角的单元格比 reference 靠右 5 列。列数可为正数（代表在起始引用的右边）或负数（代表在起始引用的左边）。

height：高度，即所要返回的引用区域的行数。height 必须为正数。

width：宽度，即所要返回的引用区域的列数。width 必须为正数。

如果省略 height 或 width，则假设其高度或宽度与 reference 相同。

【实例】根据员工 1～3 月份的销售量统计表，建立动态的员工每月的销售数据。

【实现方法】：

（1）在 B8 单元格中输入数据显示动态变量，如"2"，然后在 B9 单元格中输入公式"=OFFSET(A1,0,$B$8)"，按 Enter 键确认输入，即可根据动态变量返回对应的标识项"2月销售量"。

（2）将光标移动到 B9 单元格的右下角，当光标变成黑色十字形状时双击，向下填充公式，即可返回每个销售员在 2 月份的销售量，如图 6-23 所示。

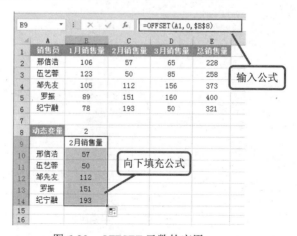

图 6-23　OFFSET 函数的应用

（3）在 B8 单元格中将动态变量改为“3”，按 Enter 键确认输入，即可返回每个销售员在 3 月份的销售量，如图 6-24 所示。

	A	B	C	D	E
1	销售员	1月销售量	2月销售量	3月销售量	总销售量
2	邢信浩	106	57	65	228
3	伍艺蓉	123	50	85	258
4	邹先友	105	112	156	373
5	罗振	89	151	160	400
6	纪宁融	78	193	50	321
7					
8	动态变量	3			
9		3月销售量			
10	邢信浩	65			
11	伍艺蓉	85			
12	邹先友	156			
13	罗振	160			
14	纪宁融	50			
15					

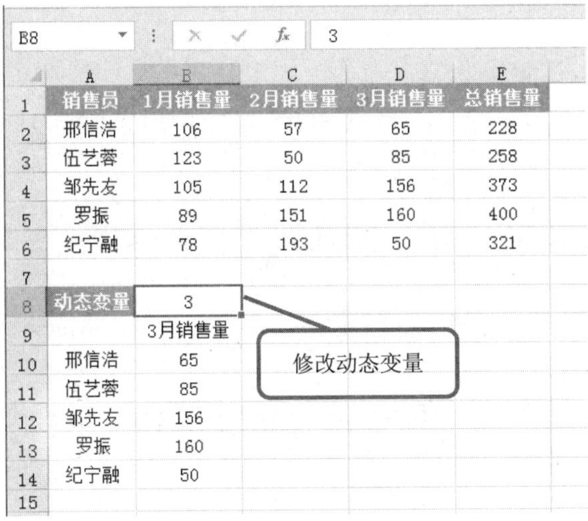

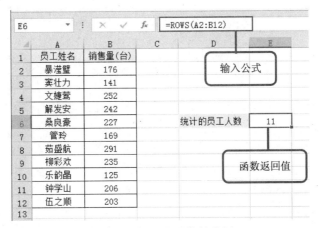

图 6-24　更改动态变量后的显示结果

函数 16　ROWS——返回数组或引用的行数

【功能说明】：

返回引用或数组的行数。

【语法格式】：

ROWS(array)

【参数说明】：

array：需要得到其行数的数组、数组公式或对单元格区域的引用。

【实例】 某公司将每个员工的销售量统计在一列中，现在需要计算已经统计的员工人数。

【实现方法】：

选中 E6 单元格，在编辑栏中输入公式“=ROWS(A2:B12)”，按 Enter 键确认输入，即可计算出员工的人数，如图 6-25 所示。

	A	B	C	D	E
1	员工姓名	销售量(台)			
2	暴滢璧	176			
3	窦壮力	141			
4	文婕莺	252			
5	解发安	242			
6	桑良豪	227		统计的员工人数	11
7	管玲	169			
8	茹盛航	291			
9	柳彩欢	235			
10	乐韵晶	125			
11	钟学山	206			
12	伍之顺	203			
13					

图 6-25　ROWS 函数的应用

函数 17 ROW——返回引用的行号

【功能说明】：

返回引用的行号。

【语法格式】：

ROW([reference])

【参数说明】：

reference：需要得到其行号的单元格或单元格区域。如果省略 reference，则假定是对函数 ROW 所在单元格的引用。

【实例】某公司统计了 1～12 月的销售额，现在需要计算指定销售额所对应的月份。

【实现方法】：

选中 E7 单元格，在编辑栏中输入公式"=ROW(B8)-1"，按 Enter 键确认输入，即可计算出销售额"23 772"元对应的月份，如图 6-26 所示。

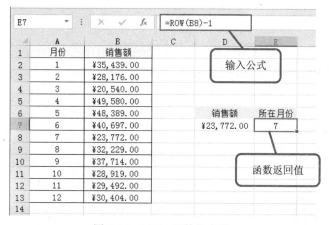

图 6-26 ROW 函数的应用

函数 18 RTD——从支持 COM 自动化的程序中检索实时数据

【功能说明】：

从支持 COM 自动化的程序中检索实时数据。

【语法格式】：

RTD(ProgID, server, topic1, [topic2], …)

【参数说明】：

ProgID：已安装在本地计算机上、经过注册的 COM 自动化加载项的 ProgID 名称，将该名称用引号引起来。

server：运行加载项的服务器的名称。如果没有服务器，程序将在本地计算机上运行，那么该参数为空白。否则，用引号 ("") 将服务器的名称引起来。

topic1, topic2, …：topic1 是必需的，后续主题是可选的。第 1～253 个参数放在一起代表一个唯一的实时数据。

必须在本地计算机上创建并注册 RTD COM 自动化加载宏。如果未安装实时数据服务器，则在试图使用 RTD 函数时将在单元格中出现一则错误消息。

函数 19　TRANSPOSE——转置单元格区域

【功能说明】：

TRANSPOSE 函数可返回转置单元格区域，即将行单元格区域转置成列单元格区域，反之亦然。TRANSPOSE 函数必须在与源单元格区域具有相同行数和列数的单元格区域中作为数组公式分别输入。使用 TRANSPOSE 可以转置数组或工作表上单元格区域的垂直和水平方向。

【语法格式】：

TRANSPOSE(array)

【参数说明】：

array：需要进行转置的数组或工作表上的单元格区域。所谓数组的转置就是将数组的第一行作为新数组的第一列，数组的第二行作为新数组的第二列，以此类推。

【实例】：在考试成绩统计表中，现在需要对原始的统计数据进行行列转置。

【实现方法】：

选中 A9:G12 单元格区域，在编辑栏中输入公式"=TRANSPOSE(A1:D7)"，按 Ctrl+Shift+Enter 组合键确认输入，即可获得行列转置效果，如图 6-27 所示。

图 6-27　TRANSPOSE 函数的应用

函数 20　VLOOKUP——在数据表的首列查找指定的值，并返回数据表当前行中指定列的值

【功能说明】：

您可以使用 VLOOKUP 函数搜索某个单元格区域的第一列，然后返回该区域相同行上任何单元格中的值。

【语法格式】：

VLOOKUP(lookup_value, table_array, col_index_num, [range_lookup])

【参数说明】：

lookup_value：要在表格或区域的第一列中搜索的值。lookup_value 参数可以是值或引用。

table_array：包含数据的单元格区域，可以使用对区域（例如，A2:D8）或区域名称的引用。table_array 第一列中的值是由 lookup_value 搜索的值，这些值可以是文本、数字或逻辑值。文本不区分大小写。

col_index_num：table_array 参数中必须返回的匹配值的列标。col_index_num 参数为 1 时，返回 table_array 第一列中的值；col_index_num 为 2 时，返回 table_array 第二列中的值，依此类推。如果 range_lookup 为 FALSE，则不需要对 table_array 第一列中的值进行排序。如果 range_lookup 参数为 FALSE，VLOOKUP 将只查找精确匹配值。如果 table_array 的第一列中有两个或更多值与 lookup_value 匹配，则使用第一个找到的值。

【实例】在产品销售统计表中，根据产品编号查看其对应的名称与销售额。

【实现方法】：

（1）选中 B9 单元格，在编辑栏中输入公式“=VLOOKUP(A9,A2:E6,2,FALSE)”，按 Enter 键确认输入，即可根据产品编号返回其对应的名称，如图 6-28 所示。

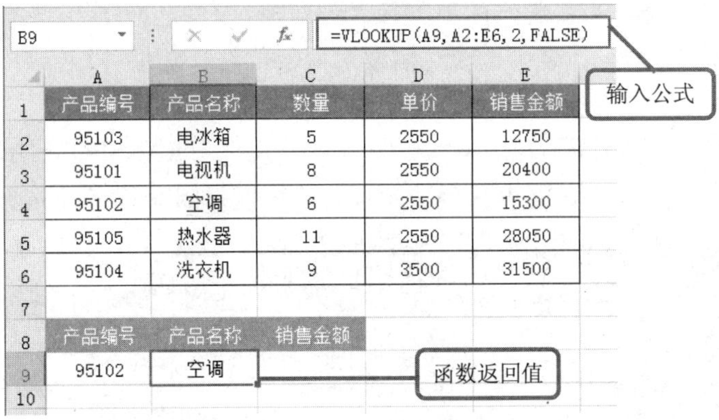

	A	B	C	D	E
1	产品编号	产品名称	数量	单价	销售金额
2	95103	电冰箱	5	2550	12750
3	95101	电视机	8	2550	20400
4	95102	空调	6	2550	15300
5	95105	热水器	11	2550	28050
6	95104	洗衣机	9	3500	31500
7					
8	产品编号	产品名称	销售金额		
9	95102	空调			
10					

图 6-28　VLOOKUP 函数的应用

（2）选中 C9 单元格，在编辑栏中输入公式“=VLOOKUP(A9,A2:E6,5,FALSE)”，按 Enter 键确认输入，即可根据产品编号返回其对应的销售额，如图 6-29 所示。

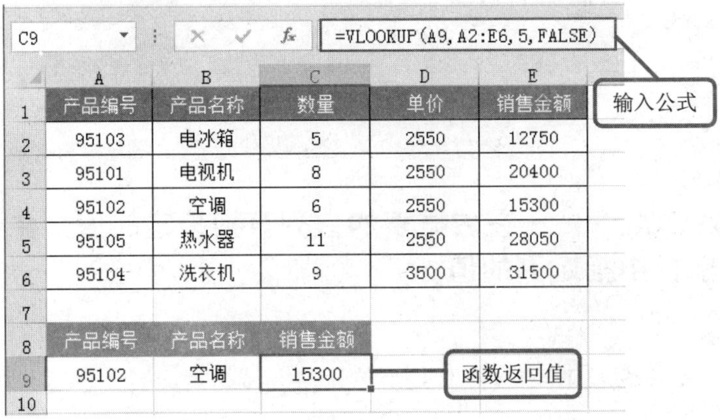

	A	B	C	D	E
1	产品编号	产品名称	数量	单价	销售金额
2	95103	电冰箱	5	2550	12750
3	95101	电视机	8	2550	20400
4	95102	空调	6	2550	15300
5	95105	热水器	11	2550	28050
6	95104	洗衣机	9	3500	31500
7					
8	产品编号	产品名称	销售金额		
9	95102	空调	15300		
10					

图 6-29　VLOOKUP 函数的应用

第 7 章　数据库函数解析与实例应用

当需要分析数据清单中的数值是否符合特定条件时，可以使用数据库函数。Excel 共有 12 个函数用于对存储在数据清单或数据库中的数据进行分析，这些函数的统一名称为 Dfunctions，也称为 D 函数，每个函数均有三个相同的参数：database、field 和 criteria。这些参数指向数据库函数所使用的工作表区域。下面详细介绍这些数据库函数的应用。

函数 1　DAVERAGE——计算满足给定条件的列表或数据库的列中数值的平均值

【功能说明】：

对列表或数据库中满足指定条件的记录字段（列）中的数值求平均值。

【语法格式】：

DAVERAGE(database, field, criteria)

【参数说明】：

database：构成列表或数据库的单元格区域。数据库是包含一组相关数据的列表，其中包含相关信息的行为记录，而包含数据的列为字段。列表的第一行包含着每一列的标志。

field：指定函数所使用的列。输入两端带双引号的列标签，如“使用年数”或“产量”；或是代表列表中列位置的数字（没有引号）：1 表示第一列，2 表示第二列，依此类推。

criteria：包含所指定条件的单元格区域。用户可以为参数 criteria 指定任意区域，只要此区域包含至少一个列标签，并且列标签下方包含至少一个指定列条件的单元格。

【实例 1】根据下列产品销售统计表，计算出指定产品的销售量平均值和销售总额平均值。

【实现方法】：

（1）选中 C10 单元格，在编辑栏中输入公式“=DAVERAGE(A1:E7,3,B9:B10)”，按 Enter 键确认输入，即可计算出“苏泊尔电磁炉”销售量的平均值，如图 7-1 所示。

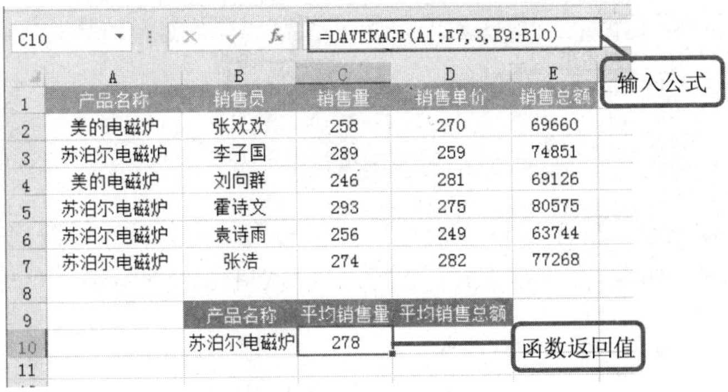

	A	B	C	D	E
1	产品名称	销售员	销售量	销售单价	销售总额
2	美的电磁炉	张欢欢	258	270	69660
3	苏泊尔电磁炉	李子国	289	259	74851
4	美的电磁炉	刘向群	246	281	69126
5	苏泊尔电磁炉	霍诗文	293	275	80575
6	苏泊尔电磁炉	袁诗雨	256	249	63744
7	苏泊尔电磁炉	张浩	274	282	77268
8					
9		产品名称	平均销售量	平均销售总额	
10		苏泊尔电磁炉	278		
11					

图 7-1　计算平均销售量

（2）在D10单元格中输入公式“=DAVERAGE(A1:E7,5,B9:B10)”，按Enter键确认输入，即可计算出“苏泊尔电磁炉”销售总额的平均值，如图7-2所示。

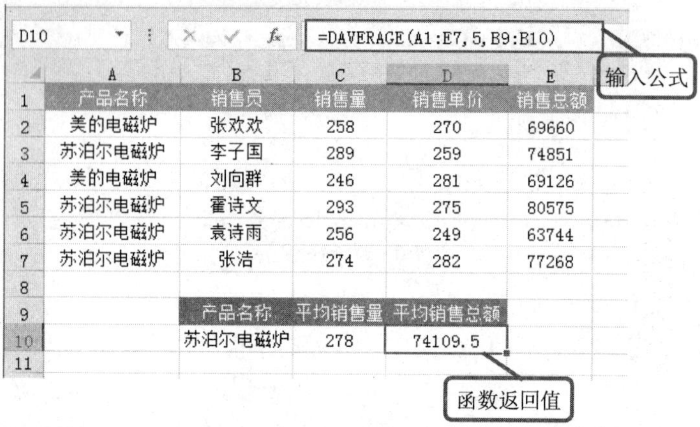

	A	B	C	D	E
1	产品名称	销售员	销售量	销售单价	销售总额
2	美的电磁炉	张欢欢	258	270	69660
3	苏泊尔电磁炉	李子国	289	259	74851
4	美的电磁炉	刘向群	246	281	69126
5	苏泊尔电磁炉	霍诗文	293	275	80575
6	苏泊尔电磁炉	袁诗雨	256	249	63744
7	苏泊尔电磁炉	张浩	274	282	77268
8					
9		产品名称	平均销售量	平均销售总额	
10		苏泊尔电磁炉	278	74109.5	
11					

图7-2　计算平均销售额

【实例2】根据下列成绩表，计算出指定班级的各个科目的平均分。

【实现方法】：

（1）在B33单元格中输入公式“=DAVERAGE($A$14:$F$30,C14,$A$32:$A$33)”，按Enter键确认输入，即可计算出班级为“三（1）班”的物理科目的平均分，如图7-3所示。

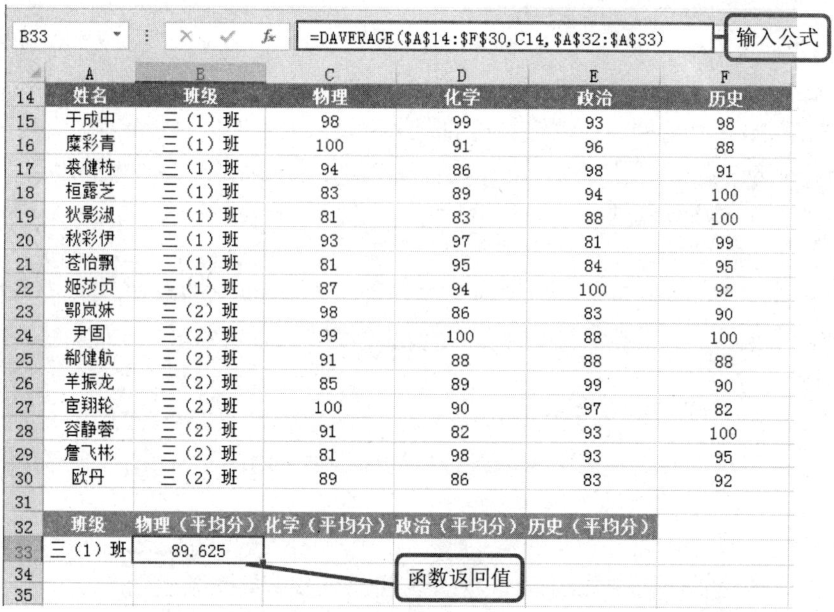

	A	B	C	D	E	F
14	姓名	班级	物理	化学	政治	历史
15	于成中	三（1）班	98	99	93	98
16	糜彩青	三（1）班	100	91	96	88
17	裘健栋	三（1）班	94	86	98	91
18	桓露芝	三（1）班	83	89	94	100
19	狄影淑	三（1）班	81	83	88	100
20	秋彩伊	三（1）班	93	97	81	99
21	苍怡飘	三（1）班	81	95	84	95
22	姬莎贞	三（1）班	87	94	100	92
23	鄂岚姝	三（2）班	98	86	83	90
24	尹固	三（2）班	99	100	88	100
25	郗健航	三（2）班	91	88	88	88
26	羊振龙	三（2）班	85	89	99	90
27	宦翔轮	三（2）班	100	90	97	82
28	容静蓉	三（2）班	91	82	93	100
29	詹飞彬	三（2）班	81	98	93	95
30	欧丹	三（2）班	89	86	83	92
31						
32	班级	物理（平均分）	化学（平均分）	政治（平均分）	历史（平均分）	
33	三（1）班	89.625				
34						
35						

图7-3　计算物理科目平均分

（2）选中B33单元格，将光标移动到该单元格的右下角，当光标变成黑色十字形状时，按住鼠标左键向右移动进行公式填充，即可计算出该班级其他各科目的平均分，如图7-4所示。

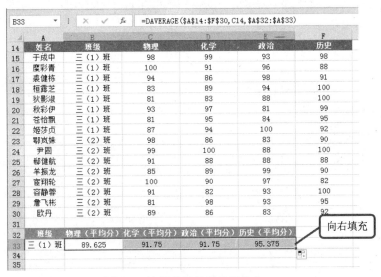

图 7-4　计算其他各科目平均分

函数 2　DCOUNT——计算数据库中包含数字的单元格的数量

【功能说明】：

返回列表或数据库中满足指定条件的记录字段（列）中包含数字的单元格的个数。

【语法格式】：

DCOUNT(database, field, criteria)

【参数说明】：

database：构成列表或数据库的单元格区域。数据库是包含一组相关数据的列表，其中包含相关信息的行为记录，而包含数据的列为字段。列表的第一行包含着每一列的标志。

field：指定函数所使用的列。输入两端带双引号的列标签，如"使用年数"或"产量"；或是代表列表中列位置的数字（没有引号）：1 表示第一列，2 表示第二列，依此类推。

criteria：是包含所指定条件的单元格区域。用户可以为参数 criteria 指定任意区域，只要此区域包含至少一个列标签，并且列标签下方包含至少一个指定列条件的单元格。

【实例 1】 根据下列学生成绩表，统计出语文成绩大于 80 分和数学成绩大于 75 分的学生人数。

【实现方法】：

（1）选中 G4 单元格，在编辑栏中输入公式"=DCOUNT(A1:D7,2,G2:G3)"，按 Enter 键确认输入，即可返回语文成绩大于 80 分的学生人数，如图 7-5 所示。

图 7-5　统计语文成绩大于 80 分的学生人数

（2）在 H4 单元格中输入公式"=DCOUNT(A1:D7,3,H2:H3)"，按 Enter 键确认输入，即可返回数学成绩大于 75 分的学生人数，如图 7-6 所示。

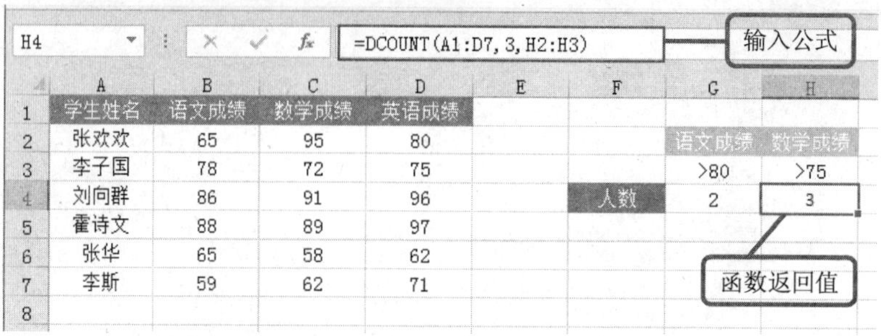

图 7-6　统计数学成绩大于 75 分的学生人数

【实例 2】根据下列产品销售报表，统计出销售单价大于等 1 000 元且小于等于 5 000 元的产品个数。

【实现方法】：

选中 H13 单元格，在编辑栏中输入公式"=DCOUNT(A9:D15,3,F12:G13)"，按 Enter 键确认输入，即可返回销售单价大于等 1 000 元且小于等于 5 000 元的产品个数，如图 7-7 所示。

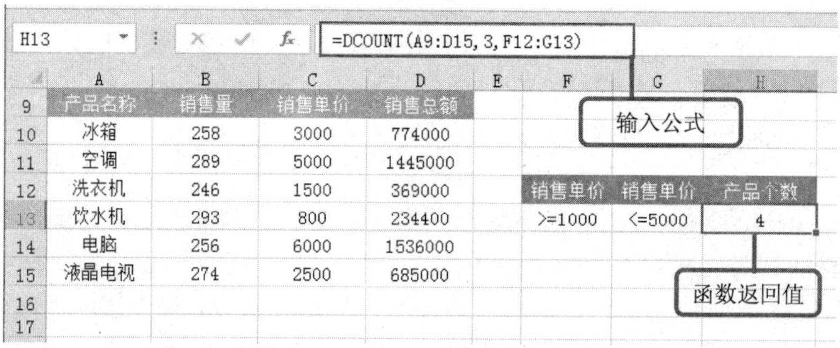

图 7-7　统计数字单元格的个数

函数 3　DCOUNTA——对满足指定的数据库中记录字段的非空单元格进行记数

【功能说明】：

返回列表或数据库中满足指定条件的记录字段（列）中的非空单元格的个数。

【语法格式】：

DCOUNTA(database, field, criteria)

【参数说明】：

database：构成列表或数据库的单元格区域。数据库是包含一组相关数据的列表，其中包含相关信息的行为记录，而包含数据的列为字段。列表的第一行包含着每一列的标志。

field：指定函数所使用的列。输入两端带双引号的列标签，如"使用年数"或"产量"；或是代表列表中列位置的数字（没有引号）：1 表示第一列，2 表示第二列，依此类推。

criteria：是包含所指定条件的单元格区域。您可以为参数 criteria 指定任意区域，只要此区域包含至少一个列标签，并且列标签下方包含至少一个指定列条件的单元格。

【实例】根据下列学生成绩表，统计出各科目的参考人数。

【实现方法】：

（1）选中 G3 单元格，在编辑栏中输入公式"=DCOUNTA(A1:D7,2,B1:B7)"，按 Enter 键确认输入，即可返回参加语文考试的人数，如图 7-8 所示。

图 7-8　统计语文参考人数

（2）在 G4 和 G5 单元格中，分别输入公式"=DCOUNTA(A1:D7,3,C1:C7)"和"=DCOUNTA(A1:D7,4,D1:D7)"，按 Enter 键确认输入，即可返回参加数学和英语考试的人数，如图 7-9 所示。

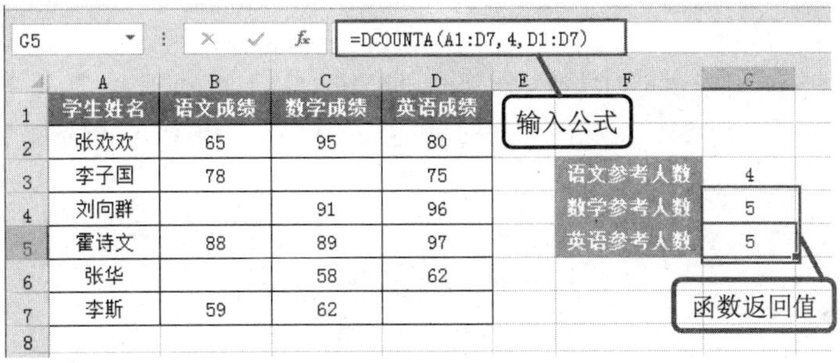

图 7-9　分别统计数学和英语参考人数

函数 4　DGET——从数据库中提取符合指定条件且唯一存在的记录

【功能说明】：

从列表或数据库的列中提取符合指定条件的单个值。

【语法格式】：

DGET(database, field, criteria)

【参数说明】：

database：构成列表或数据库的单元格区域。数据库是包含一组相关数据的列表，其中包含相关信息的行为记录，而包含数据的列为字段。列表的第一行包含着每一列的标志。

field：指定函数所使用的列。输入两端带双引号的列标签，如"使用年数"或"产量"；或是代表列表中列位置的数字（没有引号）：1 表示第一列，2 表示第二列，依此类推。

criteria：是包含所指定条件的单元格区域。用户可以为参数 criteria 指定任意区域，只要此区域包含至少一个列标签，并且列标签下方包含至少一个指定列条件的单元格。

【实例 1】根据下列学生成绩表，获取语文成绩大于 80 分，数学成绩大于 75 分且英语成绩大于 90 分的学生姓名。

【实现方法】:

选中 D10 单元格，在编辑栏中输入公式“=DGET(A1:D7,1,A9:C10)”，按 Enter 键确认输入，即可返回语文成绩大于 80 分，数学成绩大于 75 分且英语成绩大于 90 分的学生姓名，如图 7-10 所示。

	A	B	C	D
1	学生姓名	语文成绩	数学成绩	英语成绩
2	张欢欢	65	95	80
3	李子国	78	72	75
4	刘向群	86	74	96
5	霍诗文	88	89	97
6	张华	65	58	62
7	李斯	59	62	71
8				
9	语文成绩	数学成绩	英语成绩	结果
10	>80	>75	>90	霍诗文

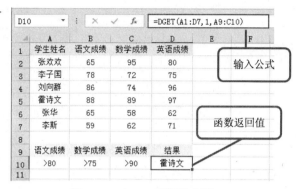

图 7-10　DGET 函数的应用

【实例 2】根据下列销售统计表，获取员工编号为 95102 且销售日期为 2013 年 6 月 13 日的产品销售数量。

【实现方法】:

选中 P7 单元格，在编辑栏中输入公式“=DGET(G1:L11,4,N6:O7)”，按 Enter 键确认输入，即可返回员工编号为 95102 且销售日期为 2013 年 6 月 13 日的产品销售数量，如图 7-11 所示。

	G	H	I	J	K	L	M	N	O	P
1	销售日期	员工编号	产品名称	销售数量	销售单价	销售金额				
2	2008/6/2	95103	电冰箱	5	2550	¥12,750.00				
3	2008/6/7	95103	电冰箱	4	2540	¥10,160.00				
4	2008/6/1	95101	电视机	2	2300	¥4,600.00				
5	2008/6/11	95101	电视机	8	2550	¥20,400.00				
6	2008/6/8	95102	空调	2	2550	¥5,100.00		员工编号	销售日期	销售数量
7	2008/6/13	95102	空调	6	2550	¥15,300.00		95102	2008/6/13	6
8	2008/6/10	95105	热水器	7	3500	¥24,500.00				
9	2008/6/15	95105	热水器	9	2550	¥22,950.00				
10	2008/6/9	95104	洗衣机	5	2540	¥12,700.00				
11	2008/6/14	95104	洗衣机	8	3500	¥28,000.00				

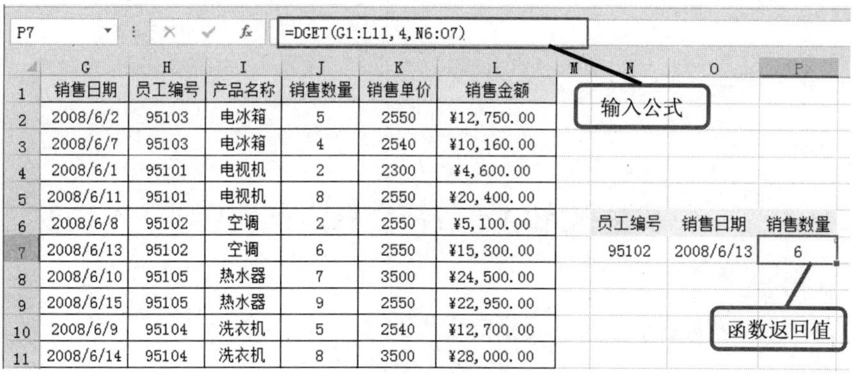

图 7-11　统计结果

函数 5　DMAX——返回最大数字

【功能说明】:

返回列表或数据库中满足指定条件的记录字段（列）中的最大数字。

【语法格式】:

DMAX(database, field, criteria)

【参数说明】:

database：构成列表或数据库的单元格区域。数据库是包含一组相关数据的列表，其中包含相关信息的行为记录，而包含数据的列为字段。列表的第一行包含着每一列的标志。

field：指定函数所使用的列。输入两端带双引号的列标签，如"使用年数"或"产量"；或是代表列表中列位置的数字（没有引号）：1 表示第一列，2 表示第二列，依此类推。

criteria：是包含所指定条件的单元格区域。您可以为参数 criteria 指定任意区域，只要此区域包含至少一个列标签，并且列标签下方包含至少一个指定列条件的单元格。

【实例 1】根据下列学生成绩表，计算出满足条件的最大值。

【实现方法】：

（1）选中 G5 单元格，在编辑栏中输入公式"=DMAX(A1:D7,"语文成绩",G3:G4)"，按 Enter 键确认输入，即可返回语文成绩大于 80 分的最高分数，如图 7-12 所示。

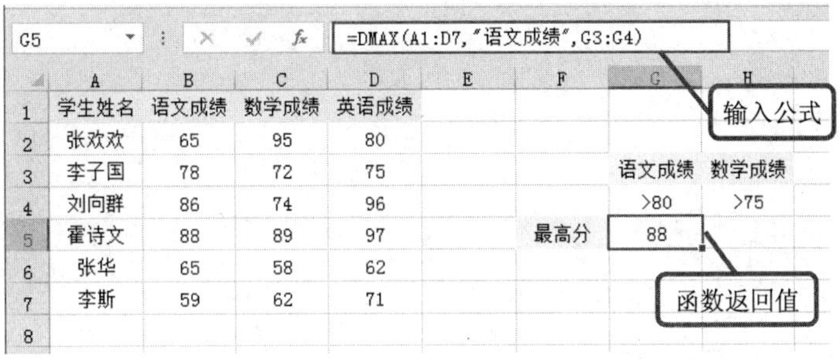

图 7-12　计算语文最高分

（2）在 H5 单元格中输入公式"=DMAX(A1:D7,"数学成绩",H3:H4)"，按 Enter 键确认输入，即可返回数学成绩大于 75 分的最高分数，如图 7-13 所示。

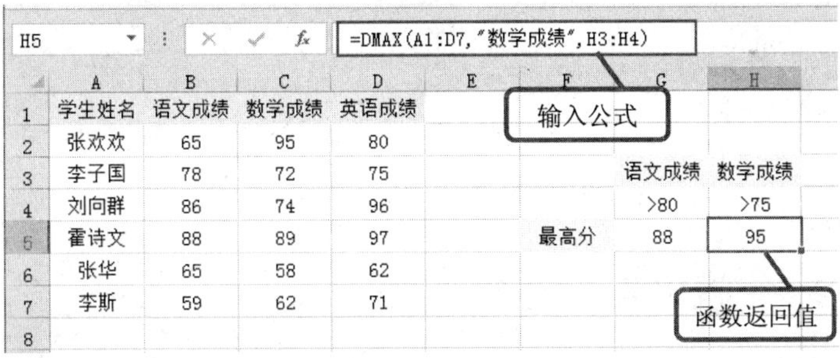

图 7-13　计算数学最高分

【实例 2】根据下列销售统计表，计算出指定销售部门最高销售数量和最高销售金额。

【实现方法】：

（1）选中 B23 单元格，在编辑栏中输入公式"=DMAX(A9:F20,"销售数量",A22:A23)"，按 Enter 键确认输入，即可返回销售部门为"销售二部"的最高销售数量，如图 7-14 所示。

（2）选中 C23 单元格，在编辑栏中输入公式"=DMAX(A9:F20,"销售额(元)",A22:A23)"，按 Enter 键确认输入，即可返回销售部门为"销售二部"的最高销售金额，如图 7-15 所示。

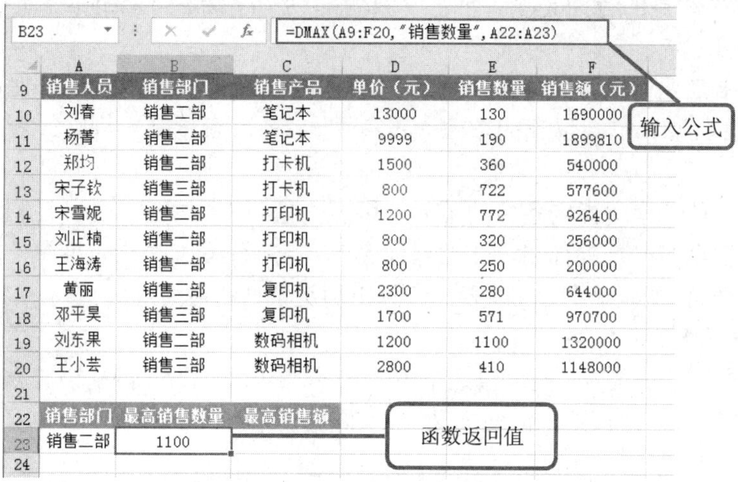

B23 =DMAX(A9:F20,"销售数量",A22:A23)

	A	B	C	D	E	F
9	销售人员	销售部门	销售产品	单价（元）	销售数量	销售额（元）
10	刘春	销售二部	笔记本	13000	130	1690000
11	杨菁	销售二部	笔记本	9999	190	1899810
12	郑均	销售二部	打卡机	1500	360	540000
13	宋子钦	销售三部	打卡机	800	722	577600
14	宋雪妮	销售二部	打印机	1200	772	926400
15	刘正楠	销售一部	打印机	800	320	256000
16	王海涛	销售一部	打印机	800	250	200000
17	黄丽	销售二部	复印机	2300	280	644000
18	邓平昊	销售三部	复印机	1700	571	970700
19	刘东果	销售二部	数码相机	1200	1100	1320000
20	王小芸	销售三部	数码相机	2800	410	1148000
21						
22	销售部门	最高销售数量	最高销售额			
23	销售二部	1100				
24						

图 7-14　计算最高销售数量

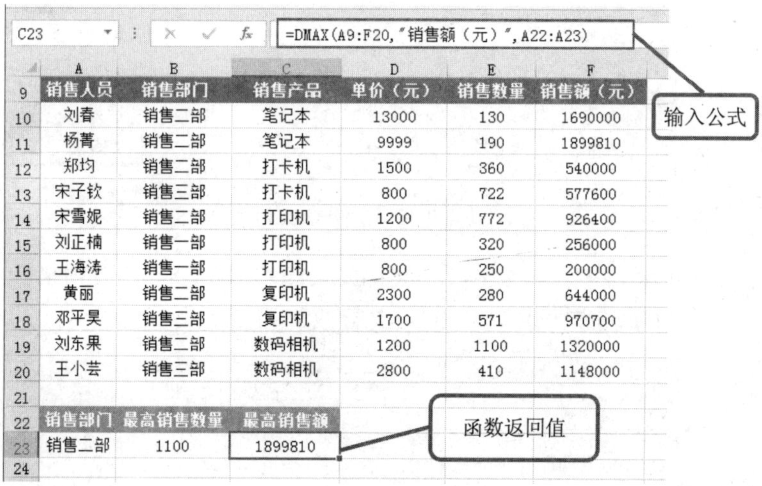

C23 =DMAX(A9:F20,"销售额（元）",A22:A23)

	A	B	C	D	E	F
9	销售人员	销售部门	销售产品	单价（元）	销售数量	销售额（元）
10	刘春	销售二部	笔记本	13000	130	1690000
11	杨菁	销售二部	笔记本	9999	190	1899810
12	郑均	销售二部	打卡机	1500	360	540000
13	宋子钦	销售三部	打卡机	800	722	577600
14	宋雪妮	销售二部	打印机	1200	772	926400
15	刘正楠	销售一部	打印机	800	320	256000
16	王海涛	销售一部	打印机	800	250	200000
17	黄丽	销售二部	复印机	2300	280	644000
18	邓平昊	销售三部	复印机	1700	571	970700
19	刘东果	销售二部	数码相机	1200	1100	1320000
20	王小芸	销售三部	数码相机	2800	410	1148000
21						
22	销售部门	最高销售数量	最高销售额			
23	销售二部	1100	1899810			
24						

图 7-15　计算最高销售金额

函数 6　DMIN——返回最小数字

【功能说明】:

返回列表或数据库中满足指定条件的记录字段（列）中的最小数字。

【语法格式】:

DMIN(database, field, criteria)

【参数说明】:

database：构成列表或数据库的单元格区域。数据库是包含一组相关数据的列表，其中包含相关信息的行为记录，而包含数据的列为字段。列表的第一行包含每一列的标志。

field：指定函数所使用的列。输入两端带双引号的列标签，如“使用年数”或“产量”；或是代表列表中列位置的数字（没有引号）：1 表示第一列，2 表示第二列，依此类推。

criteria：包含所指定条件的单元格区域。用户可以为参数 criteria 指定任意区域，只要此区域包含至少一个列标签，并且列标签下方包含至少一个指定列条件的单元格。

【实例 1】根据下列学生成绩表，计算出指定班级各个科目的最低分数。

【实现方法】:

（1）选中 B16 单元格，在编辑栏中输入公式“=DMIN(A1:F13,"语文",A15:A16)”，按 Enter 键确认输入，即可返回班级为“三（2）班”的语文最低分数，如图 7-16 所示。

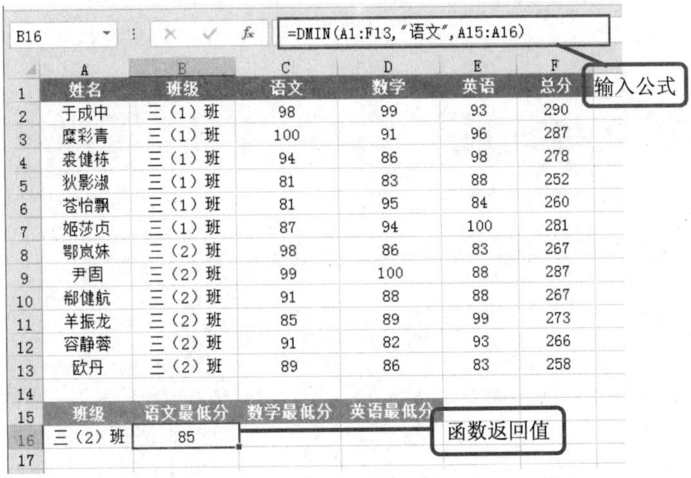

	A	B	C	D	E	F
1	姓名	班级	语文	数学	英语	总分
2	于成中	三（1）班	98	99	93	290
3	麋彩青	三（1）班	100	91	96	287
4	裘健栋	三（1）班	94	86	98	278
5	狄影湫	三（1）班	81	83	88	252
6	苍怡飘	三（1）班	81	95	84	260
7	姬莎贞	三（1）班	87	94	100	281
8	鄂岚姝	三（2）班	98	86	83	267
9	尹固	三（2）班	99	100	88	287
10	郗健航	三（2）班	91	88	88	267
11	羊振龙	三（2）班	85	89	99	273
12	容静蓉	三（2）班	91	82	93	266
13	欧丹	三（2）班	89	86	83	258
14						
15	班级	语文最低分	数学最低分	英语最低分		
16	三（2）班	85				
17						

图 7-16　计算语文最低分

（2）在 C16 和 D16 单元格中，分别输入公式“=DMIN(A1:F13,"数学",A15:A16)”和“=DMIN(A1:F13,"英语",A15:A16)”，按 Enter 键确认输入，即可返回班级为“三（2）班”的数学和英语最低分数，如图 7-17 所示。

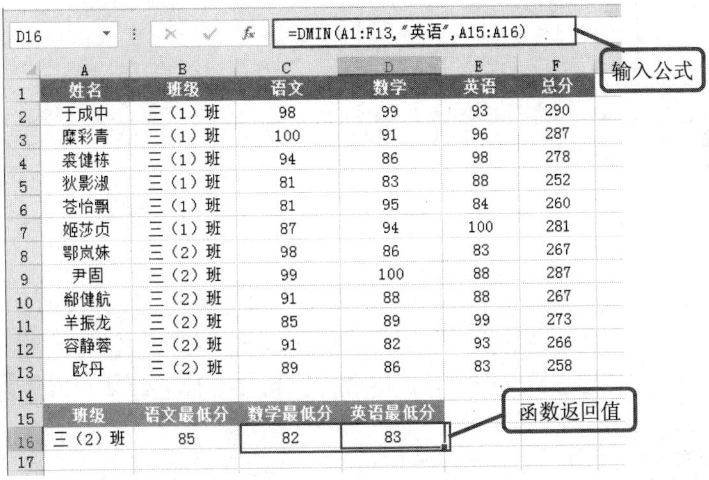

	A	B	C	D	E	F
1	姓名	班级	语文	数学	英语	总分
2	于成中	三（1）班	98	99	93	290
3	麋彩青	三（1）班	100	91	96	287
4	裘健栋	三（1）班	94	86	98	278
5	狄影湫	三（1）班	81	83	88	252
6	苍怡飘	三（1）班	81	95	84	260
7	姬莎贞	三（1）班	87	94	100	281
8	鄂岚姝	三（2）班	98	86	83	267
9	尹固	三（2）班	99	100	88	287
10	郗健航	三（2）班	91	88	88	267
11	羊振龙	三（2）班	85	89	99	273
12	容静蓉	三（2）班	91	82	93	266
13	欧丹	三（2）班	89	86	83	258
14						
15	班级	语文最低分	数学最低分	英语最低分		
16	三（2）班	85	82	83		
17						

图 7-17　计算数学和英语最低分

【实例 2】根据下列销售统计表，计算出指定销售部门的最低销售数量和最低销售金额。

【实现方法】:

（1）选中 B32 单元格，在编辑栏中输入公式“=DMIN(A18:F29,"销售数量",A31:A32)”，按 Enter 键确认输入，即可返回销售部门为“销售二部”的最低销售数量，如图 7-18 所示。

图 7-18 计算最低销售数量

（2）选中 C32 单元格，在编辑栏中输入公式"=DMIN(A18:F29,"销售额(元)",A31:A32)"，按 Enter 键确认输入，即可返回销售部门为"销售二部"的最低销售金额，如图 7-19 所示。

图 7-19 计算最低销售金额

函数 7 DPRODUCT——与满足指定条件的数据库中记录字段的值相乘

【功能说明】：

返回列表或数据库中满足指定条件的记录字段（列）中的数值的乘积。

【语法格式】：

DPRODUCT(database, field, criteria)

【参数说明】：

database：构成列表或数据库的单元格区域。数据库是包含一组相关数据的列表，其中包含相关信息的行为记录，而包含数据的列为字段。列表的第一行包含着每一列的标志。

field：指定函数所使用的列。输入两端带双引号的列标签，如"使用年数"或"产量"；或是代表列表中列位置的数字（没有引号）：1 表示第一列，2 表示第二列，依此类推。

criteria：包含所指定条件的单元格区域。用户可以为参数 criteria 指定任意区域，只要此区域包含至少一个列标签，并且列标签下方包含至少一个指定列条件的单元格。

【实例】根据下列产品销售统计表，计算出指定产品且销售单价大于 260 元的销售数量的乘积值。

【实现方法】：

选中 C10 单元格，在编辑栏中输入公式"=DPRODUCT(A1:D7,3,A9:B10)"，按 Enter 键确认输入，即可返回产品为"苏泊尔电磁炉"且销售单价大于 260 元的销售数量的乘积值，如图 7-20 所示。

图 7-20　DPRODUCT 函数的应用

函数 8　DSTDEV——返回基于样本总体标准偏差

【功能说明】：

返回利用列表或数据库中满足指定条件的记录字段（列）中的数字作为一个样本估算出的总体标准偏差。

【语法格式】：

DSTDEV(database, field, criteria)

【参数说明】：

database：构成列表或数据库的单元格区域。数据库是包含一组相关数据的列表，其中包含相关信息的行为记录，而包含数据的列为字段。列表的第一行包含着每一列的标志。

field：指定函数所使用的列。输入两端带双引号的列标签，如"使用年数"或"产量"；或是代表列表中列位置的数字（没有引号）：1 表示第一列，2 表示第二列，依此类推。

criteria：包含所指定条件的单元格区域。用户可以为参数 criteria 指定任意区域，只要此区域包含至少一个列标签，并且列标签下方包含至少一个指定列条件的单元格。

【实例】根据下列产品销售报表，计算出销售三部员工的销量的样本的总体标准偏差。

【实现方法】：

选中 B15 单元格，在编辑栏中输入公式"=DSTDEV(A1:F12,5,A14:A15)"，按 Enter 键确认输入，即可返回销售三部员工的销量样本估算标准偏差，如图 7-21 所示。

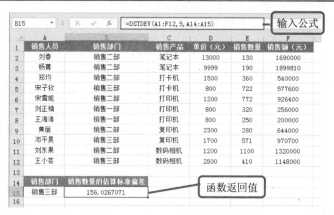

图 7-21　DSTDEV 函数的应用

函数 9　DSTDEVP——返回总体标准偏差

【功能说明】：

返回利用列表或数据库中满足指定条件的记录字段（列）中的数字作为样本总体计算出的总体标准偏差。

【语法格式】：

DSTDEVP(database, field, criteria)

【参数说明】：

database：构成列表或数据库的单元格区域。数据库是包含一组相关数据的列表，其中包含相关信息的行为记录，而包含数据的列为字段。列表的第一行包含着每一列的标志。

field：指定函数所使用的列。输入两端带双引号的列标签，如"使用年数"或"产量"；或是代表列表中列位置的数字（没有引号）：1 表示第一列，2 表示第二列，依此类推。

criteria：包含所指定条件的单元格区域。用户可以为参数 criteria 指定任意区域，只要此区域包含至少一个列标签，并且列标签下方包含至少一个指定列条件的单元格。

【实例】根据下列产品销售报表，计算出销售三部员工的销量的总体标准偏差。

【实现方法】：

选中 B15 单元格，在编辑栏中输入公式"=DSTDEVP(A1:F12,5,A14:A15)"，按 Enter 键确认输入，即可返回销售三部员工的销量的总体标准偏差，如图 7-22 所示。

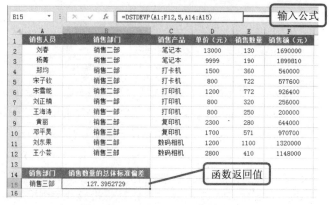

图 7-22　DSTDEVP 函数的应用

函数 10　DSUM——返回记录字段（列）的数字之和

【功能说明】：

返回列表或数据库中满足指定条件的记录字段（列）中的数字之和。

【语法格式】：

DSUM(database, field, criteria)

【参数说明】：

database：构成列表或数据库的单元格区域。数据库是包含一组相关数据的列表，其中包含相关信息的行为记录，而包含数据的列为字段。列表的第一行包含着每一列的标志。

field：指定函数所使用的列。输入两端带双引号的列标签，如"使用年数"或"产量"；或是代表列表中列位置的数字（没有引号）：1 表示第一列，2 表示第二列，依此类推。

criteria：包含所指定条件的单元格区域。用户可以为参数 criteria 指定任意区域，只要此区域包含至少一个列标签，并且列标签下方包含至少一个指定列条件的单元格。

【实例 1】 根据下列产品销售报表，计算出满足指定条件的产品销售金额之和。

【实现方法】：

选中 I5 单元格，在编辑栏中输入公式"=DSUM(A1:E7,5,G4:H5)"，按 Enter 键确认输入，即可返回销售数量和销售单价均大于 260 的产品的总销售金额，如图 7-23 所示。

图 7-23　DSUM 函数的应用

【实例 2】 根据下列学生成绩表，计算出指定班级各个科目的总分。

【实现方法】：

（1）选中 B24 单元格，在编辑栏中输入公式"=DSUM(A9:F21,"语文",A23:A24)"，按 Enter 键确认输入，即可返回班级为"三（1）班"的语文总分数，如图 7-24 所示。

B24			fx	=DSUM(A9:F21,"语文",A23:A24)	
	A	B	C	D	E	F
9	姓名	班级	语文	数学	英语	总分
10	于成中	三（1）班	98	99	93	290
11	糜彩青	三（1）班	100	91	96	287
12	袁健栋	三（1）班	94	86	98	278
13	狄影湫	三（1）班	81	83	88	252
14	苍怡飘	三（1）班	81	95	84	260
15	姬莎贞	三（1）班	87	94	100	281
16	鄂岚姝	三（2）班	98	86	83	267
17	尹固	三（2）班	99	100	88	287
18	郗健航	三（2）班	91	88	88	267
19	羊振龙	三（2）班	85	89	99	273
20	容静蓉	三（2）班	91	82	93	266
21	欧丹	三（2）班	89	86	83	258
22						
23	班级	语文总分	数学总分	英语总分		
24	三（1）班	541				

图 7-24　计算语文总分

（2）在 C24 和 D24 单元格中，分别输入公式"=DSUM(A9:F21,"数学",A23:A24)"和"=DSUM(A9:F21,"英语",A23:A24)"，按 Enter 键确认输入，即可返回班级为"三（2）班"的数学和英语的总分数，如图 7-25 所示。

图 7-25　计算其他科目的总分

函数 11　DVAR——根据所选数据库条目中的样本估算数据的方差

【功能说明】：

返回利用列表或数据库中满足指定条件的记录字段（列）中的数字作为一个样本估算出的总体方差。

【语法格式】：

DVAR(database, field, criteria)

【参数说明】：

database：构成列表或数据库的单元格区域。数据库是包含一组相关数据的列表，其中包含相关信息的行为记录，而包含数据的列为字段。列表的第一行包含着每一列的标志。

field：指定函数所使用的列。输入两端带双引号的列标签，如"使用年数"或"产量"；或是代表列表中列位置的数字（没有引号）：1 表示第一列，2 表示第二列，依此类推。

criteria：包含所指定条件的单元格区域。用户可以为参数 criteria 指定任意区域，只要此区域包含至少一个列标签，并且列标签下方包含至少一个指定列条件的单元格。

【实例】 根据下列产品销售报表，计算出销售一部员工的销量的样本方差。

【实现方法】：

选中 B15 单元格，在编辑栏中输入公式"=DVAR(A1:F12,5,A14:A15)"，按 Enter 键确认输入，即可返回销售一部员工的销量的样本方差，如图 7-26 所示。

函数 12　DVARP——以数据库选定项作为样本总体，计算数据的总体方差

【功能说明】：

通过使用列表或数据库中满足指定条件的记录字段（列）中的数字计算样本总体的样

	A	B	C	D	E	F
1	销售人员	销售部门	销售产品	单价（元）	销售数量	销售额（元）
2	刘春	销售二部	笔记本	13000	130	1690000
3	杨菁	销售二部	笔记本	9999	190	1899810
4	郑均	销售二部	打卡机	1500	360	540000
5	宋子钦	销售三部	打卡机	800	722	577600
6	宋雪妮	销售二部	打印机	1200	772	926400
7	刘正楠	销售一部	打印机	800	320	256000
8	王海涛	销售一部	打印机	800	250	200000
9	黄丽	销售二部	复印机	2300	280	644000
10	邓平昊	销售三部	复印机	1700	571	970700
11	刘东果	销售二部	数码相机	1200	1100	1320000
12	王小芸	销售三部	数码相机	2800	410	1148000
13						
14	销售部门	销售数量的样本估算方差				
15	销售一部	2450				
16						

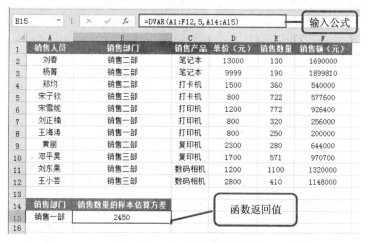

图 7-26　DVAR 函数的应用

本总体方差。

【语法格式】：

DVARP(database, field, criteria)

【参数说明】：

database：构成列表或数据库的单元格区域。数据库是包含一组相关数据的列表，其中包含相关信息的行为记录，而包含数据的列为字段。列表的第一行包含着每一列的标志。

field：指定函数所使用的列。输入两端带双引号的列标签，如“使用年数”或“产量”；或是代表列表中列位置的数字（没有引号）：1 表示第一列，2 表示第二列，依此类推。

criteria：包含所指定条件的单元格区域。用户可以为参数 criteria 指定任意区域，只要此区域包含至少一个列标签，并且列标签下方包含至少一个指定列条件的单元格。

【实例】根据下列产品销售报表，计算出销售一部员工的销量的样本总体方差。

【实现方法】：

选中 B15 单元格，在编辑栏中输入公式“=DVARP(A1:F12,5,A14:A15)”，按 Enter 键确认输入，即可返回销售一部员工的销量的样本总体方差，如图 7-27 所示。

	A	B	C	D	E	F
1	销售人员	销售部门	销售产品	单价（元）	销售数量	销售额（元）
2	刘春	销售二部	笔记本	13000	130	1690000
3	杨菁	销售二部	笔记本	9999	190	1899810
4	郑均	销售二部	打卡机	1500	360	540000
5	宋子钦	销售三部	打卡机	800	722	577600
6	宋雪妮	销售二部	打印机	1200	772	926400
7	刘正楠	销售一部	打印机	800	320	256000
8	王海涛	销售一部	打印机	800	250	200000
9	黄丽	销售二部	复印机	2300	280	644000
10	邓平昊	销售三部	复印机	1700	571	970700
11	刘东果	销售二部	数码相机	1200	1100	1320000
12	王小芸	销售三部	数码相机	2800	410	1148000
13						
14	销售部门	销售数量的样本总体方差				
15	销售一部	1225				
16						

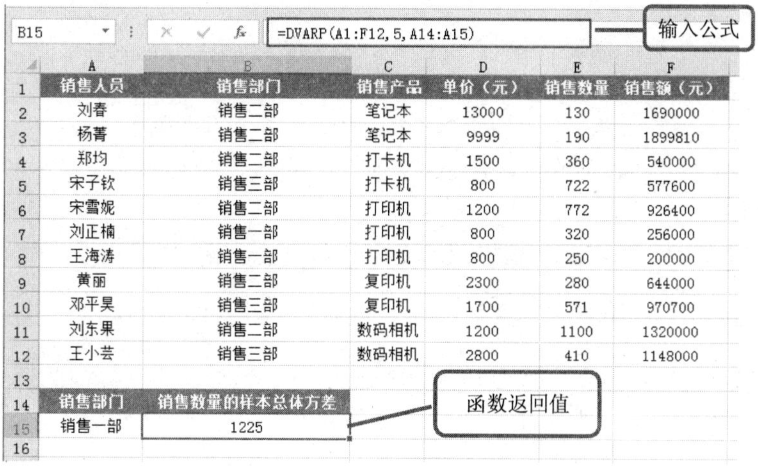

图 7-27　DVARP 函数的应用

第8章 文本函数解析与实例应用

文本函数，主要是对公式中的字符串进行处理，如连接字符、提取特定字符、返回字符个数、更改字符大小写、转换字符格式、返回指定长度的字符等。本章对这些文本函数进行详细讲解。

函数 1 ASC——将双字节字符转换为单字节字符

【功能说明】：

对于双字节字符集（DBCS）语言，将全角（双字节）字符更改为半角（单字节）字符。

【语法格式】：

ASC(text)

【参数说明】：

text：文本或对包含要更改的文本的单元格的引用。如果文本中不包含任何全角字母，则文本不会更改。

【实例】将下列双字节字符密码转换为单字节字符密码。

【实现方法】：

选中 B2:B5 单元格区域，然后在编辑栏中输入公式"=ASC(A2)"，按 Ctrl+Enter 组合键确认输入，即可将该区域中的双字节字符密码转化为单字节字符密码，如图 8-1 所示。

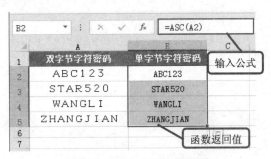

图 8-1　ASC 函数的应用

函数 2 BAHTTEXT——将数字转换为泰语文本

【功能说明】：

将数字转换为泰语文本并添加后缀"泰铢"。

通过"区域和语言选项"（Windows"开始"菜单、"控制面板"），可以将泰铢格式更改为其他样式。

【语法格式】：

BAHTTEXT(number)

【参数说明】：

number：要转换成文本的数字、对包含数字的单元格的引用或结果为数字的公式。

【实例】 将下列人民币金额转换为泰铢形式。

【实现方法】：

选中 B2:B4 单元格区域，然后在编辑栏中输入公式"=BAHTTEXT(A2)"，按 Ctrl+ Enter 组合键确认输入，即可将该区域中的数值转化为泰铢形式，如图 8-2 所示。

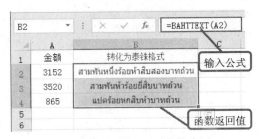

图 8-2 BAHTTEXT 函数的应用

函数 3 CHAR——返回由代码数字指定的字符

【功能说明】：

返回对应于数字代码的字符。函数 CHAR 可将其他类型计算机文件中的代码转换为字符。操作环境在 Macintosh 中，字符集为 Macintosh 字符集，操作环境在 Windows 中，字符集为 ANSI。

【语法格式】：

CHAR(number)

【参数说明】：

number：介于 1～255 之间用于指定所需字符的数字。字符是用户的计算机所用字符集中的字符。

【实例】 将下列常见的数字转换成相应的字符。

【实现方法】：

选中 B2:B6 单元格区域，然后在编辑栏中输入公式"=CHAR(A2)"，按 Ctrl+Enter 组合键确认输入，即可将该区域中的数字转换成相应的字符，如图 8-3 所示。

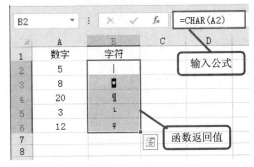

图 8-3 CHAR 函数的应用

函数 4   CLEAN——删除文本中所有非打印字符

【功能说明】:

删除文本中不能打印的字符。对从其他应用程序中输入的文本使用 CLEAN 函数,将删除其中含有的当前操作系统无法打印的字符。例如,可以删除通常出现在数据文件头部或尾部、无法打印的低级计算机代码。

【语法格式】:

CLEAN(text)

【参数说明】:

text: 要从中删除非打印字符的任何工作表信息。

【实例】 下列文本中包含了一些不能打印的字符,现在需要将那些不能打印的字符删除。

【实现方法】:

选中 B2:B5 单元格区域,然后在编辑栏中输入公式"=CLEAN(A2)",按 Ctrl+Enter 组合键确认输入,即可将该区域中的不能打印的字符删除,如图 8-4 所示。

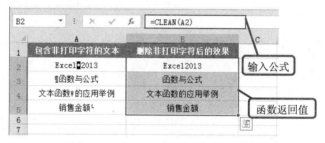

图 8-4   CLEAN 函数的应用

函数 5   CODE——返回文本字符串中第一个字符的数字代码

【功能说明】:

返回文本字符串中第一个字符的数字代码。返回的代码对应于计算机当前使用的字符集。操作环境在 Macintosh 中,字符集为 Macintosh 字符集,操作环境在 Windows 中,字符集为 ANSI。

【语法格式】:

CODE(text)

【参数说明】:

text: 需要得到其第一个字符代码的文本。

【实例】 将下列一些水果的英文名称中的第一个字符换成相应的数字代码。

【实现方法】:

(1)选中 C2 单元格,在编辑栏中输入公式"=CODE(B2)",按 Enter 键确认输入,即可将 B2 单元格中的第一个字符"A"转换成对应的数字代码"97"。

(2)将光标移动到 C2 单元格的右下角,当光标变成黑色十字形状时双击,向下填充公式,即可将 B 列中其他水果英文名称的第一个字符转换成对应的数字代码,如图 8-5 所示。

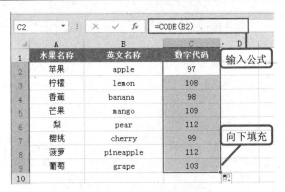

图 8-5 CODE 函数的应用

函数 6 CONCATENATE——将几个文本项合并为一个文本项

【功能说明】：

CONCATENATE 函数可将最多 255 个文本字符串联接成一个文本字符串。联接项可以是文本、数字、单元格引用或这些项的组合。

【语法格式】：

CONCATENATE(text1, [text2],…)

【参数说明】：

text1：要连接的第一个文本项。

text2,…：其他文本项，最多为 255 项，项与项之间必须用逗号隔开。

🔔注意：公式"=A1 & B1"与公式"=CONCATENATE(A1, B1)"返回的值相同。

【实例 1】将下列姓和名，合并成姓名。

【实现方法】：

选中 C2:C5 单元格区域，在编辑栏中输入公式"=CONCATENATE(A2,B2)"，按 Ctrl+Enter 组合键确认输入，即可合成姓名，如图 8-6 所示。

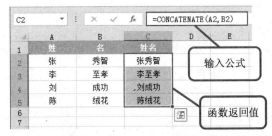

图 8-6 CONCATENATE 函数的应用

【实例 2】根据下列员工的 QQ 账号信息，自动生成其 QQ 邮箱地址。

【实现方法】：

（1）选中 C9 单元格，在编辑栏中输入公式"=CONCATENATE(B9,"@qq.com")"，按 Enter 键确认输入，即可在 B9 单元格账号后添加固定字符"@qq.com"，从而生成完整的 QQ 邮箱地址。

（2）将光标移动到 C9 单元格的右下角，当光标变成黑色十字形状时双击，向下填充公式，即可在其他单元格账号后添加固定字符生成完整的 QQ 邮箱地址，如图 8-7 所示。

	A	B	C
8	员工姓名	QQ账号	邮箱地址
9	桓露芝	2362222	2362222@qq.com
10	羊振龙	2372231	2372231@qq.com
11	幸菊寒	2382240	2382240@qq.com
12	庞霭毓	2392249	2392249@qq.com
13	计芝巧	2402258	2402258@qq.com
14	蓝环倩	2412267	2412267@qq.com
15	何倩素	2422276	2422276@qq.com
16	茹盛杰	2432285	2432285@qq.com
17	卓茂策	2442294	2442294@qq.com

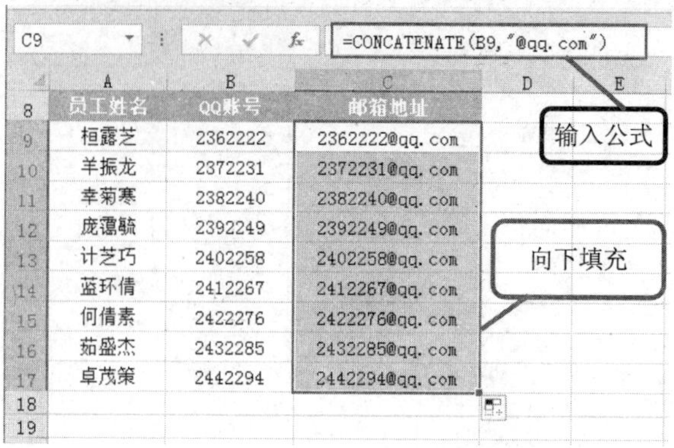

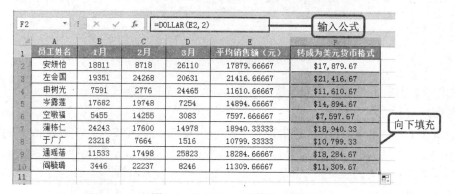

图 8-7　自动生成 QQ 邮箱地址

函数 7　DOLLAR——按照货币格式及给定的小数位数，将数字转换成文本

【功能说明】：

按照货币格式及给定的小数位数，将数字转换成文本。用法与 RMB 函数相同。

【语法格式】：

DOLLAR(number,decimals)

【参数说明】：

number：为数字、包含数字的列引用或计算结果为数字的公式。

decimals：为小数点右边的位数。如果 decimals 为负数，则 number 从小数点往左按相应位数四舍五入。如果省略 decimals，则使用系统区域设置来确定小数位数。Dollar 函数使用计算机的货币设置。如果希望始终显示美国货币，请改用 USDOLLAR 函数。

【实例】根据下列员工销售额统计表，将员工的平均销售额转换为美元货币格式。

【实现方法】：

（1）选中 F2 单元格，在编辑栏中输入公式“=DOLLAR(E2,2)”，按 Enter 键确认输入，即可将员工“安妍怡”的平均销售额转换为美化货币格式。

（2）将光标移动到 F2 单元格的右下角，当光标变成黑色十字形状时双击，向下填充公式，即可在其他员工的平均销售额换为美化货币格式，如图 8-8 所示。

	A	B	C	D	E	F
1	员工姓名	1月	2月	3月	平均销售额（元）	转成为美元货币格式
2	安妍怡	18811	8718	26110	17879.66667	$17,879.67
3	左会国	19351	24268	20631	21416.66667	$21,416.67
4	申树光	7591	2776	24465	11610.66667	$11,610.67
5	岑露莲	17682	19748	7254	14894.66667	$14,894.67
6	空敬福	5455	14255	3083	7597.666667	$7,597.67
7	蒲栋仁	24243	17600	14978	18940.33333	$18,940.33
8	于广广	23218	7664	1516	10799.33333	$10,799.33
9	通瑶蓓	11533	17498	25823	18284.66667	$18,284.67
10	阎毓璐	3446	22237	8246	11309.66667	$11,309.67

图 8-8　DOLLAR 函数的应用

函数 8　EXACT——比较两个字符串是否完全相同

【功能说明】：

该函数用于比较两个字符串：如果它们完全相同，则返回 TRUE；否则，返回 FALSE。函数 EXACT 区分大小写，但忽略格式上的差异。利用 EXACT 函数可以测试在文档内输入的文本。

【语法格式】：

EXACT(text1, text2)

【参数说明】：

text1：第一个文本字符串。

text2：第二个文本字符串。

【实例】 根据下列学生考试成绩表，判断语文和数学两门课程的考试成绩是否相同。

【实现方法】：

（1）选中 F2 单元格，在编辑栏中输入公式"=EXACT(D2,E2)"，按 Enter 键确认输入，即可比较出学生"于翠茜"的语文和数学两门课程的考试成绩是否相同。如果相同。则显示为"FALSE"，反之，显示为"TRUE"。

（2）将光标移动到 F2 单元格的右下角，当光标变成黑色十字形状时双击，向下填充公式，即可在比较出其他学生两门课程的考试成绩是否相同，如图 8-9 所示。

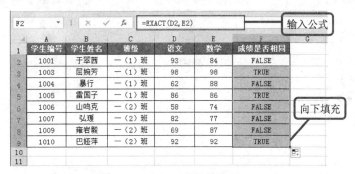

图 8-9　EXACT 函数的应用

函数 9　FINDB——查找字符串字节起始位置（区分大小写）

【功能说明】：

函数 FINDB 以字节为单位，查找一个文本字符串在另一个文本字符串中出现的起始位置的编号。

【语法格式】：

FINDB(find_text, within_text, [start_num])

【参数说明】：

find_text：要查找的文本。

within_text：包含要查找文本的文本。

start_num：指定要从其开始搜索的字符。within_text 中的首字符是编号为 1 的字符。如果省略 start_num，则假设其值为 1。

【实例】下列成语中都包含一个"宁",现在需要查找出"宁"字所在的位置。

【实现方法】:

（1）选中 B2 单元格,在编辑栏中输入公式"=FINDB("宁",A2)",按 Enter 键确认输入,即可返回"宁"字在"安国宁家"成语中所处的位置为"5"。

（2）将光标移动到 B2 单元格的右下角,当光标变成黑色十字形状时双击,向下填充公式,即可返回"宁"字在其他成语中所处的位置,如图 8-10 所示。

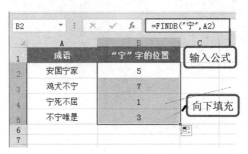

图 8-10　FINDB 函数的应用

函数 10　FIND——查找字符串字符起始位置（区分大小写）

【功能说明】:

函数 FIND 以字符为单位,查找一个文本字符串在另一个文本字符串中出现的起始位置的编号。

【语法格式】:

FIND(find_text, within_text, [start_num])

【参数说明】:

find_text：要查找的文本。

within_text：包含要查找文本的文本。

start_num：指定要从其开始搜索的字符。within_text 中的首字符是编号为 1 的字符。如果省略 start_num,则假设其值为 1。

【实例】以上面实例中的成语为例,使用 FIND 函数查找出"宁"字所在的位置。

【实现方法】:

（1）选中 B2 单元格,在编辑栏中输入公式"=FIND("宁",A2)",按 Enter 键确认输入,即可返回"宁"字在"安国宁家"成语中所处的位置为"3"。

（2）将光标移动到 B2 单元格的右下角,当光标变成黑色十字形状时双击,向下填充公式,即可返回"宁"字在其他成语中所处的位置,如图 8-11 所示。

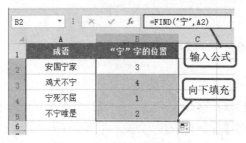

图 8-11　FIND 函数的应用

函数 11　FIXED——将数字按指定的小数位数显示，并以文本形式返回

【功能说明】：

将数字按指定的小数位数进行取整，利用句号和逗号以十进制格式对该数进行格式设置，并以文本形式返回结果。

【语法格式】：

FIXED(number, [decimals], [no_commas])

【参数说明】：

number：要进行舍入并转换为文本的数字。

decimals：小数点右边的位数。

no_commas ：一个逻辑值，如果为 TRUE，则 FIXED 在返回的文本中不包含逗号。

【实例】将下列数字按照指定的小数位数显示。

【实现方法】：

选中 C2:C4 单元格区域，在编辑栏中输入公式 "=FIXED(A2,B2)"，按 Ctrl+Enter 组合键确认输入，即可将该区域内的数字按照指定的小数位数返回对应的结果，如图 8-12 所示。

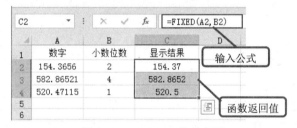

图 8-12　FIXED 函数的应用

函数 12　LEFTB——返回字符串最左边指定数目的字符

【功能说明】：

基于所指定的字节数返回文本字符串中的第一个或前几个字符。

【语法格式】：

LEFTB(text, [num_bytes])

【参数说明】：

text：包含要提取字符的文本字符串。

num_bytes：按字节指定要由 LEFTB 提取的字符的数量。num_chars 必须大于或等于零。如果省略 num_chars，则假设其值为 1。

【实例】根据学生姓名自动提取其姓氏。

【实现方法】：

（1）选中 B2 单元格，在编辑栏中输入公式 "=LEFTB(A2,2)"，按 Enter 键确认输入，即可提取学生 "赵松祥" 的姓氏为 "赵"。

（2）将光标移动到 B2 单元格的右下角，当光标变成黑色十字形状时双击，向下填充公式，即可提取其他学生的姓氏，如图 8-13 所示。

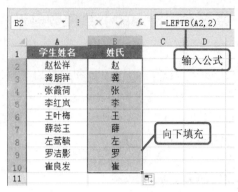

图 8-13　LEFTB 函数的应用

函数 13　LEFT——从一个文本字符串的第一个字符开始返回指定个数的字符

【功能说明】:

根据所指定的字符数,返回文本字符串中第一个字符或前几个字符。

【语法格式】:

LEFT(text, [num_chars])

【参数说明】:

text:包含要提取字符的文本字符串。

num_chars:指定要由 LEFT 提取的字符的数量。num_chars 必须大于或等于零。如果 num_chars 大于文本长度,则 LEFT 返回全部文本。如果省略 num_chars,则假设其值为 1。

【实例】根据员工的联系电话号码自动提取其区号。

【实现方法】:

(1)选中 D2 单元格,在编辑栏中输入公式"=LEFT(C2,4)",按 Enter 键确认输入,即可提取员工"匡风发"的电话区号为 0510。

(2)将光标移动到 D2 单元格的右下角,当光标变成黑色十字形状时双击,向下填充公式,即可提取其他员工的电话区号,如图 8-14 所示。

图 8-14　LEFT 函数的应用

函数 14　LENB——返回文本中所包含的字符数

【功能说明】：

返回文本字符串中用于代表字符的字节数。

【语法格式】：

LENB(text)

【参数说明】：

text：要查找其长度的文本。空格将作为字符进行计数。

【实例】 计算大学名称中包含的字节数。

【实现方法】：

（1）选中 B2 单元格，在编辑栏中输入公式"=LENB(A2)"，按 Enter 键确认输入，即可计算出大学名称为"清华大学"的字节数为 8。

（2）将光标移动到 B2 单元格的右下角，当光标变成黑色十字形状时双击，向下填充公式，即可计算出其他大学名称中所包含的字节数，如图 8-15 所示。

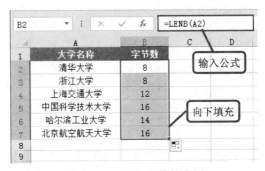

图 8-15　LENB 函数的应用

函数 15　LEN——返回文本字符串中的字符个数

【功能说明】：

返回文本字符串中的字符数。

【语法格式】：

LEN(text)

【参数说明】：

text：要查找其长度的文本。空格将作为字符进行计数。

【实例】 计算大学名称的字符数。

【实现方法】：

（1）选中 B2 单元格，在编辑栏中输入公式"=LEN(A2)"，按 Enter 键确认输入，即可计算出大学名称为"清华大学"的字符数为 4。

（2）将光标移动到 B2 单元格的右下角，当光标变成黑色十字形状时双击，向下填充公式，即可计算出其他大学名称的字符数，如图 8-16 所示。

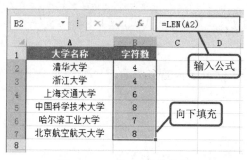

图 8-16　LEN 函数的应用

函数 16　LOWER——将文本转换为小写

【功能说明】：

将一个文本字符串中的所有大写字母转换为小写字母。

【语法格式】：

LOWER(text)

【参数说明】：

text：要转换为小写字母的文本。函数 LOWER 不改变文本中的非字母的字符。

【实例】将下列文本中的大写字母转化为小写字母。

【实现方法】：

选中 B2:B4 单元格区域，在编辑栏中输入公式"=LOWER(A2)"，按 Ctrl+Enter 组合键
确认输入，即可将该区域中的大写字母转换为小写字母，如图 8-17 所示。

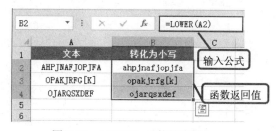

图 8-17　LOWER 函数的应用

函数 17　MID——从文本字符串中指定的起始位置起返回指定长度的字符

【功能说明】：

返回文本字符串中从指定位置开始的特定数目的字符，该数目由用户指定。

【语法格式】：

MID(text, start_num, num_chars)

【参数说明】：

text：包含要提取字符的文本字符串。

start_num：文本中要提取的第一个字符的位置。文本中第一个字符的 start_num 为 1，
依此类推。

num_chars：指定希望 MID 从文本中返回字符的个数。

【实例】根据下列日常消费明细表，提取消费金额。

【实现方法】：

（1）选中 C2 单元格，在编辑栏中输入公式"=MID(B2,3,2)"，按 Enter 键确认输入，即可提取 B2 单元格中的消费金额，如图 8-18 所示。

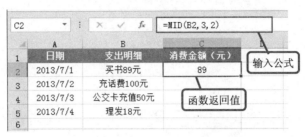

图 8-18　提取 B2 单元格中的消费金额

（2）在 C3、C4 和 C5 单元格中，分别输入公式"=MID(B3,4,3)"、"=MID(B4,6,2)"和"=MID(B5,3,2)"，按 Enter 键确认输入，即可提取其他单元格中的消费金额，如图 8-19 所示。

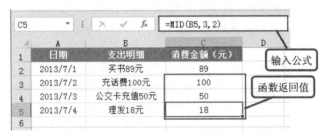

图 8-19　提取其他单元格中的消费金额

函数 18　MIDB——自文字的指定起始位置开始提取指定长度的字符串

【功能说明】：

MIDB 函数可根据用户指定的字节数，返回文本字符串中从指定位置开始的特定数目的字符。

【语法格式】：

MIDB(text, start_num, num_bytes)

【参数说明】：

text：包含要提取字符的文本字符串。

start_num：文本中要提取的第一个字符的位置。文本中第一个字符的 start_num 为 1，依此类推。

num_bytes：指定希望 MIDB 从文本中返回字符的个数（字节数）。

【实例】根据下列大学学校的地址，提取出对应的省份和城市。

【实现方法】：

（1）选中 C2 单元格，在编辑栏中输入公式"=MIDB(B2,1,6)"，按 Enter 键确认输入，即可从 B2 单元格中地址的开始位置向后提取 6 个字节，即"江苏省"。

（2）将光标移动到 C2 单元格的右下角，当光标变成黑色十字形状时双击，向下填充公式，即可从其他大学地址中提取出对应的省份，如图 8-20 所示。

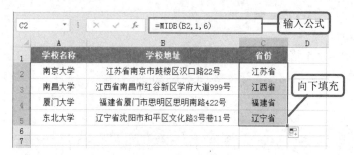

图 8-20　MIDB 函数的应用

函数 19　NUMBERVALUE——按独立于区域设置的方式将文本转换为数字

【功能说明】：

以与区域设置无关的方式将文本转换为数字。

【语法格式】：

NUMBERVALUE(文本, [decimal_separator], [group_separator])

【参数说明】：

文本：要转换为数字的文本。

decimal_separator：用于分隔结果的整数和小数部分的字符。

group_separator：用于分隔数字分组的字符，例如，千位与百位之间及百万位与千位之间。

【实例】转换文本为数字。

【实现方法】：

如图 8-21 所示的几个公式前两个公式中文本参数的小数分隔符在第二个参数中被指定为逗号，组分隔符在第三个参数中被指定为小数点符号。第三个公式中文本参数的小数分隔符在第二个参数中被指定为"-"，组分隔符在第三个参数中被指定为逗号。

第四个公式中，由于未指定可选参数，将使用当前区域设置的小数分隔符和组分隔符。尽管计算了百分比，但并未显示%符号。

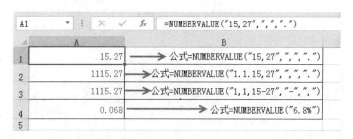

图 8-21　NUMBERVALUE 的应用

函数 20　PROPER——将文本值的每个字的首字母大写

【功能说明】：

将文本字符串的首字母及任何非字母字符之后的首字母转换成大写，将其余的字母转换成小写。

【语法格式】:

PROPER(text)

【参数说明】:

text:用引号括起来的文本、返回文本值的公式或对包含文本(要进行部分大写转换)的单元格的引用。

【实例】将英文单词的首字母转换为大写。

【实现方法】:

(1)选中 C2 单元格,在编辑栏中输入公式"=PROPER(B2)",按 Enter 键确认输入,即可英文单词"pen"的首字母转换为大写。

(2)将光标移动到 C2 单元格的右下角,当光标变成黑色十字形状时双击,向下填充公式,即可将其他英文单词的首字母转换为大写,如图 8-22 所示。

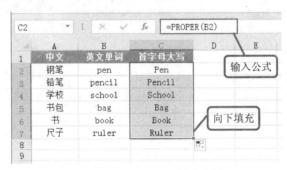

图 8-22 PROPER 函数的应用

函数 21 REPLACEB——用其他文本字符串替换某文本字符串的一部分

【功能说明】:

REPLACEB 使用其他文本字符串并根据所指定的字节数替换某文本字符串中的部分文本。

【语法格式】:

REPLACEB(old_text, start_num, num_bytes, new_text)

【参数说明】:

old_text:要替换其部分字符的文本。

start_num:要用 new_text 替换的 old_text 中字符的位置。

num_bytes:希望 REPLACEB 使用 new_text 替换 old_text 中字节的个数。

new_text:将用于替换 old_text 中字符的文本。

【实例】将下列文本中从第 5 个字符修改到第 9 个字符。

【实现方法】:

选中 C2 单元格,在编辑栏中输入公式"=REPLACEB(A2,5,9,B2)",按 Enter 键确认输入,即可计算出修改的结果,如图 8-23 所示。

图 8-23　REPLACEB 函数的应用

函数 22　REPLACE——将一个字符串中的部分字符用另一个字符串替换

【功能说明】：

REPLACE 使用其他文本字符串并根据所指定的字符数替换某文本字符串中的部分文本。

【语法格式】：

REPLACE(old_text, start_num, num_chars, new_text)

【参数说明】：

old_text：要替换其部分字符的文本。

start_num：要用 new_text 替换的 old_text 中字符的位置。

num_chars：希望 REPLACE 使用 new_text 替换 old_text 中字符的个数。

new_text：将用于替换 old_text 中字符的文本。

【实例】 如果 A1=学习的革命、A2=电脑，则公式"=REPLACE(A1，3，3，A2)"返回"学习电脑"。

【实例】 将下列手机号码的后 4 位数字替换 4 个星号"*"。

【实现方法】：

（1）选中 B2 单元格，在编辑栏中输入公式"=REPLACE(A2,8,4,"****")"，按 Enter 键确认输入，即可将第一个手机号码的最后 4 位数字替换为 4 个星号"*"。

（2）将光标移动到 B2 单元格的右下角，当光标变成黑色十字形状时双击，向下填充公式，即可将其他手机号码的最后 4 位数字替换为 4 个星号"*"，如图 8-24 所示。

图 8-24　REPLACE 函数的应用

函数 23　REPT——按给定次数重复文本

【功能说明】：

按照给定的次数重复显示文本。可以通过函数 REPT 不断重复显示某一文本字符串，对单元格进行填充。

【语法格式】：

REPT(text, number_times)

【参数说明】：

text：需要重复显示的文本。

number_times：用于指定文本重复次数的正数。如果 number_times 为 0，则 REPT 返回 ""（空文本）。

【实例】使用五角星"★"标明饭店星级。

【实现方法】：

（1）选中 B2 单元格，在编辑栏中输入公式"=REPT("★",5)"，按 Enter 键确认输入，即可返回 5 个五角星"★"符号，即标明"希尔顿饭店"为五星级饭店，如图 8-25 所示。

（2）在 B3 和 B4 单元格中，分别输入公式"=REPT("★",4)"和"=REPT("★",3)"，按 Enter 键确认输入，即可为其他饭店标明星级，如图 8-26 所示。

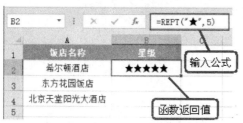

图 8-25　标明第一个饭店的星级

图 8-26　标明其他饭店的星级

函数 24　RIGHTB——返回字符串最右侧指定数目的字符

【功能说明】：

根据所指定的字节数返回文本字符串中最后一个或多个字符。

【语法格式】：

RIGHTB(text,[num_bytes])

【参数说明】：

text：包含要提取字符的文本字符串。

num_bytes：按字节指定要由 RIGHTB 提取的字符的数量。num_chars 必须大于或等于零。如果省略 num_chars，则假设其值为 1。

【实例】从文本字符串最后一个字符开始按照指定的字节数提取对应的字符。

【实现方法】：

（1）选中 C2 单元格，在编辑栏中输入公式"=RIGHTB(A2,B2)"，按 Enter 键确认输入，即可返回"南京大学"文本字符串的最后两个字节的文本，即"学"。

（2）将光标移动到 C2 单元格的右下角，当光标变成黑色十字形状时双击，向下填充公式，即可从其他文本字符串中按照指定的字节数返回对应的文本，如图 8-27 所示。

图 8-27　RIGHTB 函数的应用

函数 25　RIGHT——从一个文本字符串的最后一个字符开始返回指定个数的字符

【功能说明】：

根据所指定的字符数返回文本字符串中最后一个或多个字符。

【语法格式】：

RIGHT(text,[num_chars])

【参数说明】：

text：包含要提取字符的文本字符串。

num_chars：指定要由 RIGHT 提取的字符的数量。num_chars 必须大于或等于零。如果 num_chars 大于文本长度，则 RIGHT 返回所有文本。如果省略 num_chars，则假设其值为 1。

【实例】 根据员工的联系电话自动提取其号码。

【实现方法】：

（1）选中 D2 单元格，在编辑栏中输入公式"=RIGHT(C2,8)"，按 Enter 键确认输入，即可提取员工"匡风发"的号码。

（2）将光标移动到 D2 单元格的右下角，当光标变成黑色十字形状时双击，向下填充公式，即可提取其他员工的号码，如图 8-28 所示。

图 8-28　RIGHT 函数的应用

函数 26 RMB——将数字转换为¥（人民币）货币格式的文本

【功能说明】：

函数可将数字转换为文本格式，并应用货币符号。函数的名称及其应用的货币符号取决于用户的语言设置。

【语法格式】：

RMB(number, [decimals])

【参数说明】：

number：数字、对包含数字的单元格的引用或计算结果为数字的公式。

decimals：小数点右边的位数。如果 decimals 为负数，则 number 从小数点往左按相应位数四舍五入。如果省略 decimals，则假设其值为 2。

【实例】将产品的销售金额转换为人民币格式。

【实现方法】：

（1）选中 E2 单元格，在编辑栏中输入公式"=RMB(D2)"，按 Enter 键确认输入，即可将产品名称为"橡皮"的销售金额转换为人民币格式。

（2）将光标移动到 E2 单元格的右下角，当光标变成黑色十字形状时双击，向下填充公式，即可将其他产品的销售金额转换为人民币格式，如图 8-29 所示。

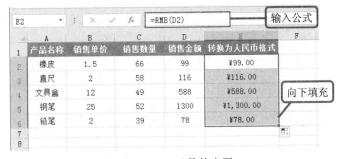

图 8-29　RMB 函数的应用

函数 27 SEARCHB——返回特定字符或文字串从左到右第一个被找到的字符数值

【功能说明】：

可在第二个文本字符串中查找第一个文本字符串，并返回第一个文本字符串的起始位置的编号，该编号从第二个文本字符串的第一个字符算起。

【语法格式】：

SEARCHB(find_text,within_text,[start_num])

【参数说明】：

find_text：要查找的文本。

within_text：要在其中搜索 find_text 参数的值的文本。

start_num：within_text 参数中从开始搜索的字符编号。

【实例】根据下列文本，查找"的"字所出现的位置（以字节为单位）。

【实现方法】：

选中 B2:B4 单元格区域，在编辑栏中输入公式"=SEARCHB("的",A2)"，按 Ctrl+Enter 组合键确认输入，即可返回"的"字的位置，如图 8-30 所示。

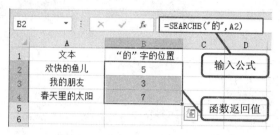

图 8-30　SEARCHB 函数的应用

函数 28　SEARCH——返回一个指定字符或文本字符串在字符串中第一次出现的位置

【功能说明】：

可在第二个文本字符串中查找第一个文本字符串，并返回第一个文本字符串的起始位置的编号，该编号从第二个文本字符串的第一个字符算起。

【语法格式】：

SEARCH(find_text,within_text,[start_num])

【参数说明】：

find_text：要查找的文本。

within_text：要在其中搜索 find_text 参数的值的文本。

start_num：within_text 参数中从开始搜索的字符编号。

【实例】以上面实例中的文本为例，使用 SEARCH 函数查找"的"字所出现的位置。

【实现方法】：

选中 B2:B4 单元格区域，在编辑栏中输入公式"=SEARCH("的",A2)"，按 Ctrl+Enter 组合键确认输入，即可返回"的"的位置，如图 8-31 所示。

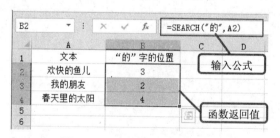

图 8-31　SEARCH 函数的应用

函数 29　SUBSTITUTE——将字符串中部分字符串以新字符串替换

【功能说明】：

在文本字符串中用 new_text 替代 old_text。如果需要在某一文本字符串中替换指定的文本，请使用函数 SUBSTITUTE；如果需要在某一文本字符串中替换指定位置处的任意文本，请使用函数 REPLACE。

【语法格式】：

SUBSTITUTE(text, old_text, new_text, [instance_num])

【参数说明】：

text：需要替换其中字符的文本，或对含有文本（需要替换其中字符）的单元格的引用。

old_text：需要替换的旧文本。

new_text：用于替换 old_text 的文本。

instance_num：用来指定要以 new_text 替换第几次出现的 old_text。如果指定了 instance_num，则只有满足要求的 old_text 被替换；否则会将 Text 中出现的每一处 old_text 都更改为 new_text。

【实例】将下列员工姓名中的空格删除。

【实现方法】：

（1）选中 C2 单元格，在编辑栏中输入公式 "=SUBSTITUTE(B2," ",)"，按 Enter 键确认输入，即可将 B2 单元格中的空格删除。

（2）将光标移动到 C2 单元格的右下角，当光标变成黑色十字形状时双击，向下填充公式，即可将 B 列的其他单元格中的空格删除，如图 8-32 所示。

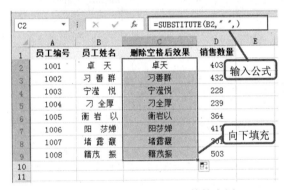

图 8-32　SUBSTITUTE 函数的应用

函数 30　T——检测给定值是否为文本，如果是则按原样返回，否则返回双引号

【功能说明】：

返回值引用的文本。

【语法格式】：

T(value)

【参数说明】：

value：需要进行测试的数值。如果值是文本或引用文本，则 T 返回值。如果值未引用文本，则 T 返回空文本（""）。

【实例】根据下列各种格式的数值，返回其对应的文本或引用文本。

【实现方法】：

（1）选中 B2 单元格，在编辑栏中输入公式 "= T(A2)"，按 Enter 键确认输入，即可返回该单元格中的文本或引用文本。

（2）将光标移动到 B2 单元格的右下角，当光标变成黑色十字形状时双击，向下填充公式，即可返回其他单元格中文本或引用文本，如图 8-33 所示。

图 8-33　T 函数的应用

函数 31　TEXT——根据指定的数值格式将数字转换为文本

【功能说明】：

可将数值转换为文本，并可使用户通过使用特殊格式字符串来指定显示格式。需要以可读性更高的格式显示数字或需要合并数字、文本或符号时，此函数很有用。

【语法格式】：

TEXT(value, format_text)

【参数说明】：

value：数值、计算结果为数值的公式，或对包含数值的单元格的引用。

format_text：使用双引号括起来作为文本字符串的数字格式。

【实例】 将下列员工的工资转换为货币格式的工资。

【实现方法】：

（1）选中 C2 单元格，在编辑栏中输入公式"=TEXT(B2,"￥#，#0.00")"，按 Enter 键确认输入，即可将员工"欧姬亚"的工资转换为货币格式。

（2）将光标移动到 C2 单元格的右下角，当光标变成黑色十字形状时双击，向下填充公式，即可将其他员工的工资转换为货币格式，如图 8-34 所示。

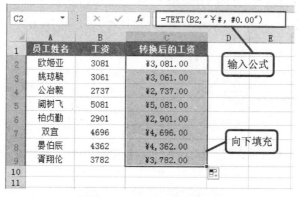

图 8-34　TEXT 函数的应用

函数 32　TRIM——删除文本中的空格

【功能说明】：

除了单词之间的单个空格外，清除文本中所有的空格。在从其他应用程序中获取带有不规则空格的文本时，可以使用函数 TRIM。

【语法格式】：

TRIM(text)

【参数说明】：

text：需要删除其中空格的文本。

【实例】将下列英文短语中的空格删除。

【实现方法】：

（1）选中 B2 单元格，在编辑栏中输入公式 "=TRIM(A2)"，按 Enter 键确认输入，即可将 A2 单元格中英文短语中的多余空格删除。

（2）将光标移动到 B2 单元格的右下角，当光标变成黑色十字形状时双击，向下填充公式，即可将其他单元格中英文短语中的多余空格删除，如图 8-35 所示。

图 8-35　TRIM 函数的应用

函数 33　UNICHAR——返回由给定数值引用的 Unicode 字符

【功能说明】：

返回给定数值引用的 Unicode 字符。

【语法格式】：

UNICHAR(number)

【参数说明】：

number：number 为代表字符的 Unicode 数字。返回的 Unicode 字符可以是一个字符串，比如以 UTF-8 或 UTF-16 编码的字符串。

【实例】将下列常见的数字转换成相应的 Unicode 字符。

【实现方法】：

选中 B2:B7 单元格区域，然后在编辑栏中输入公式 "= UNICHAR (A2)"，按 Ctrl+Enter 组合键确认输入，即可将该区域中的数字转换成相应的 Unicode 字符，如图 8-36 所示。

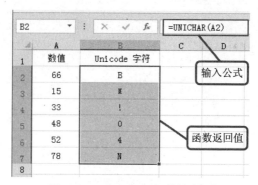

图 8-36　UNICHAR 函数的应用

函数 34　UNICODE——返回对应于文本的第一个字符的数字

【功能说明】：

返回对应于文本的第一个字符的数字（代码点）。

【语法格式】：

UNICODE(text)

【参数说明】：

text：text 是要获得其 Unicode 值的字符。

【实例】将下列文本中的第一个字符换成相应的数字（代码点）。

【实现方法】：

选中 B2:B5 单元格区域，然后在编辑栏中输入公式"=UNICODE(A2)"，按 Ctrl+Enter 组合键确认输入，即可将该区域中的所有文本的第一个字符转换成对应的 Unicode 数字代码，如图 8-37 所示。

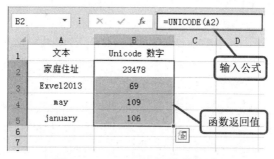

图 8-37　UNICODE 函数的应用

函数 35　UPPER——将文本转换为大写形式

【功能说明】：

将文本转换成大写形式。

【语法格式】：

UPPER(text)

【参数说明】：

text：需要转换成大写形式的文本。text 可以为引用或文本字符串。

【实例】 将下列文本中的小写字母转化为大写字母。

【实现方法】：

选中 B2:B4 单元格区域，在编辑栏中输入公式 "=UPPER(A2)"，按 Ctrl+Enter 组合键确认输入，即可将该区域中的小写字母转换为大写字母，如图 8-38 所示。

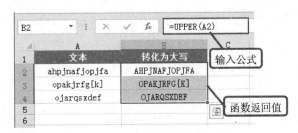

图 8-38　UPPER 函数的应用

函数 36　VALUE——将一个代表数值的文字字符串转换成数值

【功能说明】：

将代表数字的文本字符串转换成数字。

【语法格式】：

VALUE(text)

【参数说明】：

text：带引号的文本或对包含要转换文本的单元格的引用。

【实例】 将下列员工的销售金额转换为数字格式。

【实现方法】：

（1）选中 C2 单元格，在编辑栏中输入公式 "=VALUE(B2)"，按 Enter 键确认输入，即可将第一名员工的销售金额转换为数字格式。

（2）将光标移动到 C2 单元格的右下角，当光标变成黑色十字形状时双击，向下填充公式，即可将其他员工的销售金额转换为数字格式，如图 8-39 所示。

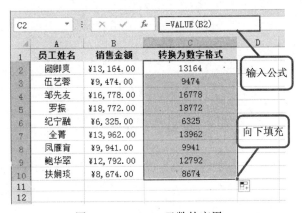

图 8-39　VALUE 函数的应用

函数 37　WIDECHAR——将单字节字符转换为双字节字符

【功能说明】：

将单字节字符转换为双字节字符。函数可将字符串中的半角（单字节）字母转换为全角（双字节）字符。函数的名称及其转换的字符取决于用户的语言设置。

【语法格式】：

WIDECHAR(text)

【参数说明】：

text：为文本或对包含要更改文本的单元格的引用。如果文本中不包含任何半角英文字母或片假名，则文本不会更改。

【实例】 将下列单字节字符密码转换为双字节字符密码。

【实现方法】：

选中 B2:B5 单元格区域，然后在编辑栏中输入公式"= WIDECHAR (A2)"，按 Ctrl+Enter 组合键确认输入，即可将该区域中的单字节字符密码转化为双字节字符密码，如图 8-40 所示。

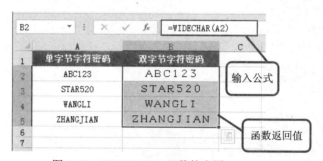

图 8-40　WIDECHAR 函数的应用

第 9 章　逻辑函数解析与实例应用

逻辑函数主要是对表达式的值进行逻辑判断，或者进行复合检验。通常，这些函数会对表达式进行判断之后，根据结果返回一个逻辑值，FALSE 或 TRUE 值。而用户则可以根据结果做出相应的判断，为后续的工作提供一个参考依据。下面学习这几种逻辑函数。

函数 1　AND——判定指定的多个条件是否全部成立

【功能说明】：

所有参数的计算结果为 TRUE 时，返回 TRUE；只要有一个参数的计算结果为 FALSE，即返回 FALSE。

AND 函数的一种常见用途是扩展执行逻辑测试的其他函数的效用。例如，IF 函数用于执行逻辑测试，它在测试的计算结果为 TRUE 时返回一个值，在测试的计算结果为 FALSE 时返回另一个值。通过将 AND 函数用作 IF 函数的 logical_test 参数，可以测试多个不同的条件，而不仅是一个条件。

【语法格式】：

AND(logical1, [logical2],…)

【参数说明】：

logical1：要测试的第一个条件，其计算结果可以为 TRUE 或 FALSE。

logical2, …：要测试的其他条件，其计算结果可以为 TRUE 或 FALSE，最多可包含 255 个条件。

【实例】考评新进员工在前三个月是否完成销售指标，试用期是否通过。

【实现方法】：

（1）选中 E2 单元格，在编辑栏中输入公式"=AND(B2>30,C2>30,D2>30)"，按 Enter 键确认输入，即可计算出判断出员工"张华"的三个月试用期是否通过。如果通过则显示为"TRUE"；反之，显示为"FALSE"。

（2）将光标移动到 E2 单元格的右下角，当光标变成黑色十字形状时双击，向下填充公式，即可判断出其他员工的三个月试用期是否通过，如图 9-1 所示。

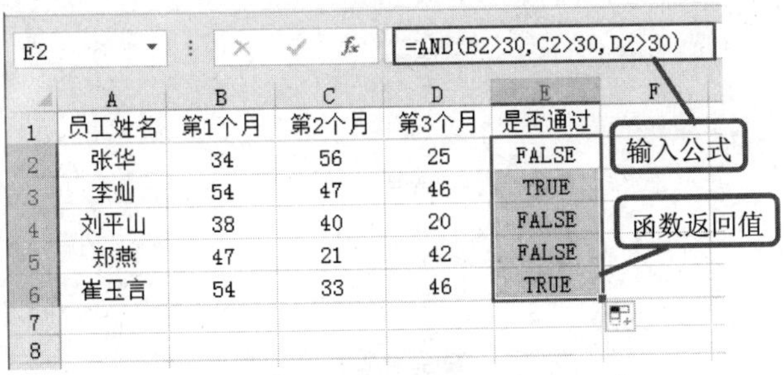

图 9-1　AND 函数的应用

函数 2　FALSE——返回逻辑值 FALSE

【功能说明】：

返回逻辑值 FALSE，返回逻辑值为假。

【语法格式】：

FALSE()

【参数说明】：

FALSE 函数没有参数，并且可以在其他函数中被当作参数来使用。

【实例】 根据员工编号查找其对应的员工姓名和年龄。

【实现方法】：

（1）选中 B14 单元格，在编辑栏中输入公式 "=VLOOKUP(A14,A1:D11,2,FALSE)"，按 Enter 键确认输入，即可根据员工编号精确查找出对应的员工姓名，如图 9-2 所示。

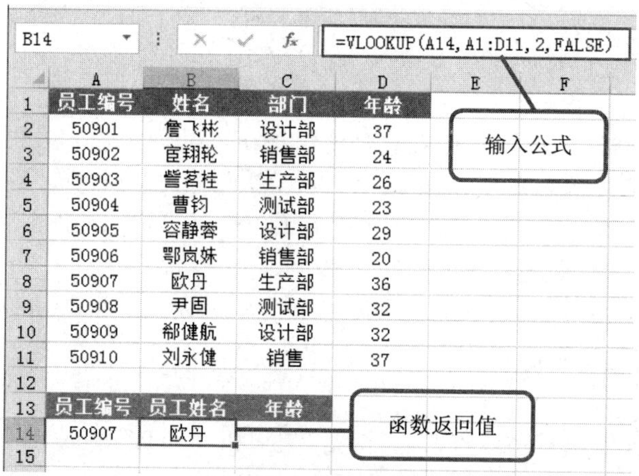

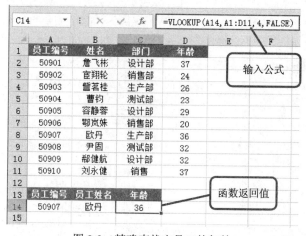

图 9-2　精确查找出员工的姓名

（2）选中 C14 单元格，在编辑栏中输入公式 "=VLOOKUP(A14,A1:D11,4,FALSE)"，按 Enter 键确认输入，即可根据员工编号精确查找出对应的员工年龄，如图 9-3 所示。

图 9-3　精确查找出员工的年龄

函数 3　IF——根据指定的条件返回不同的结果

【功能说明】：

如果指定条件的计算结果为 TRUE，IF 函数将返回某个值；如果该条件的计算结果为 FALSE，则返回另一个值。例如，如果 A1 大于 10，公式 =IF(A1>10,"大于 10","不大于 10") 将返回“大于 10”，如果 A1 小于等于 10，则返回“不大于 10”。

【语法格式】：

IF(logical_test, [value_if_true], [value_if_false])

【参数说明】：

logical_test：计算结果可能为 TRUE 或 FALSE 的任意值或表达式。例如，A10=100 就是一个逻辑表达式；如果单元格 A10 中的值等于 100，表达式的计算结果为 TRUE；否则为 FALSE，此参数可使用任何比较运算符。

value_if_true：logical_test 参数的计算结果为 TRUE 时所要返回的值。例如，如果此参数的值为文本字符串“预算内”，并且 logical_test 参数的计算结果为 TRUE，则 IF 函数返回文本“预算内”。如果 logical_test 的计算结果为 TRUE，并且省略 value_if_true 参数（即 logical_test 参数后仅跟一个逗号），IF 函数将返回 0（零）。若要显示单词 TRUE，请对 value_if_true 参数使用逻辑值 TRUE。

value_if_false：logical_test 参数的计算结果为 FALSE 时所要返回的值。

注意：如果 IF 的任意参数为数组，则在执行 IF 语句时，将计算数组的每一个元素。

【实例 1】根据下列学生考试成绩表，考评学生考试成绩的优良等级，如平均分>=80，评定为“优”；平均分>60，评定为“良”；平均分<60，评定为“不及格”。

【实现方法】：

（1）在 F2 单元格中输入公式“=IF(E2>=80,"优",IF(E2>=60,"良",IF(E2<60, "不及格")))”，按 Enter 键确认输入，即可将学生“郗健航”的等级评定为“优”，如图 9-4 所示。

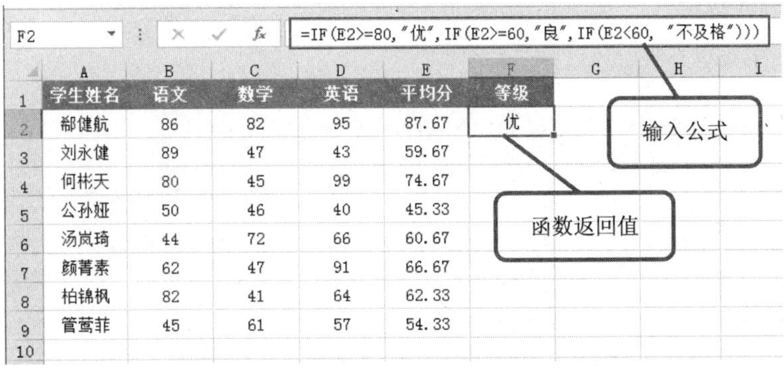

学生姓名	语文	数学	英语	平均分	等级
郗健航	86	82	95	87.67	优
刘永健	89	47	43	59.67	
何彬天	80	45	99	74.67	
公孙娅	50	46	40	45.33	
汤岚琦	44	72	66	60.67	
颜菁素	62	47	91	66.67	
柏锦枫	82	41	64	62.33	
管蔷菲	45	61	57	54.33	

图 9-4　评定第一名学生的优良等级

（2）将光标移动到 F2 单元格的右下角，当光标变成黑色十字形状时双击，向下填充公式，即可计算评定出其他学生的优良等级，如图 9-5 所示。

【实例 2】根据下列的员工全年销售量统计表，考评员工是否为优秀员工，如总销售量>=2800，被评定为优秀员工。

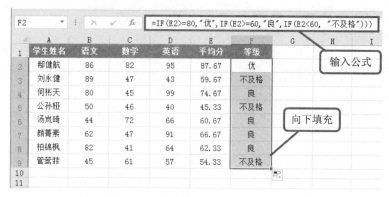

图 9-5　评定其他学生的优良等级

【实现方法】：

（1）选中 G14 单元格，在编辑栏中输入公式 "=IF(F14>=2800,"是","不是")"，按 Enter 键确认输入，即可判断出员工"郜育华"是否优秀。

（2）将光标移动到 C14 单元格的右下角，当光标变成黑色十字形状时双击，向下填充公式，即可计算判断出其他员工是否优秀，如图 9-6 所示。

图 9-6　判断员工是否为优秀员工

函数 4　IFERROR——捕获和处理公式中的错误

【功能说明】：

如果公式的计算结果为错误，则返回用户指定的值；否则将返回公式的结果。使用 IFERROR 函数来捕获和处理公式中的错误。

【语法格式】：

IFERROR(value, value_if_error)

【参数说明】：

value：检查是否存在错误的参数。

value_if_error：公式的计算结果为错误时要返回的值。计算得到的错误类型有#N/A、#VALUE!、#REF!、#DIV/0!、#NUM!、#NAME? 或 #NULL!。

💭注意：如果 value 或 value_if_error 是空单元格，则 IFERROR 将其视为空字符串值 ("")。

【实例】根据不同的分子和分母，计算出相除的结果。

【实现方法】：

（1）选中 C2 单元格，在编辑栏中输入公式"=IFERROR(A2/B2,"分母不能为 0")"，按 Enter 键确认输入，即可计算出分子为"52"与分母为"4"的相除结果为 13。

（2）将光标移动到 C2 单元格的右下角，当光标变成黑色十字形状时双击，向下填充公式，即可计算出其他分子与分母的相除结果，如图 9-7 所示。

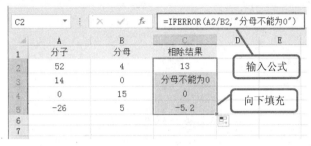

图 9-7　IFERROR 函数的应用

函数 5　IFNA——如果表达式解析为#N/A，则返回指定的值，否则返回表达式的结果

【功能说明】：

如果公式返回错误值 #N/A，则结果返回用户指定的值；否则返回公式的结果。

【语法格式】：

IFNA(value, value_if_na)

【参数说明】：

value：用于检查错误值 #N/A 的参数。

value_if_na：公式计算结果为错误值 #N/A 时要返回的值。

注意：如果 value 或 value_if_na 是空单元格，则 IFNA 将其视为空字符串值 ("")。

【实例】在下列表格中查找出西雅图的城市代码。

【实现方法】：

选中 B8 单元格，在编辑栏中输入公式"=IFNA(VLOOKUP("西雅图",A2:B7,0),"没找到")"，按 Enter 键确认输入，即可查找出西雅图的城市代码，如图 9-8 所示。

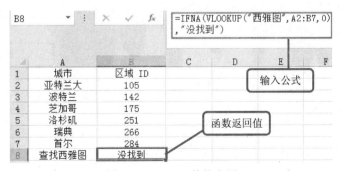

图 9-8　IFNA 函数的应用

函数 6　NOT——对其参数的逻辑求反

【功能说明】:

对参数值求反。当要确保一个值不等于某一特定值时，可以使用 NOT。

【语法格式】:

NOT(logical)

【参数说明】:

logical 为可以计算出 TRUE 或 FALSE 的值或表达式。

【实例】根据下列学生考试成绩表，筛选出有哪些学生 3 门科目的平均成绩大于 70 分的学生。

【实现方法】:

（1）选中 F2 单元格，在编辑栏中输入公式"=NOT(E2>=70)"，按 Enter 键确认输入，即可判断出学生"郗健航"的 3 门科目的平均成绩是否大于 70 分，如图 9-9 所示。如果 3 门科目的平均成绩大于 70 分，则显示为"FALSE"，反之，显示为"TRUE"。

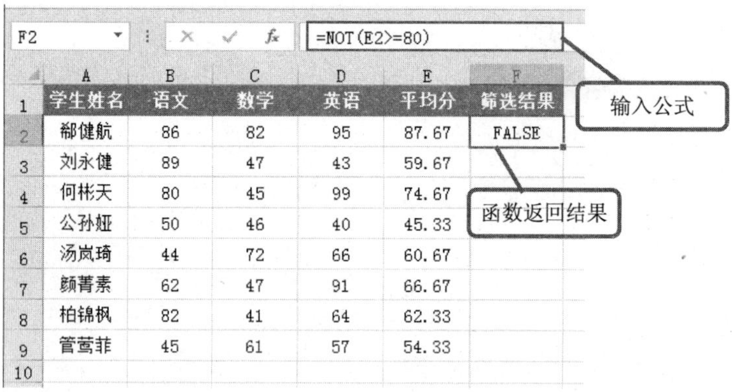

学生姓名	语文	数学	英语	平均分	筛选结果
郗健航	86	82	95	87.67	FALSE
刘永健	89	47	43	59.67	
何彬天	80	45	99	74.67	
公孙娅	50	46	40	45.33	
汤岚琦	44	72	66	60.67	
颜菁素	62	47	91	66.67	
柏锦枫	82	41	64	62.33	
管莺菲	45	61	57	54.33	

图 9-9　判断出第一名学生的平均分是大于 70 分的

（2）将光标移动到 F2 单元格的右下角，当光标变成黑色十字形状时双击，向下填充公式，即可判断出其他学生的 3 门科目的考试成绩是否为全部为不及格，如图 9-10 所示。

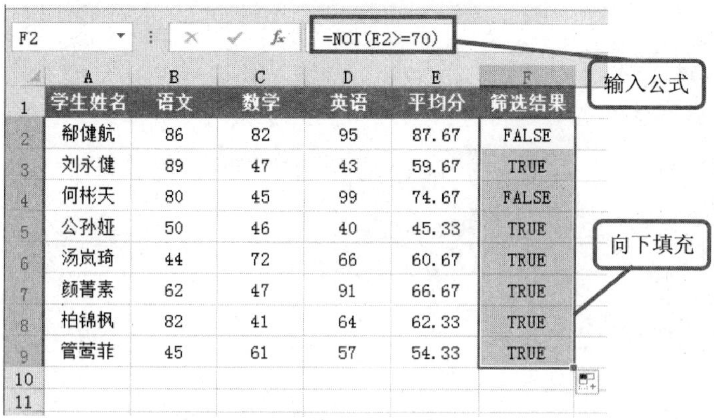

学生姓名	语文	数学	英语	平均分	筛选结果
郗健航	86	82	95	87.67	FALSE
刘永健	89	47	43	59.67	TRUE
何彬天	80	45	99	74.67	FALSE
公孙娅	50	46	40	45.33	TRUE
汤岚琦	44	72	66	60.67	TRUE
颜菁素	62	47	91	66.67	TRUE
柏锦枫	82	41	64	62.33	TRUE
管莺菲	45	61	57	54.33	TRUE

图 9-10　向下复制公式并显示计算结果

函数 7 OR——判定指定的任一条件为真，即返回真

【功能说明】：

在其参数组中，任何一个参数逻辑值为 TRUE，即返回 TRUE；任何一个参数的逻辑值为 FALSE，即返回 FALSE。

【语法格式】：

OR(logical1, [logical2], …)

【参数说明】：

logical1, logical2, …：logical1 是必需的，后续逻辑值是可选的。1～255 个需要进行测试的条件，测试结果可以为 TRUE 或 FALSE。

注意：参数必须能计算为逻辑值，如 TRUE 或 FALSE，或者为包含逻辑值的数组或引用。如果数组或引用参数中包含文本或空白单元格，则这些值将被忽略。

【实例】根据下列学生考试成绩表，判断出有哪些学生 3 门科目的考试成绩为全部不及格。

【实现方法】：

（1）选中 E2 单元格，在编辑栏中输入公式"=OR(B2>=60,C2>=60,D2>=60)"，按 Enter 键确认输入，即可判断出学生"郗健航"的 3 门科目的考试成绩是否为全部为不及格。如果 3 门科目的成绩全部不及格，则显示为"FALSE"，反之，显示为"TRUE"。

（2）将光标移动到 E2 单元格的右下角，当光标变成黑色十字形状时双击，向下填充公式，即可判断出其他学生的 3 门科目的考试成绩是否为全部为不及格，如图 9-11 所示。

图 9-11 OR 函数的应用

函数 8 TRUE——返回逻辑值 TRUE

【功能说明】：

返回逻辑值 TRUE。

【语法格式】：

TRUE()

【参数说明】：

TRUE 函数语法没有参数。

【实例】判断学生答案是否正确。

【实现方法】：

（1）选中 C2 单元格，在编辑栏中输入公式"=IF(B2=2+8,TRUE(),FALSE())"，按 Enter 键确认输入，即可判断学生的第一个答案正确与否，如图 9-12 所示。如果正确则显示为"TRUE"；反之，显示为"FALSE"。

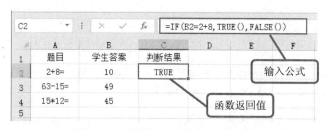

图 9-12　判断第一个答案正确与否

（2）在 C3 和 C4 单元格中，分别输入公式"=IF(B3=63-15,TRUE(),FALSE())"和"=IF(B4=15*12, TRUE(),FALSE())"，按 Enter 键确认输入，即可判断学生的第二个和第三个答案正确与否，如图 9-13 所示。

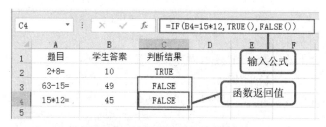

图 9-13　判断其他答案正确与否

函数 9　XOR——返回所有参数的逻辑"异或"值

【功能说明】：

返回所有参数的逻辑异或。

【语法格式】：

XOR(logical1, [logical2], …)

【参数说明】：

logical1、logical2：logical 1 是必需的，后续逻辑值是可选的。用户要检验的 1～254 个条件，可为 TRUE 或 FALSE，且可为逻辑值、数组或引用。

【实例】对图 9-14 中的员工表格进行条件判断，若同时满足部门为"设计部"，年龄大于 55 周岁，或者同时不满足这两个条件的记录。显示为 FALSE；若两个条件有一个满足的，则显示为 TRUE。

【实现方法】：

在 E2 单元格输入公式"=XOR(C2="设计部",D2>55)"，然后双击 E2 的填充柄即可得到所有的判断结果。

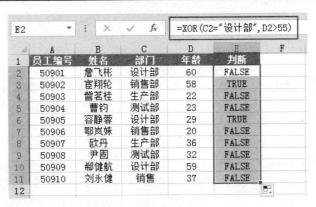

图 9-14　XOR 函数的应用

说明：异或运算，当两个条件同时满足或者同时不满足时，结果为 FALSE，有一个条件
满足时，结果为 TRUE。

第10章　信息函数解析与实例应用

信息函数可以确定存储在单元格中的数据的类型，如确定单元格中存放的是数字还是文本，是奇数还是偶数，是否为空单元格等。通过对这些数据类型的判断可以为后续的操作提供一个依据。比如，可以根据判断的结果，对奇偶数做不同的操作等。下面学习信息函数的用法。

函数 1　CELL——返回引用单元格信息

【功能说明】：

CELL 函数返回有关单元格的格式、位置或内容的信息。例如，如果要在对单元格执行计算之前，验证它包含的是数值而不是文本，则可以使用以下公式：

=IF(CELL("type", A1) = "v", A1 * 2, 0)

仅当单元格 A1 包含数值时，此公式才计算 A1*2 ；如果 A1 包含文本或为空，则此公式将返回 0。

【语法格式】：

CELL(info_type, [reference])

【参数说明】：

info_type：一个文本值，指定要返回的单元格信息的类型。下面的列表显示了 info_type 参数的可能值及相应的结果。

info_type	返　　回
"address"	引用中第一个单元格的引用，文本类型
"col"	引用中单元格的列标
"color"	如果单元格中的负值以不同颜色显示，则为值 1；否则，返回 0（零）
"contents"	引用中左上角单元格的值，不是公式
"filename"	包含引用的文件名（包括全部路径），文本类型。如果包含目标引用的工作表尚未保存，则返回空文本 ("")
"format"	与单元格中不同的数字格式相对应的文本值。下表列出不同格式的文本值。如果单元格中负值以不同颜色显示，则在返回的文本值的结尾处加 "-"；如果单元格中为正值或所有单元格均加括号，则在文本值的结尾处返回 "()"
"parentheses"	如果单元格中为正值或所有单元格均加括号，则为值 1；否则返回 0
"prefix"	与单元格中不同的"标志前缀"相对应的文本值。如果单元格文本左对齐，则返回单引号 (')；如果单元格文本右对齐，则返回双引号 (")；如果单元格文本居中，则返回插入字符 (^)；如果单元格文本两端对齐，则返回反斜线 (\)；如果是其他情况，则返回空文本 ("")。 "protect" 如果单元格没有锁定，则为值 0；如果单元格锁定，则返回 1
"row"	引用中单元格的行号

续表

info_type	返　　回
"type"	与单元格中的数据类型相对应的文本值。如果单元格为空，则返回 "b"。如果单元格包含文本常量，则返回 "1"；如果单元格包含其他内容，则返回 "v"
"width"	取整后的单元格的列宽。列宽以默认字号的一个字符的宽度为单位

reference：需要其相关信息的单元格。如果省略，则将 info_type 参数中指定的信息返回给最后更改的单元格。如果参数 reference 是某一单元格区域，则函数 CELL 只将该信息返回给该区域左上角的单元格。

【实例】根据下列数据，求返回引用单元格的信息。

【实现方法】：

（1）选中 B2 单元格，在编辑栏中输入公式 "=CELL("row",A2)"，按 Enter 键确认输入，即可返回单元格的行号，如图 10-1 所示。

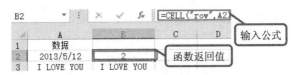

图 10-1　返回单元格的行号

（2）选中 C2 单元格，在编辑栏中输入公式 "=CELL("contents",A3)"，按 Enter 键确认输入，即可返回单元格的内容，如图 10-2 所示。

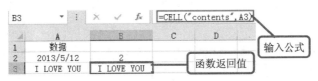

图 10-2　返回单元格的内容

函数 2　ERROR.TYPE——返回与错误值对应的数字

【功能说明】：

返回对应于 Microsoft Excel 中某一错误值的数字，或者，如果没有错误则返回 #N/A。在函数 IF 中可以使用 ERROR.TYPE 检测错误值，并返回文本字符串来取代错误值。

【语法格式】：

ERROR.TYPE(error_val)

【参数说明】：

error_val：需要查找其标号的一个错误值。尽管 error_val 可以为实际的错误值，但它通常为一个单元格引用，而此单元格中包含需要检测的公式。

如果 error_val 为	函数 ERROR.TYPE 返回
#NULL!	1
#DIV/0!	2
#VALUE!	3
#REF!	4

续表

如果 error_val 为	函数 ERROR.TYPE 返回
#NAME?	5
#NUM!	6
#N/A	7
#GETTING_DATA	8
其他值	#N/A

【实例】根据以下数据，求出返回值。

【实现方法】：

选中 B2/B3 单元格，在编辑栏中输入公式"=ERROR.TYPE(A2/A3)"，按 Enter 键确认输入，即可返回值，如图 10-3 所示。

图 10-3　ERROR.TYPE 函数的应用

函数 3　INFO——返回与当前操作环境有关的信息

【功能说明】：

返回有关当前操作环境的信息。

【语法格式】：

INFO(type_text)

【参数说明】：

type_text：用于指定要返回的信息类型的文本。

Type_text	返　　回
"directory"	当前目录或文件夹的路径
"numfile"	打开的工作簿中活动工作表的数目
"origin"	以当前滚动位置为基准，返回窗口中可见的左上角单元格的绝对单元格引用，如带前缀 "$A:" 的文本，此值与 Lotus 1-2-3 3.x 版兼容。返回的实际值取决于当前的引用样式设置。以 D9 为例，返回值为： • A1 引用样式　"$A:$D$9" • R1C1 引用样式　"$A:R9C4"
"osversion"	当前操作系统的版本号，文本值
"recalc"	当前的重新计算模式，返回"自动"或"手动"
"release"	Microsoft Excel 的版本号，文本值
"system"	操作系统名称： Macintosh ="mac" Windows ="pcdos"

【实例】获取当前文档的相关信息。

【实现方法】：

如图 10-4 所示，B 列是根据 A 列的要求求出的一些信息，而 C 列则给出了 B 列中输入的公式。

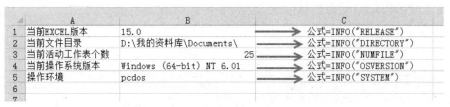

图 10-4　获取当前文本的信息

函数 4　ISBLANK——检查是否引用了空单元格

【功能说明】：

检查某个值是否为空白，并且返回 TRUE 或 FALSE。

【语法格式】：

ISBLANK(value)

【参数说明】：

value：要检验的值。参数 value 可以是空白（空单元格）、错误值、逻辑值、文本、数字、引用值，或者引用要检验的以上任意值的名称。

为 TRUE 的布尔值（如果值为空白）；否则为 FALSE。value 是不可转换的，任何用双引号括起的数值都将被视为文本。

【实例】 判断下列数值单元格中是否是空单元格。

【实现方法】：

选中 B2 单元格，在编辑栏中输入公式"=ISBLANK(A2)"，按 Enter 键确认输入，即可返回结果，如图 10-5 所示。

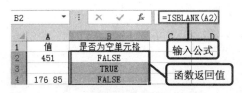

图 10-5　ISBLANK 函数的应用

函数 5　ISERROR——检查一个值是否为错误

【功能说明】：

检查某个值是否为错误，并且返回 TRUE 或 FALSE。

【语法格式】：

ISERROR(value)

【参数说明】：

value：要检验的值。参数 value 可以是空白（空单元格）、错误值、逻辑值、文本、数字、引用值，或者引用要检验的以上任意值的名称。

为 TRUE 的布尔值（如果值为错误）；否则为 FALSE。

【实例】检测销售统计表中 D 列中的数据是否包含除#N/A 以外的错误值。

【实现方法】：

选中 E3 单元格，在编辑栏中输入公式“=ISERROR(D3)”，按 Enter 键确认输入，向下复制公式，即可检查 D 列中的数值是否为错误值，如图 10-6 所示。

E3　=ISERROR(D3)

	A	B	C	D	E
1	商品销售统计表				
2	商品编号	6月	7月	增长比	检查是否有错误值
3	CT001	1030	1450	41%	FALSE
4	CT002	2050	3200	56%	FALSE
5	CT003	1980	2740	38%	FALSE
6	CT004	#N/A	2980	#N/A	TRUE
7	CT005	1870	2690	44%	FALSE
8	CT006	0	1800	#DIV/0!	TRUE
9	CT007	1880	2050	9%	FALSE
10	CT008	1970	2000	2%	FALSE
11	CT009	2030	1660	-18%	FALSE

图 10-6　检查是否为错误值

函数 6　ISERR——判断#N/A 以外的错误值

【功能说明】：

如果 value 引用#N/A 以外的任何错误值，则会返回逻辑值 TRUE；否则，它会返回 FALSE。

【语法格式】：

ISERR(value)

【参数说明】：

value：要检验的值。参数 value 可以是空白（空单元格）、错误值、逻辑值、文本、数字、引用值，或者引用要检验的以上任意值的名称。

【实例】检测销售统计表中 D 列中的数据是否包含除#N/A 以外的错误值。

【实现方法】：

选中 E3 单元格，在编辑栏中输入公式“= ISERR(D3)”，按 Enter 键确认输入，向下复制公式，即可检查 D 列中是否包含除#N/A 以外的错误值，如图 10-7 所示。

E3　= ISERR(D3)

	A	B	C	D	E
1	商品销售统计表				
2	商品编号	6月	7月	增长比	检查是否有错误值
3	CT001	1030	1450	41%	FALSE
4	CT002	2050	3200	56%	FALSE
5	CT003	1980	2740	38%	FALSE
6	CT004	#N/A	2980	#N/A	FALSE
7	CT005	1870	2690	44%	FALSE
8	CT006	0	1800	#DIV/0!	TRUE
9	CT007	1880	2050	9%	FALSE
10	CT008	1970	2000	2%	FALSE
11	CT009	2030	1660	-18%	FALSE

图 10-7　检查是否为除#N/A 以外的错误值

函数 7　ISEVEN——判断值是否为偶数

【功能说明】：

如果参数 number 为偶数，返回 TRUE，否则返回 FALSE。

【语法格式】：

ISEVEN(number)

【参数说明】：

number：待检验的数值。如果 number 不是整数，则截尾取整。

【实例】 判断下列数值是否为偶数。

【实现方法】：

选中 B2 单元格，在编辑栏中输入公式"=ISEVEN(A2)"，按 Enter 键确认输入，即可返回结果，如图 10-8 所示。

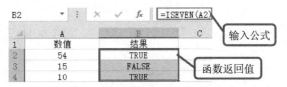

图 10-8　ISEVEN 函数的应用

输入公式"= ISEVEN(6)"返回结果 FALSE，输入公式"= ISEVEN(-2)"返回结果 TRUE，输入公式"= ISEVEN(1)"返回结果 FALSE。

函数 8　ISFORMULA——检查引用是否指向包含公式的单元格

【功能说明】：

检查是否存在包含公式的单元格引用，然后返回 TRUE 或 FALSE。

【语法格式】：

ISFORMULA(引用)

【参数说明】：

引用：引用是对要测试单元格的引用。引用可以是单元格引用或引用单元格的公式或名称。

【实例】 检测销售统计表中 D 列中的数据是否包含除#N/A 以外的错误值。

【实现方法】：

选中 H3 单元格，在编辑栏中输入公式"=ISFORMULA(G3)"，按 Enter 键确认输入，向下复制公式，即可检查 D 列中是否包含除#N/A 以外的错误值，如图 10-9 所示。

	A	B	C	D	E	F	G	H
1	各区销售量统计							
2	月份	崇安区	北塘区	滨湖区	惠山区	惠山区	总计	ISFORMULA函数检查结果
3	1月	980	1020	1300	980	750	5030	TRUE
4	2月	1850	1300	1200	1023	671	6044	FALSE
5	3月	1100	980	1730	1010	1450	6270	TRUE
6	4月	1980	870	1678	998	1350	6876	FALSE
7	5月	2900	690	1456	1500	780	7326	TRUE
8	6月	1860	1030	1699	1940	2020	8549	TRUE
9	7月	1880	1000	1487	699	600	5666	FALSE
10	8月	1000	1300	1030	530	970	4830	TRUE
11	9月	1030	1020	1000	970	1020	5040	TRUE

图 10-9　检查是否为除#N/A 以外的错误值

函数 9 ISLOGICAL——检查一个值是否为逻辑值

【功能说明】：

检查某个值是否是逻辑值（TRUE 或 FALSE），并且返回 TRUE 或 FALSE。

【语法格式】：

ISLOGICAL(value)

【参数说明】：

value：要检验的值。参数 value 可以是空白（空单元格）、错误值、逻辑值、文本、数字、引用值，或者引用要检验的以上任意值的名称。

如果返回值为逻辑值，将返回 TRUE；如果值为 TRUE 或 FALSE 之外的任何值，将返回 FALSE。

【实例】 检测 A 列中的数据是否为逻辑值。

【实现方法】：

选中 B2 单元格，在编辑栏中输入公式“= ISLOGICAL(A2)”，按 Enter 键确认输入，向下复制公式，即可检查 A 列中的数据是否为逻辑值，如图 10-10 所示。

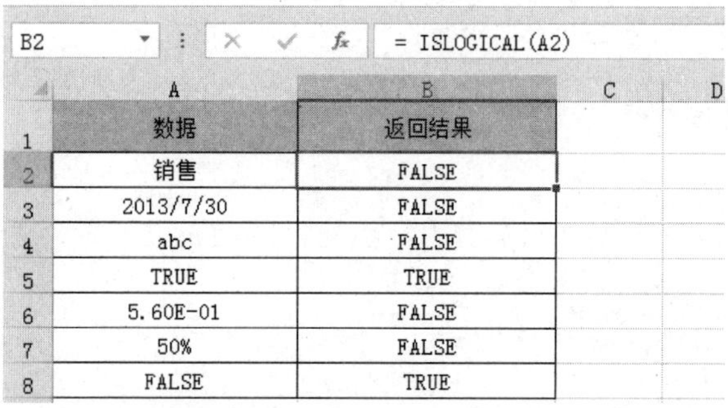
B2 = ISLOGICAL(A2)

	A	B
1	数据	返回结果
2	销售	FALSE
3	2013/7/30	FALSE
4	abc	FALSE
5	TRUE	TRUE
6	5.60E-01	FALSE
7	50%	FALSE
8	FALSE	TRUE

图 10-10 检查 A 列数据是否为逻辑值

函数 10 ISNA——检测一个值是否为"#N/A"

【功能说明】：

如果 value 引用错误值 #N/A（值不存在）；则返回逻辑值 TRUE；否则，返回 FALSE。

【语法格式】：

ISNA(value)

【参数说明】：

value：要检验的值。参数 value 可以是空白（空单元格）、错误值、逻辑值、文本、数字、引用值，或者引用要检验的以上任意值的名称。value 是不可转换的。任何用双引号括起的数值都将被视为文本。

【实例】 检测工作表中的数据是否为#N/A。

【实现方法】：

选中 E3 单元格，在编辑栏中输入公式“= ISNA(D3)”，按 Enter 键确认输入，向下复制公式，即可检查 D 列中是否包含#N/A 错误值，如图 10-11 所示。

E3　=ISNA(D3)

商品销售统计表				
商品编号	6月	7月	增长比	检查是否有错误值#N/A
CT001	1030	1450	41%	FALSE
CT002	2050	3200	56%	FALSE
CT003	1980	2740	38%	FALSE
CT004	#N/A	2980	#N/A	TRUE
CT005	1870	2690	44%	FALSE
CT006	0	1800	#DIV/0!	FALSE
CT007	1880	2050	9%	FALSE
CT008	1970	#N/A	#N/A	TRUE
CT009	2030	1660	-18%	FALSE

图 10-11　检查是否包含#N/A 错误值

函数 11　ISNONTEXT——非文本判断

【功能说明】:

检查某个值是否不是文本（空白单元不是文本），返回 TRUE 或 FALSE。

【语法格式】:

ISNONTEXT(value)

【参数说明】:

value：要检验的值。参数 value 可以是空白（空单元格）、错误值、逻辑值、文本、数字、引用值，或者引用要检验的以上任意值的名称。

如果值不是文本或空白，则返回 TRUE；如果值是文本，则返回 FALSE。空字符串视为文本。

【实例】 检查指定数据是否为非文本数据。

【实现方法】:

选中 A13 单元格，在编辑栏中输入公式“=ISNONTEXT(A3)”，按 Enter 键确认输入，向右复制公式，即可检查第 3 行中的数据是否为非文本数据，如图 10-12 所示。

A13　=ISNONTEXT(A3)

员工工资统计表					
工号	姓名	部门	1月	2月	3月
CT13001	周琳琳	生产部	2800	3300	3150
CT13002	李瑾色	品质部	3200	3500	3700
CT13003	刘风	生产部	2700	2900	3200
CT13004	张筱雨	品质部	3300	3700	3200
CT13005	袁明远	生产部	2750	3050	3200
CT13006	刘罗罗	品质部	3700	4200	3450
CT13007	张敏君	生产部	3000	3700	3400
CT13008	王小可	品质部	4000	3500	3700
CT13009	赵敏	生产部	2700	3200	3050
检测指定数据是否为非文本					
FALSE	FALSE	FALSE	TRUE	TRUE	TRUE

图 10-12　检查指定数据是否为非文本

函数 12　ISNUMBER——判断值是否为数字

【功能说明】:

检查某个值是否为数字，并且返回 TRUE 或 FALSE。

【语法格式】：

ISNUMBER(value)

【参数说明】：

value：要检验的值。参数 value 可以是空白（空单元格）、错误值、逻辑值、文本、数字、引用值，或者引用要检验的以上任意值的名称。

如果返回值为数字，则返回 TRUE；否则返回 FALSE。

【实例】判断下列数值是否为数字。

【实现方法】：

选中 B2 单元格，在编辑栏中输入公式"=ISNUMBER(A2)"，按 Enter 键确认输入，即可返回结果，如图 10-13 所示。

图 10-13　ISNUMBER 函数的应用

函数 13　ISODD——奇数判断

【功能说明】：

如果参数 number 为奇数，返回 TRUE，否则返回 FALSE。

【语法格式】：

ISODD(number)

【参数说明】：

number：待检验的数值。如果 number 不是整数，则截尾取整。

【实例】检测指定数据是否为奇数。

【实现方法】：

选中 F3 单元格，在编辑栏中输入公式"=ISODD(E3)"，按 Enter 键确认输入，向下复制公式，即可检查 E 列中对应的数据是否为奇数，如图 10-14 所示。

产品名称	1月	2月	3月	总计	检测数据是否为奇数
洗面奶	1230	1503	1870	2733	TRUE
睡眠面膜	2000	1250	1744	3250	FALSE
沐浴露	2000	1560	1780	3560	FALSE
爽肤水	3055	3200	3570	6255	TRUE
保湿乳液	1620	1780	1990	3400	FALSE
护肤乳	1000	980	1300	1980	FALSE
眼霜	821	1010	790	1831	TRUE

第1季度产品销售量统计表

图 10-14　检查指定数据是否为奇数

函数 14　ISREF——引用值判断

【功能说明】：

如果 value 为引用，则返回逻辑值 TRUE；否则，返回 FALSE。

【语法格式】：

ISREF(value)

【参数说明】：

value：要检验的值。参数 value 可以是空白（空单元格）、错误值、逻辑值、文本、数字、引用值，或者引用要检验的以上任意值的名称。

【实例】检验指定数据是否为引用。

【实现方法】：

（1）选中 F3 单元格，在编辑栏中输入公式“=ISREF(E3)”，按 Enter 键确认输入，检验数据是否为引用，如图 10-15 所示。

F3　=ISREF(E3)

	A	B	C	D	E	F
1	订单统计表					
2	订单编号	产品名称	单价	数量	总金额	检验数据是否为引用
3	MM13009	洗面奶	78.00	180	14040	TRUE
4	MM13005	睡眠面膜	55.80	135	7533	
5	MM13013	沐浴露	42.90	100	4290	
6	MM13010	爽肤水	99.00	278	27522	
7	MM13003	保湿乳液	103.00	199	20497	
8	MM13006	护肤乳	68.00	87	5916	
9	MM13004	眼霜	92.00	130	11960	

图 10-15　检验 E3 单元格的数据

（2）选中 F4 单元格，在编辑栏中输入公式“=ISREF("7533")”，按 Enter 键确认输入，如图 10-16 所示。

F4　=ISREF("7533")

	A	B	C	D	E	F
1	订单统计表					
2	订单编号	产品名称	单价	数量	总金额	检验数据是否为引用
3	MM13009	洗面奶	78.00	180	14040	TRUE
4	MM13005	睡眠面膜	55.80	135	7533	FALSE
5	MM13013	沐浴露	42.90	100	4290	
6	MM13010	爽肤水	99.00	278	27522	
7	MM13003	保湿乳液	103.00	199	20497	
8	MM13006	护肤乳	68.00	87	5916	
9	MM13004	眼霜	92.00	130	11960	

图 10-16　引用值判断

函数 15　ISTEXT——文本判断

【功能说明】：

检查某个值是否为文本，并且返回 TRUE 或 FALSE。

【语法格式】：

ISTEXT(value)

【参数说明】：

value：要检验的值。参数 value 可以是空白（空单元格）、错误值、逻辑值、文本、数字、引用值，或者引用要检验的以上任意值的名称。

如果值为文本，则返回 TRUE；否则返回 FALSE。

【实例】检验指定数据是否为文本型数据。

【实现方法】：

选中 A13 单元格，在编辑栏中输入公式“=ISTEXT(A3)”，按 Enter 键确认输入，向右复制公式，即可检查第 3 行中的数据是否为文本型数据，如图 10-17 所示。

A13　=ISTEXT(A3)

	A	B	C	D	E	F
1	员工工资统计表					
2	工号	姓名	部门	1月	2月	3月
3	CT13001	周琳琳	生产部	2800	3300	3150
4	CT13002	李瑾色	品质部	3200	3500	3700
5	CT13003	刘风	生产部	2700	2900	3200
6	CT13004	张筱雨	品质部	3300	3700	3200
7	CT13005	袁明远	生产部	2750	3050	3200
8	CT13006	刘罗罗	品质部	3700	4200	3450
9	CT13007	张敏君	生产部	3000	3700	3400
10	CT13008	王小可	品质部	4000	3500	3700
11	CT13009	赵敏	生产部	2700	3200	3050
12	检测指定数据是否为文本					
13	TRUE	TRUE	TRUE	FALSE	FALSE	FALSE

图 10-17　检查数据是否为文本型数据

函数 16　NA——返回错误值

【功能说明】：

返回错误值 #N/A。错误值 #N/A 表示“无法得到有效值”。使用 NA 标志空白单元格。在没有内容的单元格中输入 #N/A，可以避免不小心将空白单元格计算在内而产生的问题（当公式引用到含有 #N/A 的单元格时，会返回错误值 #N/A）。

【语法格式】：

NA( )

【参数说明】：

NA 函数语法没有参数。输入公式“=NA()”返回结果#N/A。

【实例】检验指定数据是否为该行数据的最大值/最小值，如果是，返回该数值，否则返回错误值#N/A。

【实现方法】：

（1）选中 B3 单元格，在编辑栏中输入公式“=IF(B2=MAX($B$2:$G$2),B2,NA())”，按 Enter 键确认输入，然后向右复制公式，即可检测第 2 行数据中的最大值，如图 10-18 所示。

（2）选中 B4 单元格，在编辑栏中输入公式“=IF(B2=MIN($B$2:$G$2),B2,NA())”，按 Enter 键确认输入，即可检验第 2 行数据中的最小值，如图 10-19 所示。

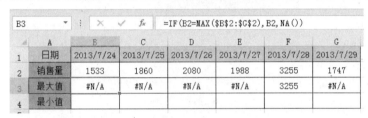

图 10-18 检验第 2 行数据中的最大值

B4		×	✓	fx	=IF(B2=MIN($B$2:$G$2),B2,NA())	
	A	B	C	D	E	F	G
1	日期	2013/7/24	2013/7/25	2013/7/26	2013/7/27	2013/7/28	2013/7/29
2	销售量	1533	1860	2080	1988	3255	1747
3	最大值	#N/A	#N/A	#N/A	#N/A	3255	#N/A
4	最小值	1533	#N/A	#N/A	#N/A	#N/A	#N/A

图 10-19 检验第 2 行数据中的最小值

函数 17 N——返回转换为数字后的值

【功能说明】：

返回转化为数值后的值。

【语法格式】：

N(value)

【参数说明】：

value：要转换的值。函数 N 可以转换下表中列出的值：

数值或引用	N 返回值
数字	该数字
日期（Microsoft Excel 的一种内部日期格式）	该日期的序列号
TRUE	1
FALSE	0
错误值，例如 #DIV/0!	错误值
其他值	0

【实例】快速生成订单编号。

【实现方法】：

选中 A3 单元格，在编辑栏中输入公式"="CN"&N(B3)"，按 Enter 键确认输入，向下复制公式，根据 B3:B9 单元格中的数据返回的日期序列号并在前面添加字符"CN"，生成订单编号，如图 10-20 所示。

函数 18 PHONETIC——获取代表拼音信息的字符串

【功能说明】：

提取文本字符串中的拼音（furigana）字符。

图 10-20　根据日期值快速生成订单编号

【语法格式】：

PHONETIC(reference)

【参数说明】：

reference：文本字符串或对单个单元格或包含 furigana 文本字符串的单元格区域的引用。

🔔注意：该函数只适用于日文版。

函数 19　SHEET——返回引用的工作表的工作表编号

【功能说明】：

返回引用工作表的工作表编号。

【语法格式】：

SHEET(value)

【参数说明】：

value：value 为所需工作表编号的工作表或引用的名称。如果 value 被省略，则 SHEET 返回含有该函数的工作表编号。

🔔注意：SHEET 包含所有工作表（显示、隐藏或绝对隐藏）以及所有其他工作表类型（宏、图表或对话框工作表）。

【实例】返回指定工作表的编号。

【实现方法】：

（1）选中 A2 单元格，在编辑栏中输入公式"=SHEET()"，然后按 Enter 键确认输入，可返回当前工作表的编号，如图 10-21 所示。

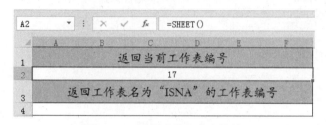

图 10-21　返回当前工作表编号

（2）选中 A4 单元格，在编辑栏中输入公式"=SHEET("ISNA")"，按 Enter 键确认输入，可返回工作表名为“ISNA”的工作表的编号，如图 10-22 所示。

A4　=SHEET("ISNA")

	A–F
1	返回当前工作表编号
2	17
3	返回工作表名为“ISNA”的工作表编号
4	9

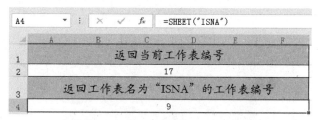

图 10-22　返回“ISNA”工作表编号

函数 20　TYPE——以整数形式返回参数的数据类型

【功能说明】：

返回数值的类型。当某一个函数的计算结果取决于特定单元格中数值的类型时，可使用函数 TYPE。

【语法格式】：

TYPE(value)

【参数说明】：

value：可以是任意 Microsoft Excel 数值，如数字、文本以及逻辑值等。

如果 value 为	函数 TYPE 返回
数字	1
文本	2
逻辑值	4
误差值（错误值）	16
数组	64

【实例】返回指定数据的数据类型。

【实现方法】：

选中 B2 单元格，在编辑栏中输入公式“=TYPE(A2)”，按 Enter 键确认输入，向下复制公式，即可返回 A 列中数据的数据类型，如图 10-23 所示。

B2　=TYPE(A2)

	A	B	C
1	数值	TYPE函数返回值	返回结果说明
2	销售额	2	文本
3	300	1	数字
4	2013/7/31	1	日期
5	FALSE	4	逻辑值
6	{3, 5, 7, 11}	2	数组
7	#N/A	16	错误值
8	#NAME?	16	错误值
9	#DIV/0!	16	错误值

图 10-23　返回数据类型

第 11 章　工程函数解析与实例应用

工程函数主要用于工程方面的数据分析，这类函数中的大多数可分为三种类型：对复数进行处理的函数，在不同的数字系统间进行数值转换的函数，在不同的度量系统中进行数值转换的函数。下面学习这类函数的应用。

函数 1　BESSELI——返回修正的贝塞尔函数 IN（X）

【功能说明】：

返回修正 Bessel 函数值，它与用纯虚数参数运算时的 Bessel 函数值相等。

【语法格式】：

BESSELI(x, n)

【参数说明】：

x：必需。用来进行函数计算的数值。

n：必需。bessel 函数的阶数。如果 n 不是整数，则截尾取整。

注意：如果 x 为非数值型，则 BESSELI 返回错误值 #VALUE!。

如果 n 为非数值型，则 BESSELI 返回错误值 #VALUE!。

如果 n < 0，则 BESSELI 返回错误值 #NUM!。

变量 x 的 n 阶修正 Bessel 函数值为：

$$I_n(x) = (i)^{-n} J_n(ix)$$

【实例】计算下列数值的修正 Bessel 函数值 In(x)。

【实现方法】：

（1）选中 C2 单元格，在编辑栏中输入公式"=BESSELI(A2,B2)"，按 Enter 键确认输入，即可计算出数值"5"的 2 阶修正 BESSELI 函数值。

（2）将光标移动到 C2 单元格的右下角，当光标变成黑色十字形状时双击，向下填充公式，即可计算出其他数值的 2 阶修正 BESSELI 函数值，如图 11-1 所示。

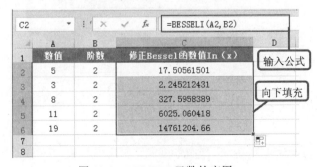

图 11-1　BESSELI 函数的应用

函数 2　BESSELJ——返回贝塞尔函数 Jn（x）

【功能说明】：

返回 Bessel 函数值。

【语法格式】：

BESSELJ(x, n)

【参数说明】：

x：必需。用来进行函数计算的数值。

n：必需。Bessel 函数的阶数。如果 n 不是整数，则截尾取整。

🔔注意：如果 x 为非数值型，则 BESSELJ 返回错误值 #VALUE!。

如果 n 为非数值型，则 BESSELJ 返回错误值 #VALUE!。

如果 n＜0，则 BESSELJ 返回错误值 #NUM!。

变量 x 的 n 阶修正 Bessel 函数值为：

$$J_n(x) = \sum_{k=0}^{\infty} \frac{(-1)^k}{k!\,\Gamma(n+k+1)} \left(\frac{x}{2}\right)^{n+2k}$$

式中：

$$\Gamma(n+k+1) = \int_0^{\infty} e^{-n} x^{n+k} \,\mathrm{d}x$$

为 Gamma 函数。

【实例】 计算下列数值的 Bessel 函数值 Jn(x)。

【实现方法】：

（1）选中 C2 单元格，在编辑栏中输入公式"=BESSELJ(A2,B2)"，按 Enter 键确认输入，即可计算出数值"3"的 1 阶 BESSELI 函数值。

（2）将光标移动到 C2 单元格的右下角，当光标变成黑色十字形状时双击，向下填充公式，即可计算出其他数值的 1 阶 BESSELI 函数值，如图 11-2 所示。

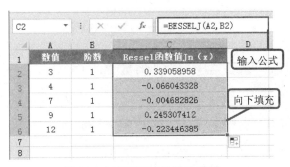

图 11-2　BESSELJ 函数的应用

函数 3　BESSELK——返回修正的贝塞尔函数 Kn（x）

【功能说明】：

返回修正 Bessel 函数值，它与用纯虚数参数运算时的 Bessel 函数值相等。

【语法格式】：

BESSELK(x, n)

【参数说明】：

x：必需。用来进行函数计算的数值。

n：必需。该函数的阶数。如果 n 不是整数，则截尾取整。

🔔注意：如果 x 为非数值型，则 BESSELK 返回错误值 #VALUE!。

　　　　如果 n 为非数值型，则 BESSELK 返回错误值 #VALUE!。

　　　　如果 n <0，则 BESSELK 返回错误值 #NUM!。

变量 x 的 n 阶修正 Bessel 函数值为：

$$K_n(x) = \frac{\pi}{2} i^{n+1} [J_n(ix) + iY_n(ix)]$$

式中 Jn 和 Yn 分别为 J 和 Y 的 Bessel 函数。

【实例】 计算下列数值的修正 Bessel 函数值 Kn(x)。

【实现方法】：

（1）选中 C2 单元格，在编辑栏中输入公式"=BESSELK (A2,B2)"，按 Enter 键确认输入，即可计算出数值"2"的 4 阶修正 BESSELI 函数值。

（2）将光标移动到 C2 单元格的右下角，当光标变成黑色十字形状时双击，向下填充公式，即可计算出其他数值的 4 阶修正 BESSELI 函数值，如图 11-3 所示。

图 11-3　BESSELK 函数的应用

函数 4　BESSELY——返回贝塞尔函数 Yn（x）

【功能说明】：

返回 Bessel 函数值，也称为 Weber 函数或 Neumann 函数。

【语法格式】：

BESSELY(x, n)

【参数说明】：

x：必需。用来进行函数计算的值。

n：必需。该函数的阶数。如果 n 不是整数，则截尾取整。

🔔注意：如果 x 为非数值型，则 BESSELY 返回错误值 #VALUE!。

　　　　如果 n 为非数值型，则 BESSELY 返回错误值 #VALUE!。

如果 n <0，则 BESSELY 返回错误值 #NUM!。

变量 x 的 n 阶修正 Bessel 函数值为：

$$Y_n(x) = \lim_{v \to n} \frac{J_v(x)\cos(v\pi) - J_{-v}(x)}{\sin(v\pi)}$$

【实例】计算下列数值的 Bessel 函数值 Yn(x)。

【实现方法】：

（1）选中 C2 单元格，在编辑栏中输入公式 "=BESSELY (A2,B2)"，按 Enter 键确认输入，即可计算出数值 "2" 的 3 阶 BESSELI 函数值。

（2）将光标移动到 C2 单元格的右下角，当光标变成黑色十字形状时双击，向下填充公式，即可计算出其他数值的 3 阶 BESSELI 函数值，如图 11-4 所示。

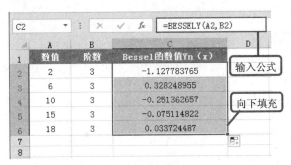

图 11-4　BESSELY 函数的应用

函数 5　BIN2DEC——将二进制数转换为十进制数

【功能说明】：

将二进制数转换为十进制数。

【语法格式】：

BIN2DEC(number)

【参数说明】：

number：必需。希望转换的二进制数。number 的位数不能多于 10 位（二进制位），最高位为符号位，其余 9 位为数字位。负数用二进制数的补码表示。

注意：如果数字为非法二进制数或位数多于 10 位（二进制位），则 BIN2DEC 返回错误值 #NUM!。

【实例】将下列二进制数值转换为十进制数值。

【实现方法】：

（1）选中 B2 单元格，在编辑栏中输入公式 "=BIN2DEC(A2)"，按 Enter 键确认输入，即可将二进制数 "10" 转换为十进制数 "2"。

（2）将光标移动到 B2 单元格的右下角，当光标变成黑色十字形状时双击，向下填充公式，即可将其他二进制数转换为十进制数，如图 11-5 所示。

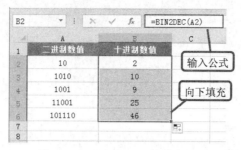

图 11-5　BIN2DEC 函数的应用

函数 6　BIN2HEX——将二进制数转换为十六进制数

【功能说明】：

将二进制数转换为十六进制数。

【语法格式】：

BIN2HEX(number, [places])

【参数说明】：

number：必需。希望转换的二进制数。number 的位数不能多于 10 位（二进制位），最高位为符号位，其余 9 位为数字位。负数用二进制数的补码表示。

places：可选。要使用的字符数。如果省略 places，BIN2HEX 将使用尽可能少的字符数。当需要在返回的值前置 0（零）时，places 尤其有用。

注意：如果数字为非法二进制数或位数多于 10 位，BIN2HEX 返回错误值 #NUM!。

如果数字为负数，BIN2HEX 忽略 places，返回以十个字符表示的十六进制数。

如果 BIN2HEX 需要比 places 指定的更多的位数，将返回错误值 #NUM!。

如果 places 不是整数，则将截尾取整。

如果 places 为非数值型，则 BIN2HEX 返回错误值 #VALUE!。

如果 places 为负值，则 BIN2HEX 返回错误值 #NUM!。

【实例】 将下列二进制数值转换为十六进制数值。

【实现方法】：

（1）选中 B2 单元格，在编辑栏中输入公式"=BIN2HEX(A2,3)"，按 Enter 键确认输入，即可将二进制数"10"转换为十六进制数"002"。

（2）将光标移动到 B2 单元格的右下角，当光标变成黑色十字形状时双击，向下填充公式，即可将其他二进制数转换为十六进制数，如图 11-6 所示。

图 11-6　BIN2HEX 函数的应用

函数 7 BIN2OCT——将二进制数转换为八进制数

【功能说明】：

将二进制数转换为八进制数。

【语法格式】：

BIN2OCT(number, [places])

【参数说明】：

number：必需。希望转换的二进制数。number 的位数不能多于 10 位（二进制位），最高位为符号位，其余 9 位为数字位。负数用二进制数的补码表示。

places：可选。要使用的字符数。如果省略 places，BIN2OCT 将使用尽可能少的字符数。当需要在返回的值前置 0（零）时，places 尤其有用。

⚠注意：如果数字为非法二进制数或位数多于 10 位，BIN2OCT 返回错误值 #NUM!。

如果数字为负数，BIN2OCT 忽略 pLaces，返回以十个字符表示的八进制数。

如果 BIN2OCT 需要比 places 指定的更多的位数，将返回错误值 #NUM!。

如果 places 不是整数，则将截尾取整。

如果 places 为非数值型，则 BIN2OCT 返回错误值 #VALUE!。

如果 places 为负值，则 BIN2OCT 返回错误值 #NUM!。

【实例】将下列二进制数值转换为八进制数值。

【实现方法】：

（1）选中 B2 单元格，在编辑栏中输入公式"=BIN2OCT(A2,4)"，按 Enter 键确认输入，即可将二进制数"10"转换为八进制数"0002"。

（2）将光标移动到 B2 单元格的右下角，当光标变成黑色十字形状时双击，向下填充公式，即可将其他二进制数转换为八进制数，如图 11-7 所示。

图 11-7 BIN2OCT 函数的应用

函数 8 BITAND——返回两个数字的按位"与"值

【功能说明】：

返回两个数的按位"与"。

【语法格式】：

BITAND(number1, number2)

【参数说明】：

number1：必需。必须为十进制格式并大于或等于 0。

number2：必需。必须为十进制格式并大于或等于 0。

注意：BITAND 返回一个十进制数。

　　　　结果是其参数的按位"与"。

　　　　仅当两个参数的相应位置的位均为 1 时，该位的值才会被计数。

　　　　按位返回的值从右向左按 2 的幂次依次累进。最右边的位返回 1(2^0)，其左侧的位返回 2(2^1)，以此类推。

　　　　如果任一参数小于 0，则 BITAND 返回错误值 #NUM!。

　　　　如果任一参数是非整数或大于 (2^48)-1，则 BITAND 返回错误值 #NUM!。

　　　　如果任一参数是非数值，则 BITAND 返回错误值 #VALUE!。

【实例】计算两个十进制的按位"与"值。

【实现方法】：

　　如图 11-8 所示，分别对 1 和 5、2 和 11、13 和 25 三组数字进行了按位"与"值的运算，其中 1 和 5 的运算，因为 1 的二进制表示形式是 1，5 的二进制表示形式是 101。他们的二进制数字仅在最右端的位置相匹配，即均为 1。此结果将作为 2^0 或 1 返回。而 2 和 11 的运算，2 的二进制为 10，11 的二进制位为 1011，他们的二进制位从右数的第 2 个相匹配，因此计算结果为 2^1，即 2。13 和 25 的运算，13 的二进制表示形式是 1101，25 的二进制表示形式是 11001。他们的二进制数字在最右端和从右侧开始第四个位置相匹配。此结果将作为 (2^0)+ (2^3)，即 9，如图 11-8 所示。

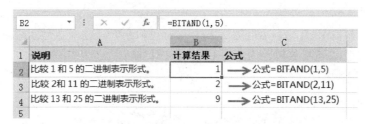

图 11-8　BITAND 函数的应用

函数 9　BITLSHIFT——返回按 Shift_amount 位左移的值数字

【功能说明】：

返回向左移动指定位数后的数值。

【语法格式】：

BITLSHIFT(number, shift_amount)

【参数说明】：

number：必需。number 必须为大于或等于 0 的整数。

shift_amount：必需。shift_amount 必须为整数。

注意：将数字左移等同于在数字的二进制表示形式的右侧添加零（0）。例如，将十进制值 4 左移两位，将使其二进制值（100）转换为 10000（即十进制值 16）。

如果任一参数超出其限制范围，则 BITLSHIFT 返回错误值 #NUM!。

如果 Number 大于 (2^48)-1，则 BITLSHIFT 返回错误值 #NUM!。

如果 Shift_amount 的绝对值大于 53，则 BITLSHIFT 返回错误值 #NUM!。

如果任一参数是非数值，则 BITLSHIFT 返回错误值 #VALUE!。

如果将负数用作 Shift_amount 参数，将使数字右移相应位数。

如果将负数用作 Shift_amount 参数，将返回与 BITRSHIFT 函数使用正的 shift_amount 参数相同的结果。

【实例】计算数值按 Shift_amount 位左移后的值。

【实现方法】：

如图 11-9 所示的表格，B 列和 C 列分别是计算 A 列数据向左移动 2 位和 3 位后得到的结果，在 B2 单元格中输入公式“=BITLSHIFT(A2,2)”，然后向下复制公式即可得到 A 列数据移动 2 位后的结果。同样，在 C2 单元格中输入公式“=BITLSHIFT(A2,3)”，可以得到移动 3 位后的结果。

C2　=BITLSHIFT(A2,3)

	A	B	C
1	十进制数值	移动2位后	移动3位后
2	1	4	8
3	2	8	16
4	3	12	24
5	4	16	32
6	5	20	40

图 11-9　BITRSHIFT 函数的应用

函数通过将 0 添加到以二进制表示的数字右侧使数字左移相应位数。返回的数值以十进制表示。如 1 以二进制表示为 1。在右侧添加两个数字 0 将得到 100，即十进制值的 4。

函数 10　BITOR——返回两个数字的按位“或”值

【功能说明】：

返回两个数的按位“或”。

【语法格式】：

BITOR(number1, number2)

【参数说明】：

number1：必需。必须为十进制格式并大于或等于 0。

number2：必需。必须为十进制格式并大于或等于 0。

注意：结果是其参数的按位“或”。

如果任一参数的相应位为 1，则此位的结果值为 1。

按位返回的值从右向左按 2 的幂次依次累进。最右边的位返回 1(2^0)，其左侧的位返回 2(2^1)，依此类推。

如果任一参数超出其限制范围，则 BITOR 返回错误值 #NUM!。

如果任一参数大于 (2^48)-1，则 BITOR 返回错误值 #NUM!。

如果任一参数是非数值，则 BITOR 返回错误值 #VALUE!。

【实例】 计算两个数字的按位"或"值。

【实现方法】：

如图 11-10 所示的表格，在 C3 单元格中输入公式"=BITOR(A2,B2)"，即可得出 1 和 2 两个数值的按位"或"值，然后向下复制公式即可得到其他计算结果。

以 3 和 5 为例，因为 3 的二进制表示为 11，5 的二进制表示为 101，在这两个数字中的 3 个位置都可以找到值 1。可以将 11 表示为 011，以使这两个数值具有相同的位数。将对数字 2^0、2^1 和 2^2 求和，即可得到 7。

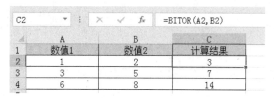

图 11-10　BITOR 的用法

函数 11　BITRSHIFT——返回按 Shift_amount 位右移的值数字

【功能说明】：

返回向右移动指定位数后的数值。

【语法格式】：

BITRSHIFT(number, shift_amount)

【参数说明】：

number：必需。必须为大于或等于 0 整数。

shift_amount：必需。必须为整数。

🔔 注意：将数字右移等同于从数字的二进制表示形式的最右侧删除数字。例如，将十进制值 13 右移两位，将使其二进制值 (1101) 转换为 11（即十进制值 3）。

如果任一参数超出其限制范围，则 BITRSHIFT 返回错误值 #NUM!。

如果 Number 大于 $(2^{48})-1$，则 BITRSHIFT 返回错误值 #NUM!。

如果 Shift_amount 的绝对值大于 53，则 BITRSHIFT 返回错误值 #NUM!。

如果任一参数是非数值，则 BITRSHIFT 返回错误值 #VALUE!。

如果将负数用作 Shift_amount 参数，将使数字左移相应位数。

如果将负数用作 Shift_amount 参数，将返回与 BITLSHIFT 函数使用正 Shift_amount 参数相同的结果。

【实例】 计算数值按 Shift_amount 位右左移后的值。

【实现方法】：

如图 11-11 所示的表格，B 列和 C 列分别是计算 A 列数据向右移动 2 位和 3 位后得到的结果，在 B2 单元格中输入公式"=BITRSHIFT(A2,2)"，然后向下复制公式，即可得到 A 列数据移动 2 位后的结果。同样，在 C2 单元格中输入公式"=BITLSHIFT(A2,3)"，可以得到移动 3 位后的结果。

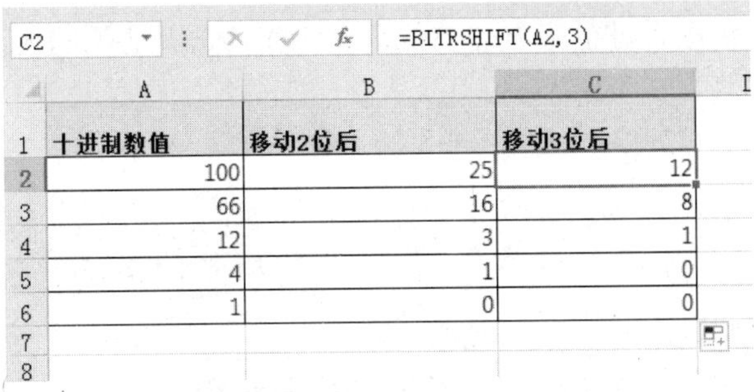

C2　=BITRSHIFT(A2,3)

十进制数值	移动2位后	移动3位后
100	25	12
66	16	8
12	3	1
4	1	0
1	0	0

图 11-11　BITRSHIFT 函数的应用

函数 12　BITXOR——返回两个数字的按位“异或”值

【功能说明】:

返回两个数值的按位“异或”结果。

【语法格式】:

BITXOR(number1, number2)

【参数说明】:

number1：必需。必须大于或等于 0。

number2：必需。必须大于或等于 0。

注意：BITXOR 返回一个十进制数字，为其参数的按位“异或”求和的结果。

如果任一参数超出其限制范围，则 BITXOR 返回错误值 #NUM!。

如果任一参数大于 (2^48)-1，则 BITXOR 返回错误值 #NUM!。

如果任一参数是非数值，则 BITXOR 返回错误值 #VALUE!。

如果两个参数的相应位的值不相等（换言之，一个值为 0，而另一个为 1），则该位的结果值为 1。

【实例】：求两个数字的按位“异或”值。

【实现方法】:

如图 11-12 所示，在 C2 单元格中输入公式“=BITXOR(A2,B2)”，按 Enter 键确认输入，即可得到 3 和 5 的按位异或结果，然后向下复制公式，即可得到所有数值的计算结果。

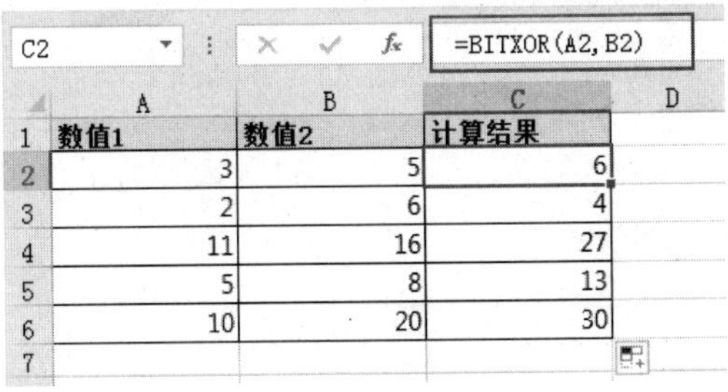

C2　=BITXOR(A2,B2)

数值1	数值2	计算结果
3	5	6
2	6	4
11	16	27
5	8	13
10	20	30

图 11-12　BITXOR 函数的应用

以 3 和 5 为例，5 在二进制中表示为 101，3 在二进制中表示为 11。为便于比较，可以将视作 011。从右向左，在三个位中，只有最右侧位置的位值相同。从右向左，第二和第三个位的“不相等”结果将返回 1，而最右侧位的“相等”结果则返回 0。各位返回的值 1

从右向左按 2 的幂次依次累进。最右边的位返回 1(2^0)，其左侧的位返回 2 (2^1)，依此类推。由于最右侧位的值为 0，因而返回 0；从右向左第二个位值为 1，将返回 2(2^1)，最左侧位值也为 1，将返回 4 (2^2)。总数为 6（以十进制表示形式）。

函数 13　COMPLEX——将实系数和虚系数转换为复数

【功能说明】:

将实系数及虚系数转换为 x+yi 或 x+yj 形式的复数。

【语法格式】:

COMPLEX(real_num, i_num, [suffix])

【参数说明】:

real_num：必需。复数的实部。

i_num：必需。复数的虚部。

suffix：可选。复数中虚部的后缀，如果省略，则认为它为 i。

🔔 注意：所有复数函数均接受 i 和 j 作为后缀，但不接受 I 和 J。使用大写将导致错误值 #VALUE!。使用两个或多个复数的函数要求所有复数的后缀一致。

🔔 注意：如果 real_num 为非数值型，则函数 COMPLEX 返回错误值 #VALUE!。

如果 i_num 为非数值型，则函数 COMPLEX 返回错误值 #VALUE!。

如果后缀不是 i 或 j，则函数 COMPLEX 返回错误值 #VALUE!。

【实例】 根据下列的实系数和虚系数，将其转换为 x+yi 或 x+yj 形式的复数。

【实现方法】:

（1）选中 C2 单元格，在编辑栏中输入公式"=COMPLEX(A2,B2)"，按 Enter 键确认输入，即可将实系数"10"和虚系数"2"转换为复数"10+2i"。

（2）将光标移动到 C2 单元格的右下角，当光标变成黑色十字形状时双击，向下填充公式，即可将其他指定的实系数和虚系数转换为复数，如图 11-13 所示。

图 11-13　COMPLEX 函数的应用

函数 14　CONVERT——将数字从一种度量系统转换为另一种度量系统

【功能说明】:

将数字从一个度量系统转换到另一个度量系统中。例如，函数 CONVERT 可以将一个以"英里"为单位的距离表转换成一个以"千米"为单位的距离表。

【语法格式】：

CONVERT(number, from_unit, to_unit)

【参数说明】：

number：必需。以 from_units 为单位的需要进行转换的数值。

from_unit：必需。数值 number 的单位。

to_unit：必需。结果的单位。

注意：函数 CONVERT 接受下表的文本值作为 from_unit 和 to_unit。

重量和质量	From_unit 或 to_unit	能量	From_unit 或 to_unit
克	"g"	焦耳	"J"
斯勒格	"sg"	尔格	"e"
磅（常衡制）	"lbm"	热力学卡	"c"
U（原子质量单位）	"u"	IT 卡	"cal"
盎司（常衡制）	"ozm"	电子伏	"eV"（或 "ev"）
距离	From_unit 或 to_unit	马力-小时	"HPh"（或 "hh"）
米	"m"	瓦特-小时	"Wh"（或 "wh"）
法定英里	"mi"	英尺磅	"flb"
海里	"Nmi"	BTU	"BTU"（或 "btu"）
英寸	"in"	乘幂	From_unit 或 to_unit
英尺	"ft"	马力	"HP"（或 "h"）
码	"yd"	瓦特	"W"（或 "w"）
埃	"ang"	磁	From_unit 或 to_unit
宏	"pica"	特斯拉	"T"
时间	From_unit 或 to_unit	高斯	"ga"
年	"yr"	温度	From_unit 或 to_unit
日	"day"	摄氏度	"C"（或 "cel"）
小时	"hr"	华氏度	"F"（或 "fah"）
分钟	"mn"	开氏温标	"K"（或 "kel"）
秒	"sec"	液体度量	From_unit 或 to_unit
压强	From_unit 或 to_unit	茶匙	"tsp"
帕斯卡	"Pa"（或 "p"）	汤匙	"tbs"
大气压	"atm"（或 "at"）	液量盎司	"oz"
毫米汞柱	"mmHg"	杯	"cup"
力	From_unit 或 to_unit	U.S. 品脱	"pt"（或 "us_pt"）
牛顿	"N"	U.K. 品脱	"uk_pt"
达因	"dyn"（或 "dy"）	夸脱	"qt"
磅力	"lbf"	升	"l"（或 "lt"）
		加仑	"gal"

下列缩写的单位前缀可以加在任何的公制单位 from_unit 或 to_unit 之前。

前缀	乘子	缩写	前缀	乘子	缩写
exa	1E+18	"E"	deci	1E-01	"d"
peta	1E+15	"P"	centi	1E-02	"c"
tera	1E+12	"T"	milli	1E-03	"m"
giga	1E+09	"G"	micro	1E-06	"u"
mega	1E+06	"M"	nano	1E-09	"n"
kilo	1E+03	"k"	pico	1E-12	"p"
hecto	1E+02	"h"	femto	1E-15	"f"
dekao	1E+01	"e"	atto	1E-18	"a"

注意：如果输入数据的拼写有误，则函数 CONVERT 返回错误值 #VALUE!。

如果单位不存在，则函数 CONVERT 返回错误值 #N/A。

如果单位不支持缩写的单位前缀，则函数 CONVERT 返回错误值 #N/A。

如果单位在不同的组中，则函数 CONVERT 返回错误值 #N/A。

单位名称和前缀要区分大小写。

【实例】将下列以"小时"为单位的员工加班时间转换成以"分钟"为单位。

【实现方法】：

（1）选中 F2 单元格，在编辑栏中输入公式"=CONVERT(E2,"hr","mn")"，按 Enter 键确认输入，即可将第一名员工加班时间的单位由"小时"转换成"分钟"。

（2）将光标移动到 F2 单元格的右下角，当光标变成黑色十字形状时双击，向下填充公式，即可将其他员工加班时间的单位由"小时"转换成"分钟"，如图 11-14 所示。

图 11-14 CONVERT 函数的应用

函数 15 DEC2BIN——将十进制数转换为二进制数

【功能说明】：

将十进制数转换为二进制数。

【语法格式】：

DEC2BIN(number, [places])

【参数说明】：

number：必需。待转换的十进制整数。如果参数 number 是负数，则省略有效位值并且 DEC2BIN 返回 10 个字符的二进制数（10 位二进制数），该数最高位为符号位，其余 9 位是数字位。负数用二进制数的补码表示。

places：可选。要使用的字符数。如果省略 places，函数 DEC2BIN 用能表示此数的最少字符来表示。当需要在返回的值前置 0（零）时，places 尤其有用。

注意：如果 number < -512 或 number > 511，则函数 DEC2BIN 返回错误值 #NUM!。

　　　如果参数 number 为非数值型，则函数 DEC2BIN 返回错误值 #VALUE!。

　　　如果函数 DEC2BIN 需要比 places 指定的更多的位数，将返回错误值 #NUM!。

　　　如果 places 不是整数，则将截尾取整。

　　　如果 places 为非数值型，则函数 DEC2BIN 返回错误值 #VALUE!。

　　　如果 places 为零或负值，则函数 DEC2BIN 返回错误值 #NUM!。

【实例】将下列十进制数值转换为二进制数值。

【实现方法】：

（1）选中 B2 单元格，在编辑栏中输入公式 "=DEC2BIN(A2)"，按 Enter 键确认输入，即可将十进制数 "11" 转换为二进制数。

（2）将光标移动到 B2 单元格的右下角，当光标变成黑色十字形状时双击，向下填充公式，即可将其他十进制数转换为二进制数，如图 11-15 所示。

图 11-15　DEC2BIN 函数的应用

函数 16　DEC2HEX——将十进制数转换为十六进制数

【功能说明】：

将十进制数转换为十六进制数。

【语法格式】：

DEC2HEX(number, [places])

【参数说明】：

number：必需。待转换的十进制整数。如果参数 number 是负数，则省略 places，并且函数 DEC2HEX 返回 10 个字符的十六进制数（40 位二进制数），其最高位为符号位，其余 39 位是数字位。负数用二进制数的补码表示。

place：可选。要使用的字符数。如果省略 places，函数 DEC2HEX 用能表示此数的最少字符来表示。当需要在返回的值前置 0（零）时，places 尤其有用。

🔔注意：如果 number<-549,755,813,888 或者 number > 549,755,813,887，则函数 DEC2HEX 返回错误值 #NUM!。

如果参数 number 为非数值型，则函数 DEC2HEX 将返回错误值 #VALUE!。

如果函数 DEC2HEX 需要比 places 指定的更多的位数，将返回错误值 #NUM!。

如果 places 不是整数，则将截尾取整。

如果 places 为非数值型，则函数 DEC2HEX 将返回错误值 #VALUE!。

如果 places 为负值，则函数 DEC2HEX 将返回错误值 #NUM!。

【实例】将下列十进制数值转换为十六进制数值。

【实现方法】：

（1）选中 B2 单元格，在编辑栏中输入公式 "=DEC2HEX(A2,3)"，按 Enter 键确认输入，即可将十进制数 "13" 转换为十六进制数。

（2）将光标移动到 B2 单元格的右下角，当光标变成黑色十字形状时双击，向下填充公式，即可将其他十进制数转换为十六进制数，如图 11-16 所示。

图 11-16　DEC2HEX 函数的应用

函数 17　DEC2OCT——将十进制数转换为八进制数

【功能说明】：

将十进制数转换为八进制数。

【语法格式】：

DEC2OCT(number, [places])

【参数说明】：

number：必需。待转换的十进制整数。如果参数 number 是负数，则省略 places，并且函数 DEC2OCT 返回 10 个字符的八进制数（30 位二进制数），其最高位为符号位，其余 29 位是数字位。负数用二进制数的补码表示。

places：可选。要使用的字符数。如果省略 places，函数 DEC2OCT 用能表示此数的最少字符来表示。当需要在返回的值前置 0（零）时，places 尤其有用。

🔔注意：如果 number < -536,870,912 或者 number > 536,870,911，则函数 DEC2OCT 将

返回错误值 #NUM!。

如果参数 number 为非数值型，则函数 DEC2OCT 将返回错误值 #VALUE!。

如果函数 DEC2OCT 需要比 places 指定的更多的位数，将返回错误值 #NUM!。

如果 places 不是整数，则将截尾取整。

如果 places 为非数值型，则函数 DEC2OCT 将返回错误值 #VALUE!。

如果 places 为负值，则函数 DEC2OCT 将返回错误值 #NUM!。

【实例】将下列十进制数值转换为八进制数值。

【实现方法】：

（1）选中 B2 单元格，在编辑栏中输入公式"=DEC2OCT(A2,4)"，按 Enter 键确认输入，即可将十进制数"19"转换为八进制数。

（2）将光标移动到 B2 单元格的右下角，当光标变成黑色十字形状时双击，向下填充公式，即可将其他十进制数转换为八进制数，如图 11-17 所示。

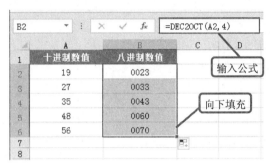

图 11-17　DEC2OCT 函数的应用

函数 18　DELTA——检验两个值是否相等

【功能说明】：

测试两个数值是否相等。如果 number1 = number2，则返回 1，否则返回 0。可用此函数筛选一组数据，例如，通过对几个 DELTA 函数求和，可以计算相等数据对的数目。该函数也称为 Kronecker Delta 函数。

【语法格式】：

DELTA(number1, [number2])

【参数说明】：

number1：必需。第一个数字。

number2：可选。第二个数字。如果省略则假设 number2 的值为零。

⚠️注意：如果 number1 为非数值型，则函数 DELTA 将返回错误值 #VALUE!。

　　　　如果 number2 为非数值型，则函数 DELTA 将返回错误值 #VALUE!。

【实例】检测下列考生的预测分数和实际分数是否相等。

【实现方法】：

（1）选中 E2 单元格，在编辑栏中输入公式"=DELTA(C2,D2)"，按 Enter 键确认输入，即可比较出第一名考生的预测分数和实际分数是否相等。如果相等，则显示为"1"，反之，

显示为 "0"。

（2）将光标移动到 E2 单元格的右下角，当光标变成黑色十字形状时双击，向下填充公式，即可比较出第一名考生的预测分数和实际分数是否相等，如图 11-18 所示。

图 11-18　DELTA 函数的应用

函数 19　ERF.PRECISE——返回误差函数

【功能说明】：

返回误差函数。

【语法格式】：

ERF.PRECISE(x)

【参数说明】：

x：必需。ERF.PRECISE 函数的积分下限。

🔔注意：如果 lower_limit 非数值型，则 ERF.PRECISE 返回错误值 #VALUE!。

【实例】： 如图 11-19 所示，分别计算了误差函数在 0 与 1、0.5 以及 0.75 三个数值之间的积分值。在 B2 单元格中输入公式 "= ERF.PRECISE(A2)"，即可得到误差函数在 0～1 之间的积分值，向下复制公式，可以得到其他值的计算结果。

	B2	▼	:	×	✓	fx	=ERF.PRECISE(A2)		

	A	B	C	D
1	数值	计算结果		
2	1	0.842700793		
3	0.5	0.520499878		
4	0.75	0.711155634		
5				
6				

图 11-19　ERF.PRECISE 函数的应用

函数 20　ERFC.PRECISE——返回补余误差函数

【功能说明】：

返回从 x 到无穷大积分的互补 ERF 函数。

【语法格式】：

ERFC.PRECISE(x)

【参数说明】：

x：必需。ERFC.PRECISE 函数的积分下限。

🔔注意：如果 x 为非数值型，则 ERFC.PRECISE 返回错误值 #VALUE!。

如在单元格中输入公式 "=ERFC.PRECISE(1)"，则可以得到 1 的 ERF 函数的补余误差函数，值为 0.15729921。

函数 21　ERFC——返回补余误差函数

【功能说明】：

返回从 x 到∞（无穷）积分的 ERF 函数的补余误差函数。

【语法格式】：

ERFC(x)

【参数说明】：

x：必需。ERFC 函数的积分下限。

🔔注意：如果 x 是非数值型，则函数 ERFC 返回错误值 #VALUE!。

【实例】计算设计模型的补余误差值。

【实现方法】：

（1）选中 C3 单元格，在编辑栏中输入公式 "=ERFC(A3)"，按 Enter 键确认输入，即可计算出设计模型的误差下限 a 为 "0"，误差上限 b 为 "∞" 时的补余误差值为 "1"。

（2）将光标移动到 C3 单元格的右下角，当光标变成黑色十字形状时双击，向下填充公式，即可计算出其他设计模型的误差下限 a 和上限 b 范围后的补余误差值，如图 11-20 所示。

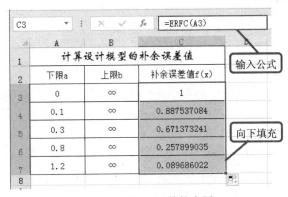

图 11-20　ERFC 函数的应用

函数 22　ERF——返回误差函数

【功能说明】：

返回误差函数在上下限之间的积分。

【语法格式】：

ERF(lower_limit,[upper_limit])

【参数说明】：

lower_limit：必需。erf 函数的积分下限。

upper_limit：可选。erf 函数的积分上限。如果省略，则 ERF 将在 0～ lower_limit 之间进行积分。

注意：如果下限是非数值型，则函数 ERF 返回错误值 #VALUE!。

如果上限是非数值型，则函数 ERF 返回错误值 #VALUE!。

【实例】 计算设计模型的误差值。

【实现方法】：

（1）选中 C3 单元格，在编辑栏中输入公式"=ERF(A3,B3)"，按 Enter 键确认输入，即可计算出设计模型的误差下限 a 为"0"，误差上限 b 为"0.4"时的误差值为"0.428392355"。

（2）将光标移动到 C3 单元格的右下角，当光标变成黑色十字形状时双击，向下填充公式，即可计算出其他设计模型的误差下限 a 和上限 b 范围后的误差值，如图 11-21 所示。

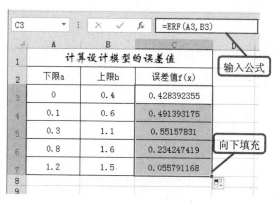

图 11-21　ERF 函数的应用

函数 23　GESTEP——检验数字是否大于阈值

【功能说明】：

如果 number 大于等于 step，则返回 1，否则返回 0。使用该函数可筛选数据。例如，通过计算多个函数 GESTEP 的返回值，可以检测出数据集中超过某个临界值的数据个数。

【语法格式】：

GESTEP(number, [step])

【参数说明】：

number：必需。要针对 step 进行测试的值。

step：可选。阈值。如果省略 step 的值，则函数 GESTEP 假设其为零。

注意：如果任一参数为非数值，则函数 GESTEP 返回错误值 #VALUE!。

【实例】 根据下列的学生考试成绩统计表，筛选出 3 门课程的平均分大于等于 80 分的学生。

【实现方法】：

（1）选中 F2 单元格，在编辑栏中输入公式"=GESTEP(E2,80)"，按 Enter 键确认输入，即可比较出学生“管芳苑”的 3 门课程的平均是否大于等于 80 分。如果大于等于 80 分，则显示为“1”，反之，显示为“0”。

（2）将光标移动到 F2 单元格的右下角，当光标变成黑色十字形状时双击，向下填充公式，即可比较出其他学生的 3 门课程的平均是否大于等于 80 分，如图 11-22 所示。

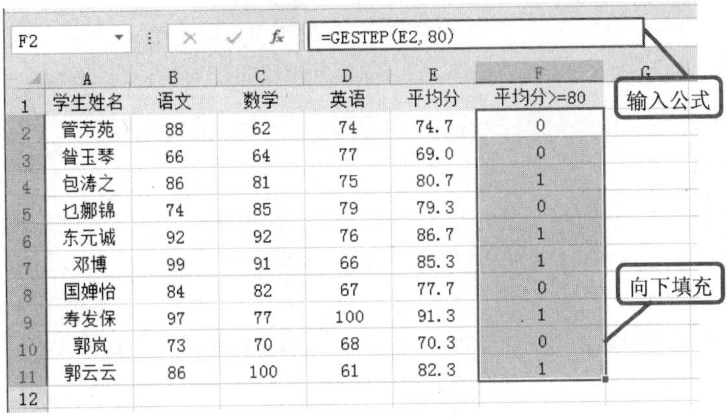

F2　=GESTEP(E2,80)

	A	B	C	D	E	F
1	学生姓名	语文	数学	英语	平均分	平均分>=80
2	管芳苑	88	62	74	74.7	0
3	昝玉琴	66	64	77	69.0	0
4	包涛之	86	81	75	80.7	1
5	乜娜锦	74	85	79	79.3	0
6	东元诚	92	92	76	86.7	1
7	邓博	99	91	66	85.3	1
8	国婵怡	84	82	67	77.7	0
9	寿发保	97	77	100	91.3	1
10	郭岚	73	70	68	70.3	0
11	郭云云	86	100	61	82.3	1
12						

图 11-22　GESTEP 函数的应用

函数 24　HEX2BIN——将十六进制数转换为二进制数

【功能说明】：

将十六进制数转换为二进制数。

【语法格式】：

HEX2BIN(number, [places])

【参数说明】：

number：必需。待转换的十六进制数。number 的位数不能多于 10 位，最高位为符号位（从右算起第 40 个二进制位），其余 39 位是数字位。负数用二进制数的补码表示。

places：可选。要使用的字符数。如果省略 places，函数 HEX2BIN 用能表示此数的最少字符来表示。当需要在返回的值前置 0（零）时，places 尤其有用。

注意：如果参数 number 为负数，则函数 HEX2BIN 将忽略 places，返回 10 位二进制数。如果参数 number 为负数，则不能小于 FFFFFFFE00；如果参数 number 为正数，则不能大于 1FF。

如果参数 number 不是合法的十六进制数，则函数 HEX2BIN 返回错误值 #NUM!。

如果 HEX2BIN 需要比 places 指定的更多的位数，将返回错误值 #NUM!。

如果 places 不是整数，则将截尾取整。

如果 places 为非数值型，则函数 HEX2BIN 返回错误值 #VALUE!。

如果 places 为负值，则函数 HEX2BIN 返回错误值 #NUM!。

【实例】将下列十六进制数值转换为二进制数值。

【实现方法】：

（1）选中 B2 单元格，在编辑栏中输入公式“=HEX2BIN(A2)”，按 Enter 键确认输入，即可将十六进制数“22”转换为二进制数“100010”。

（2）将光标移动到 B2 单元格的右下角，当光标变成黑色十字形状时双击，向下填充公式，即可将其他十六进制数转换为二进制数，如图 11-23 所示。

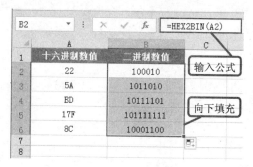

图 11-23　HEX2BIN 函数的应用

函数 25　HEX2DEC——将十六进制数转换为十进制数

【功能说明】：

将十六进制数转换为十进制数。

【语法格式】：

HEX2DEC(number)

【参数说明】：

number：必需。待转换的十六进制数。参数 number 的位数不能多于 10 位（40 位二进制），最高位为符号位，其余 39 位是数字位。负数用二进制数的补码表示。

注意：如果参数 number 不是合法的十六进制数，则函数 HEX2DEC 返回错误值#NUM!。

【实例】将下列十六进制数值转换为十进制数值。

【实现方法】：

（1）选中 B2 单元格，在编辑栏中输入公式 "=HEX2DEC(A2)"，按 Enter 键确认输入，即可将十六进制数 "22" 转换为十进制数 "34"。

（2）将光标移动到 B2 单元格的右下角，当光标变成黑色十字形状时双击，向下填充公式，即可将其他十六进制数转换为十进制数，如图 11-24 所示。

图 11-24　HEX2DEC 函数的应用

函数 26 HEX2OCT——将十六进制数转换为八进制数

【功能说明】：

将十六进制数转换为八进制数。

【语法格式】：

HEX2OCT(number, [places])

【参数说明】：

number：必需。待转换的十六进制数。参数 number 的位数不能多于 10 位，最高位（二进制位）为符号位，其余 39 位（二进制位）是数字位。负数用二进制数的补码表示。

places：可选。要使用的字符数。如果省略 places，则函数 HEX2OCT 用能表示此数的最少字符来表示。当需要在返回的值前置 0（零）时，places 尤其有用。

🔔 **注意**：如果参数 number 为负数，则函数 HEX2OCT 将忽略 places，返回 10 位八进制数。

如果参数 number 为负数，则不能小于 FFE0000000；如果参数 Number 为正数，则不能大于 1FFFFFFF。

如果参数 number 不是合法的十六进制数，则函数 HEX2OCT 返回错误值 #NUM!。

如果 HEX2OCT 需要比 places 指定的更多的位数，将返回错误值 #NUM!。

如果 places 不是整数，则将截尾取整。

如果 places 为非数值型，则函数 HEX2OCT 返回错误值 #VALUE!。

如果 places 为负值，则函数 HEX2OCT 返回错误值 #NUM!。

【实例】 将下列十六进制数值转换为八进制数值。

【实现方法】：

（1）选中 B2 单元格，在编辑栏中输入公式 "=HEX2OCT(A2)"，按 Enter 键确认输入，即可将十六进制数 "22" 转换为八进制数 "42"。

（2）将光标移动到 B2 单元格的右下角，当光标变成黑色十字形状时双击，向下填充公式，即可将其他十六进制数转换为八进制数，如图 11-25 所示。

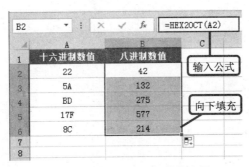

图 11-25 HEX2OCT 函数的应用

函数 27 IMABS——返回复数的绝对值（模数）

【功能说明】：

返回以 $x+yi$ 或 $x+yj$ 文本格式表示的复数的绝对值（模）。

【语法格式】：

IMABS(inumber)

【参数说明】：

inumber：必需。需要计算其绝对值的复数。

💭注意：使用函数 COMPLEX 可以将实系数和虚系数复合为复数。

复数绝对值的计算公式如下：

$$IMABS(z) = |z| = \sqrt{x^2 + y^2}$$

式中：

$$z = x + yi$$

【实例】计算下列复数的模。

【实现方法】：

（1）选中 B2 单元格，在编辑栏中输入公式"=IMABS(A2)"，按 Enter 键确认输入，即可计算出复数"2+4i"的模为"4.472135955"。

（2）将光标移动到 B2 单元格的右下角，当光标变成黑色十字形状时双击，向下填充公式，即可计算出其他复数的模，如图 11-26 所示。

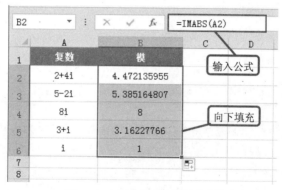

图 11-26　IMABS 函数的应用

函数 28　IMAGINARY——返回复数的虚系数

【功能说明】：

返回以 x+yi 或 x+yj 文本格式表示的复数的虚系数。

【语法格式】：

IMAGINARY(inumber)

【参数说明】：

inumber：必需。需要计算其虚系数的复数。

💭注意：使用函数 COMPLEX 可以将实系数和虚系数复合为复数。

【实例】计算下列复数的虚系数。

【实现方法】：

（1）选中 B2 单元格，在编辑栏中输入公式"=IMAGINARY(A2)"，按 Enter 键确认输入，即可计算出复数 "2+4i" 的虚系数为 "4"。

（2）将光标移动到 B2 单元格的右下角，当光标变成黑色十字形状时双击，向下填充公式，即可计算出其他复数的虚系数，如图 11-27 所示。

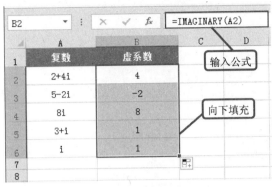

图 11-27　IMAGINARY 函数的应用

函数 29　IMARGUMENT——返回以弧度表示的角

【功能说明】：

返回以弧度表示的角 θ，如：

$$x + yi = |x + yi| \times e^{\theta} = |x + yi|(\cos\theta + i\sin\theta)$$

【语法格式】：

IMARGUMENT(inumber)

【参数说明】：

inumber：必需。需要计算其幅角 θ 的复数。

💭注意：使用函数 COMPLEX 可以将实系数和虚系数复合为复数。

函数 IMARGUMENT 的计算公式如下：

$$\text{IMARGUMENT}(z) = \tan^{-1}\left(\frac{y}{x}\right) = \theta$$

式中：

$$\theta \in (-\pi; \pi]$$

且

$$z = x + yi$$

【实例】计算下列复数的以弧度表示的角。

【实现方法】：

（1）选中 B2 单元格，在编辑栏中输入公式 "= IMARGUMENT (A2)"，按 Enter 键确认输入，即可计算出复数 "1+6i" 的以弧度表示的角为 "1.405647649"。

（2）将光标移动到 B2 单元格的右下角，当光标变成黑色十字形状时双击，向下填充公式，即可计算出其他复数的以弧度表示的角，如图 11-28 所示。

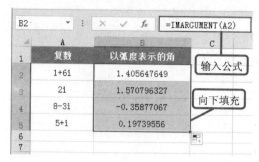

图 11-28　IMARGUMENT 函数的应用

函数 30　IMCONJUGATE——返回复数的共轭复数

【功能说明】：

返回以 $x+yi$ 或 $x+yj$ 文本格式表示的复数的共轭复数。

【语法格式】：

IMCONJUGATE(inumber)

【参数说明】：

inumber：必需。需要计算其共轭数的复数。

💬注意：使用函数 COMPLEX 可以将实系数和虚系数复合为复数。

共轭复数的计算公式如下：

$$\text{IMCONJUGATE}(x+yi) = \bar{z} = (x-yi)$$

【实例】计算下列复数的共轭复数。

【实现方法】：

（1）选中 B2 单元格，在编辑栏中输入公式"= IMCONJUGATE (A2)"，按 Enter 键确认输入，即可计算出复数"1+2i"的共轭复数为"1-2i"。

（2）将光标移动到 B2 单元格的右下角，当光标变成黑色十字形状时双击，向下填充公式，即可计算出其他复数的共轭复数，如图 11-29 所示。

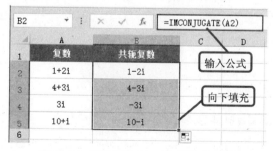

图 11-29　IMCONJUGATE 函数的应用

函数 31　IMCOS——返回复数的余弦

【功能说明】：

返回以 $x+yi$ 或 $x+yj$ 文本格式表示的复数的余弦。

【语法格式】：

IMCOS(inumber)

【参数说明】：

inumber：必需。需要计算其余弦的复数。

注意：使用函数 COMPLEX 可以将实系数和虚系数复合为复数。

如果 inumber 为逻辑值，则函数 IMCOS 返回错误值 #VALUE!。

复数余弦的计算公式如下：

$$\cos(x + yi) = \cos(x)\cosh(y) - \sin(x)\sinh(y)i$$

【实例】计算下列复数的余弦值。

【实现方法】：

（1）选中 B2 单元格，在编辑栏中输入公式"= IMCOS (A2)"，按 Enter 键确认输入，即可计算出复数"6+3i"的余弦值为"9.66666990438493+2.79914951373677i"。

（2）将光标移动到 B2 单元格的右下角，当光标变成黑色十字形状时双击，向下填充公式，即可计算出其他复数的余弦值，如图 11-30 所示。

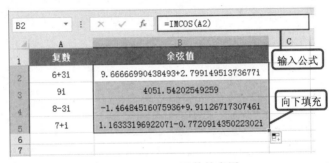

图 11-30 IMCOS 函数的应用

函数 32 IMCOSH——返回复数的双曲余弦值

【功能说明】：

返回以 $x + yi$ 或 $x + yj$ 文本格式表示的复数的双曲余弦值。

【语法格式】：

IMCOSH(inumber)

【参数说明】：

inumber：必需。需要计算其双曲余弦值的复数。

注意：使用函数 COMPLEX 可以将实系数和虚系数复合为复数。

如果 inumber 为非 $x + yi$ 或 $x + yj$ 文本格式的值，则 IMCOSH 返回错误值#NUM!。

如果 inumber 为逻辑值，则 IMCOSH 返回错误值 #VALUE!。

【实例】计算下列复数的双曲余弦值。

【实现方法】：

（1）选中 B2 单元格，在编辑栏中输入公式"= IMCOSH (A2)"，按 Enter 键确认输入，即可计算出复数"6+3i"的余弦值为"-199.696966208217+28.4657623938751i"。

（2）将光标移动到 B2 单元格的右下角，当光标变成黑色十字形状时双击，向下填充公式，即可计算出其他复数的余弦值，如图 11-31 所示。

图 11-31　IMCOSH 函数的应用

函数 33　IMCOT——返回复数的余切值

【功能说明】：

返回以 $x+yi$ 或 $x+yj$ 文本格式表示的复数的余切值。

【语法格式】：

IMCOT(inumber)

【参数说明】：

inumber：必需。需要计算其余切值的复数。

💬注意：使用函数 COMPLEX 可以将实系数和虚系数复合为复数。

　　　　如果 inumber 为非 $x+yi$ 或 $x+yj$ 文本格式的值，则 IMCOT 返回错误值#NUM!。

　　　　如果 inumber 为逻辑值，则 IMCOT 返回错误值 #VALUE!。

【实例】计算下列复数的余切值。

【实现方法】：

（1）选中 B2 单元格，在编辑栏中输入公式"=IMCOT(A2)"，按 Enter 键确认输入，即可计算出复数"4i"的余切值为"-1.00067115040168i"。

（2）将光标移动到 B2 单元格的右下角，当光标变成黑色十字形状时双击，向下填充公式，即可计算出其他复数的余切值，如图 11-32 所示。

图 11-32　IMCOT 函数的应用

函数 34　IMCSC——返回复数的余割值

【功能说明】：

返回以 $x+yi$ 或 $x+yj$ 文本格式表示的复数的余割值。

【语法格式】：

IMCSC(inumber)

【参数说明】：

inumber：必需。需要计算其余割值的复数。

注意：使用函数 COMPLEX 可以将实系数和虚系数复合为复数。

如果 inumber 为非 $x+yi$ 或 $x+yj$ 文本格式的值，则 IMCSC 返回错误值 #NUM!。

如果 inumber 为逻辑值，则 IMCSC 返回错误值 #VALUE!。

【实例】计算下列复数的余割值。

【实现方法】：

（1）选中 B2 单元格，在编辑栏中输入公式"= IMCSC (A2)"，按 Enter 键确认输入，即可计算出复数"4i"的余割值为"-0.0366435703258656i"。

（2）将光标移动到 B2 单元格的右下角，当光标变成黑色十字形状时双击，向下填充公式，即可计算出其他复数的余割值，如图 11-33 所示。

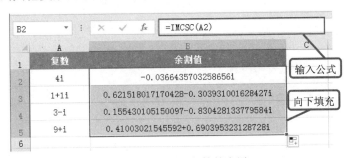

图 11-33　IMCSC 函数的应用

函数 35　IMCSCH——返回复数的双曲余割值

【功能说明】：

返回以 $x+yi$ 或 $x+yj$ 文本格式表示的复数的双曲余割值。

【语法格式】：

IMCSCH(inumber)

【参数说明】：

inumber：必需。需要计算其双曲余割值的复数。

注意：使用函数 COMPLEX 可以将实系数和虚系数复合为复数。

如果 inumber 为非 $x+yi$ 或 $x+yj$ 文本格式的值，则 IMCSCH 返回错误值#NUM!。

如果 inumber 为逻辑值，则 IMCSCH 返回错误值 #VALUE!。

【实例】计算下列复数的双曲余割值。

【实现方法】：

（1）选中 B2 单元格，在编辑栏中输入公式"= IMCSCH (A2)"，按 Enter 键确认输入，即可计算出复数"4i"的双曲余割值为"1.3213487088109i"。

（2）将光标移动到 B2 单元格的右下角，当光标变成黑色十字形状时双击，向下填充公式，即可计算出其他复数的双曲余割值，如图 11-34 所示。

图 11-34　IMCSCH 函数的应用

函数 36　IMDIV——返回两个复数的商

【功能说明】：

返回以 $x + yi$ 或 $x + yj$ 文本格式表示的两个复数的商。

【语法格式】：

IMDIV(inumber1, inumber2)

【参数说明】：

inumber1：必需。复数分子（被除数）。

inumber2：必需。复数分母（除数）。

🔔**注意：** 使用函数 COMPLEX 可以将实系数和虚系数复合为复数。

两个复数商的计算公式为：

$$\text{IMDIV}(z_1, z_2) = \frac{(a + bi)}{(c + di)} = \frac{(ac + bd) + (bc - ad)i}{c^2 + d^2}$$

【实例】 计算两个复数的商。

【实现方法】：

（1）选中 C2 单元格，在编辑栏中输入公式"=IMDIV(A2,B2)"，按 Enter 键确认输入，即可计算出复数"2+3i"和复数"5i"的商为"0.6-0.4i"。

（2）将光标移动到 C2 单元格的右下角，当光标变成黑色十字形状时双击，向下填充公式，即可计算出其他两个复数的商，如图 11-35 所示。

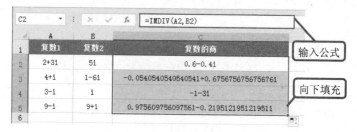

图 11-35　IMDIV 函数的应用

函数 37　IMEXP——返回复数的指数

【功能说明】：

返回以 $x+yi$ 或 $x+yj$ 文本格式表示的复数的指数。

【语法格式】：

IMEXP(inumber)

【参数说明】：

inumber：必需。需要计算其指数的复数。

注意：使用函数 COMPLEX 可以将实系数和虚系数复合为复数。

复数指数的计算公式如下：

$$\text{IMEXP}(z) = e^{(x+yi)} = e^x e^{yi} = e^x(\cos y + i\sin y)$$

【实例】 计算下列复数的指数。

【实现方法】：

（1）选中 B2 单元格，在编辑栏中输入公式 "= IMEXP (A2)"，按 Enter 键确认输入，即可计算出复数 "5i" 的指数为 "0.283662185463226-0.958924274663138i"。

（2）将光标移动到 B2 单元格的右下角，当光标变成黑色十字形状时双击，向下填充公式，即可计算出其他复数的指数，如图 11-36 所示。

图 11-36　IMEXP 函数的应用

函数 38　IMLN——返回复数的自然对数

【功能说明】：

返回以 $x+yi$ 或 $x+yj$ 文本格式表示的复数的自然对数。

【语法格式】：

IMLN(inumber)

【参数说明】：

inumber：必需。需要计算其自然对数的复数。

注意：使用函数 COMPLEX 可以将实系数和虚系数复合为复数。

复数的自然对数的计算公式如下：

$$\ln(x+yi) = \ln\sqrt{x^2+y^2} + i\tan^{-1}\left(\frac{y}{x}\right)$$

【实例】计算下列复数的自然对数。

【实现方法】：

（1）选中 B2 单元格，在编辑栏中输入公式"= IMLN (A2)"，按 Enter 键确认输入，即可计算出复数"5i"的自然对数为"1.6094379124341+1.5707963267949i"。

（2）将光标移动到 B2 单元格的右下角，当光标变成黑色十字形状时双击，向下填充公式，即可计算出其他复数的自然对数，如图 11-37 所示。

图 11-37　IMLN 函数的应用

函数 39　IMLOG10——返回复数的以 10 为底的对数

【功能说明】：

返回以 $x + yi$ 或 $x + yj$ 文本格式表示的复数的常用对数（以 10 为底数）。

【语法格式】：

IMLOG10(inumber)

【参数说明】：

inumber：必需。需要计算其常用对数的复数。

💬注意：使用函数 COMPLEX 可以将实系数和虚系数复合为复数。

复数的常用对数可按以下公式由自然对数导出：

$$\lg(x + yi) = (\lg_{10} e)\ln(x + yi)$$

【实例】计算下列复数的以 10 为底数的常用对数。

【实现方法】：

（1）选中 B2 单元格，在编辑栏中输入公式"=IMLOG10(A2)"，按 Enter 键确认输入，即可计算出复数"25-2i"的常用对数为"1.39932532272263-0.03466972228524011i"。

（2）将光标移动到 B2 单元格的右下角，当光标变成黑色十字形状时双击，向下填充公式，即可计算出其他复数的常用对数，如图 11-38 所示。

图 11-38　IMLOG10 函数的应用

函数 40　IMLOG2——返回复数的以 2 为底的对数

【功能说明】：

返回以 $x+yi$ 或 $x+yj$ 文本格式表示的复数的以 2 为底数的对数。

【语法格式】：

IMLOG2(inumber)

【参数说明】：

inumber：必需。需要计算以 2 为底数的对数值的复数。

注意：使用函数 COMPLEX 可以将实系数和虚系数复合为复数。

复数的以 2 为底数的对数可按以下公式由自然对数计算出：

$$\log_2(x+yi)=(\log_2 e)\ln(x+yi)$$

【实例】 计算下列复数的以 10 为底数的对数。

【实现方法】：

（1）选中 B2 单元格，在编辑栏中输入公式"= IMLOG2 (A2)"，按 Enter 键确认输入，即可计算出复数"25-2i"的对数为"4.64845810343965-0.115170324501282i"。

（2）将光标移动到 B2 单元格的右下角，当光标变成黑色十字形状时双击，向下填充公式，即可计算出其他复数的对数，如图 11-39 所示。

图 11-39　IMLOG2 函数的应用

函数 41　IMPOWER——返回复数的整数幂

【功能说明】：

返回以 $x+yi$ 或 $x+yj$ 文本格式表示的复数的 n 次幂。

【语法格式】：

IMPOWER(inumber, number)

【参数说明】：

inumber：必需。需要计算其幂值的复数。

number：必需。需要对复数应用的幂次。

注意：使用函数 COMPLEX 可以将实系数和虚系数复合为复数。

如果 number 为非数值型，则函数 IMPOWER 返回错误值 #VALUE!。

number 可以为整数、分数或负数。

复数 n 次幂的计算公式如下：

$$(x + yi)^n = r^n e^{jy} = r^n \cos n\theta + ir^n \sin n\theta$$

式中：

$$r = \sqrt{x^2 + y^2}$$

且：

$$\theta = \tan^{-1}\left(\frac{y}{x}\right)$$

且：

$$\theta \in (-\pi; \pi]$$

【实例】计算下列复数的 n 次幂值。

【实现方法】：

（1）选中 C2 单元格，在编辑栏中输入公式"=IMPOWER(A2,B2)"，按 Enter 键确认输入，即可计算出复数"6+3i"的 2 次幂为"27+36i"。

（2）将光标移动到 C2 单元格的右下角，当光标变成黑色十字形状时双击，向下填充公式，即可计算出其他复数的 n 次幂，如图 11-40 所示。

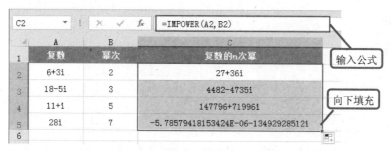

图 11-40　IMPOWER 函数的应用

函数 42　IMPRODUCT——返回 1～255 个复数的乘积

【功能说明】：

返回以 $x + yi$ 或 $x + yj$ 文本格式表示的 1～255 个复数的乘积。

【语法格式】：

IMPRODUCT(inumber1, [inumber2],…)

【参数说明】：

inumber1, [inumber2], …：inumber1 是必需的，后面的 inumber 不是必需的。这些是 1～255 个要相乘的复数。

注意：使用函数 COMPLEX 可以将实系数和虚系数复合为复数。

两复数乘积的计算公式如下：

$$(a + bi)(c + di) = (ac - bd) + (ad + bc)i$$

【实例】计算多个复数的乘积。

【实现方法】：

（1）选中 E2 单元格，在编辑栏中输入公式"=IMPRODUCT(A2,B2,C2,D2)"，按 Enter

键确认输入，即可计算出第一组复数的乘积为"-360+600i"。

（2）将光标移动到 E2 单元格的右下角，当光标变成黑色十字形状时双击，向下填充公式，即可计算出其他组复数的乘积，如图 11-41 所示。

图 11-41　IMPRODUCT 函数的应用

函数 43　IMREAL——返回复数的实部系数

【功能说明】：

返回以 $x + yi$ 或 $x + yj$ 文本格式表示的复数的实系数。

【语法格式】：

IMREAL(inumber)

【参数说明】：

inumber：必需。需要计算其实系数的复数。

注意：使用函数 COMPLEX 可以将实系数和虚系数复合为复数。

【实例】 计算下列复数的实系数。

【实现方法】：

（1）选中 B2 单元格，在编辑栏中输入公式"= IMREAL (A2)"，按 Enter 键确认输入，即可计算出复数"2+4i"的实系数为"2"。

（2）将光标移动到 B2 单元格的右下角，当光标变成黑色十字形状时双击，向下填充公式，即可计算出其他复数的实系数，如图 11-42 所示。

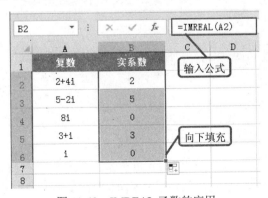

图 11-42　IMREAL 函数的应用

函数 44　IMSEC——返回复数的正割值

【功能说明】：

返回以 $x+yi$ 或 $x+yj$ 文本格式表示的复数的正割值。

【语法格式】：

IMSEC(inumber)

【参数说明】：

inumber：必需。需要计算其正割值的复数。

注意：使用函数 COMPLEX 可以将实系数和虚系数复合为复数。

　　　　如果 inumber 为非 $x+yi$ 或 $x+yj$ 文本格式的值，则 IMSEC 返回错误值#NUM!。

　　　　如果 inumber 为逻辑值，则 IMSEC 返回错误值 #VALUE!。

【实例】 计算下列复数的正割值。

【实现方法】：

（1）选中 B2 单元格，在编辑栏中输入公式"= IMSEC (A2)"，按 Enter 键确认输入，即可计算出复数"9-i"的正割值为"-0.635813915692859-0.21902578988921i"。

（2）将光标移动到 B2 单元格的右下角，当光标变成黑色十字形状时双击，向下填充公式，即可计算出其他复数的正割值，如图 11-43 所示。

图 11-43　IMSEC 函数的应用

函数 45　IMSECH——返回复数的双曲正割值

【功能说明】：

返回以 $x+yi$ 或 $x+yj$ 文本格式表示的复数的双曲正割值。

【语法格式】：

IMSECH(inumber)

【参数说明】：

inumber：必需。需要计算其双曲正割值的复数。

注意：使用函数 COMPLEX 可以将实系数和虚系数复合为复数。

　　　　如果 inumber 为非 $x+yi$ 或 $x+yj$ 文本格式的值，则 IMSECH 返回错误值#NUM!。

　　　　如果 inumber 为逻辑值，则 IMSECH 返回错误值 #VALUE!。

【实例】 计算下列复数的双曲正割值。

【实现方法】：

（1）选中 B2 单元格，在编辑栏中输入公式"=IMSECH (A2)"，按 Enter 键确认输入，即可计算出复数"9-i"的双曲正割值为"0.000133357207150976+0.000207691538229057i"。

（2）将光标移动到 B2 单元格的右下角，当光标变成黑色十字形状时双击，向下填充公式，即可计算出其他复数的双曲正割值，如图 11-44 所示。

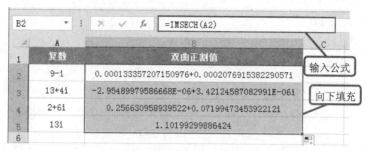

图 11-44　IMSECH 函数的应用

函数 46　IMSIN——返回复数的正弦

【功能说明】：

返回以 $x+yi$ 或 $x+yj$ 文本格式表示的复数的正弦值。

【语法格式】：

IMSIN(inumber)

【参数说明】：

inumber：必需。需要计算其正弦的复数。

🔔注意：使用函数 COMPLEX 可以将实系数和虚系数复合为复数。

复数正弦的计算公式如下：

$$\sin(x+yi) = \sin(x)\cosh(y) + \cos(x)\sinh(y)i$$

【实例】 计算下列复数的正弦值。

【实现方法】：

（1）选中 B2 单元格，在编辑栏中输入公式"=IMSIN(A2)"，按 Enter 键确认输入，即可计算出复数"23-14i"的正弦值为"-508834.141704706+320393.636498479i"。

（2）将光标移动到 B2 单元格的右下角，当光标变成黑色十字形状时双击，向下填充公式，即可计算出其他复数的正弦值，如图 11-45 所示。

图 11-45　IMSIN 函数的应用

函数 47 IMSINH——返回复数的双曲正弦值

【功能说明】：

返回以 $x+yi$ 或 $x+yj$ 文本格式表示的复数的双曲正弦值。

【语法格式】：

IMSINH(inumber)

【参数说明】：

inumber：必需。需要计算其双曲正弦值的复数。

注意：使用函数 COMPLEX 可以将实系数和虚系数复合为复数。

如果 inumber 为非 $x+yi$ 或 $x+yj$ 文本格式的值，则 IMSINH 返回错误值#NUM!。

如果 inumber 为逻辑值，则 IMSINH 返回错误值 #VALUE!。

【实例】 计算下列复数的双曲正弦值。

【实现方法】：

（1）选中 B2 单元格，在编辑栏中输入公式"=IMSINH(A2)"，按 Enter 键确认输入，即可计算出复数"23-14i"的双曲正弦值为"666238657.611093-4826636986.82744i"。

（2）将光标移动到 B2 单元格的右下角，当光标变成黑色十字形状时双击，向下填充公式，即可计算出其他复数的双曲正弦值，如图 11-46 所示。

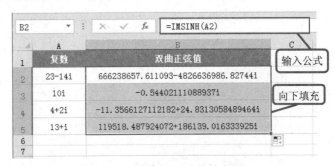

图 11-46　IMSINH 函数的应用

函数 48 IMSQRT——返回复数的平方根

【功能说明】：

返回以 $x+yi$ 或 $x+yj$ 文本格式表示的复数的平方根。

【语法格式】：

IMSQRT(inumber)

【参数说明】：

inumber：必需。需要计算其平方根的复数。

注意：使用函数 COMPLEX 可以将实系数和虚系数复合为复数。

复数平方根的计算公式如下：

$$\sqrt{x+yi} = \sqrt{r}\cos\left(\frac{\theta}{2}\right) + i\sqrt{r}\sin\left(\frac{\theta}{2}\right)$$

式中：

$$r = \sqrt{x^2 + y^2}$$

且：

$$\theta = \tan^{-1}\left(\frac{y}{x}\right)$$

且：

$$\theta \in (-\pi; \pi]$$

【实例】计算下列复数的平方根。

【实现方法】：

（1）选中 B2 单元格，在编辑栏中输入公式"=IMSQRT(A2)"，按 Enter 键确认输入，即可计算出复数"3i"的平方根为"1.22474487139159+1.22474487139159i"。

（2）将光标移动到 B2 单元格的右下角，当光标变成黑色十字形状时双击，向下填充公式，即可计算出其他复数的平方根，如图 11-47 所示。

图 11-47　IMSQRT 函数的应用

函数 49　IMSUB——返回两个复数的差

【功能说明】：

返回以 $x+yi$ 或 $x+yj$ 文本格式表示的两个复数的差。

【语法格式】：

IMSUB(inumber1, inumber2)

【参数说明】：

inumber1：必需。被减（复）数。

inumber2：必需。减（复）数。

注意：使用函数 COMPLEX 可以将实系数和虚系数复合为复数。

两复数差的计算公式如下：

$$(a+bi) - (c+di) = (a-c) + (b-d)i$$

【实例】计算两个复数的差。

【实现方法】：

（1）选中 C2 单元格，在编辑栏中输入公式"= IMSUB (A2,B2)"，按 Enter 键确认输入，即可计算出复数"11+i"和复数"2"的差为"9+i"。

（2）将光标移动到 C2 单元格的右下角，当光标变成黑色十字形状时双击，向下填充公式，即可计算出其他两个复数的差，如图 11-48 所示。

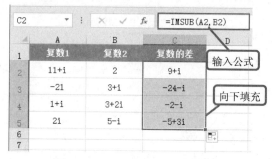

图 11-48　IMSUB 函数的应用

函数 50　IMSUM——返回多个复数的和

【功能说明】：

返回以 $x+yi$ 或 $x+yj$ 文本格式表示的两个或多个复数的和。

【语法格式】：

IMSUM(inumber1, [inumber2],…)

【参数说明】：

inumber1, [inumber2],…：inumber1 是必需的，后续数字不是必需的。这些是 1～255 个要相加的复数。

注意：使用函数 COMPLEX 可以将实系数和虚系数复合为复数。

两复数和的计算公式如下：

$$(a+bi)+(c+di)=(a+c)+(b+d)i$$

【实例】计算多个复数的和。

【实现方法】：

（1）选中 E2 单元格，在编辑栏中输入公式"= IMSUM (A2,B2,C2,D2)"，按 Enter 键确认输入，即可计算出第一组复数的和为"21+8i"。

（2）将光标移动到 E2 单元格的右下角，当光标变成黑色十字形状时双击，向下填充公式，即可计算出其他组复数的和，如图 11-49 所示。

图 11-49　IMSUM 函数的应用

函数 51　IMTAN——返回复数的正切值

【功能说明】：

返回以 $x + yi$ 或 $x + yj$ 文本格式表示的复数的正切值。

【语法格式】：

IMTAN(inumber)

【参数说明】：

inumber：必需。需要计算其正切值的复数。

注意：使用函数 COMPLEX 可以将实系数和虚系数复合为复数。

如果 inumber 为非 $x + yi$ 或 $x + yj$ 文本格式的值，则 IMTAN 返回错误值 #NUM!。

如果 inumber 为逻辑值，则 IMTAN 返回错误值 #VALUE!。

【实例】 计算下列复数的正切值。

【实现方法】：

（1）选中 B2 单元格，在编辑栏中输入公式"= IMTAN (A2)"，按 Enter 键确认输入，即可计算出复数"13+i"的正切值为"0.17295045562657+0.8225823996004446i"。

（2）将光标移动到 B2 单元格的右下角，当光标变成黑色十字形状时双击，向下填充公式，即可计算出其他复数的正切值，如图 11-50 所示。

图 11-50　IMTAN 函数的应用

函数 52　OCT2BIN——将八进制数转换为二进制数

【功能说明】：

将八进制数转换为二进制数。

【语法格式】：

OCT2BIN(number, [places])

【参数说明】：

number：必需。待转换的八进制数。参数 number 不能多于 10 位，最高位（二进制位）是符号位，其余 29 位是数字位。负数用二进制数的补码表示。

places：可选。要使用的字符数。如果省略 places，函数 OCT2BIN 用能表示此数的最少字符来表示。当需要在返回的值前置 0（零）时，places 尤其有用。

注意：如果参数 number 为负数，则函数 OCT2BIN 将忽略 places，返回 10 位二进制数。

如果参数 number 为负数，则不能小于 7777777000；如果参数 number 为正数，则不能大于 777。

如果参数 number 不是有效的八进制数，则函数 OCT2BIN 返回错误值 #NUM!。

如果函数 OCT2BIN 需要比 places 指定的更多的位数，将返回错误值 #NUM!。

如果 places 不是整数，则将截尾取整。

如果 places 为非数值型，则函数 OCT2BIN 返回错误值 #VALUE!。

如果 places 为负数，则函数 OCT2BIN 返回错误值 #NUM!。

【实例】将下列八进制数值转换为二进制数值。

【实现方法】：

（1）选中 B2 单元格，在编辑栏中输入公式 "=OCT2BIN (A2)"，按 Enter 键确认输入，即可将八进制数 "125" 转换为二进制数 "1010101"。

（2）将光标移动到 B2 单元格的右下角，当光标变成黑色十字形状时双击，向下填充公式，即可将其他八进制数转换为二进制数，如图 11-51 所示。

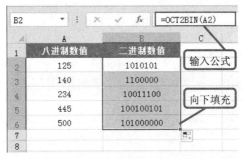

图 11-51　OCT2BIN 函数的应用

函数 53　OCT2DEC——将八进制数转换为十进制数

【功能说明】：

将八进制数转换为十进制数。

【语法格式】：

OCT2DEC(number)

【参数说明】：

number：必需。待转换的八进制数。参数 number 的位数不能多于 10 位（30 个二进制位），最高位（二进制位）是符号位，其余 29 位是数字位，负数用二进制数的补码表示。

🔔注意：如果参数不是有效的八进制数，则函数 OCT2DEC 返回错误值 #NUM!。

【实例】将下列八进制数值转换为十进制数值。

【实现方法】：

（1）选中 B2 单元格，在编辑栏中输入公式 "=OCT2DEC(A2)"，按 Enter 键确认输入，即可将八进制数"125"转换为十进制数"85"。

（2）将光标移动到 B2 单元格的右下角，当光标变成黑色十字形状时双击，向下填充公式，即可将其他八进制数转换为十进制数，如图 11-52 所示。

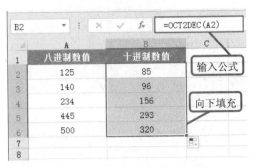

图 11-52　OCT2DEC 函数的应用

函数 54　OCT2HEX——将八进制数转换为十六进制数

【功能说明】：

将八进制数转换为十六进制数。

【语法格式】：

OCT2HEX(number, [places])

【参数说明】：

number：必需。待转换的八进制数。参数 number 的位数不能多于 10 位（30 个二进制位），最高位（二进制位）是符号位，其余 29 位是数字位，负数用二进制数的补码表示。

places：可选。要使用的字符数。如果省略 places，则函数 OCT2HEX 用能表示此数的最少字符来表示。当需要在返回的值前置 0（零）时，places 尤其有用。

🔔注意：如果参数 number 为负数，则函数 OCT2HEX 将忽略 places，返回 10 位十六进制数。

　　　如果参数不是有效的八进制数，则函数 OCT2HEX 返回错误值 #NUM!。

　　　如果函数 OCT2HEX 需要比 places 指定的更多的位数，将返回错误值 #NUM!。

　　　如果 places 不是整数，则将截尾取整。

　　　如果 places 为非数值型，则函数 OCT2HEX 返回错误值 #VALUE!。

　　　如果 places 为负数，则函数 OCT2HEX 返回错误值 #NUM!。

【实例】将下列八进制数值转换为十六进制数值。

【实现方法】：

（1）选中 B2 单元格，在编辑栏中输入公式"=OCT2HEX(A2,3)"，按 Enter 键确认输入，即可将八进制数"125"转换为十六进制数"055"。

（2）将光标移动到 B2 单元格的右下角，当光标变成黑色十字形状时双击，向下填充公式，即可将其他八进制数转换为十六进制数，如图 11-53 所示。

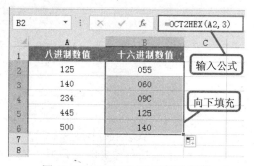

图 11-53　OCT2HEX 函数的应用

第12章 函数与公式应用举例

通过前面 11 章的学习，我们已经介绍了 Excel 的绝大多数函数，本章通过一系列小实例，进一步巩固函数与公式的用法，希望能对读者朋友的工作有一定的帮助。

12.1 忽略隐藏的行汇总数据

在使用 Excel 处理数据时，有时需要把数据表中的若干行隐藏，然后对可见部分的数据进行求和或统计分析，如果使用 SUM 或 COUNT 等函数计算，则会将隐藏行中的数据也计算在内，无法满足用户的需求。如图 12-1 所示为一份销售量统计表，C2:C13 销售量之和为 935，现将 6 月份销售数据隐藏，如何才能快速求出可见部分的销售量之和？

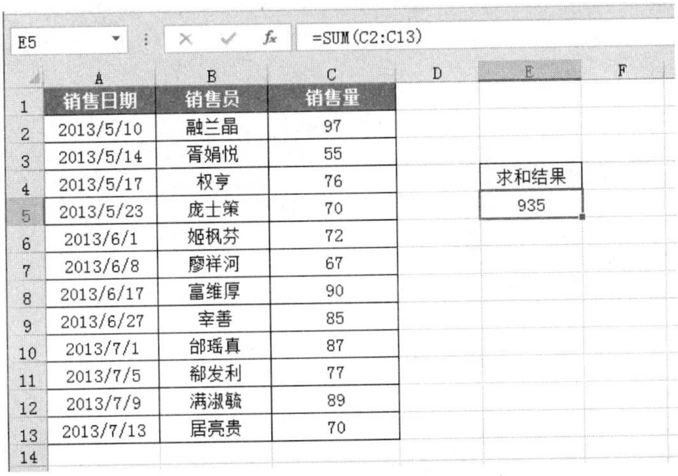

图 12-1　销售量统计表

【实现方法】：

（1）在如图 12-1 所示的销售量统计表中，选中要隐藏的行，如 6～9 行，然后按 Ctrl+9 组合键即可隐藏行。

（2）隐藏行后，选中 E5 单元格，在编辑栏中输入公式 "=SUBTOTAL(109,C2:C13)"，按 Enter 键确认输入，即可计算出 C2:C13 单元格区域可见部分的销售量之和为 621，如图 12-2 所示。

本例中使用 109 作为 SUBTOTAL 函数的 function_num 参数，相当于 SUM 函数功能，并且具有忽略行进行求和的特性，汇总 C2:C13 单元格区域可见单元格的销售量数据。

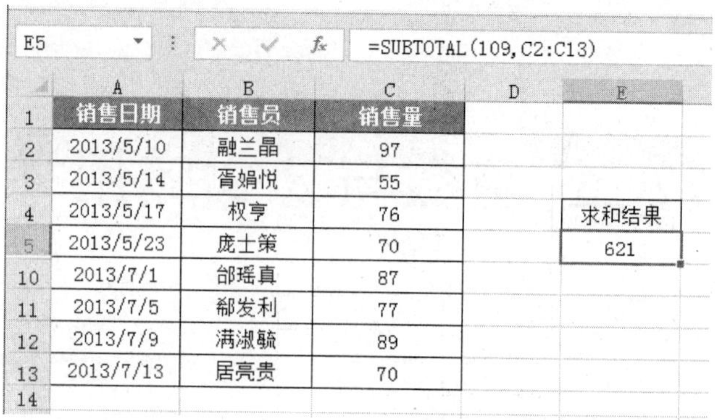

E5 =SUBTOTAL(109,C2:C13)

	A	B	C	D	E
1	销售日期	销售员	销售量		
2	2013/5/10	融兰晶	97		
3	2013/5/14	胥娟悦	55		
4	2013/5/17	权亨	76		求和结果
5	2013/5/23	庞士策	70		621
10	2013/7/1	郜瑶真	87		
11	2013/7/5	郗发利	77		
12	2013/7/9	满淑毓	89		
13	2013/7/13	居亮贵	70		
14					

图 12-2　计算可见部分的销售量之和

12.2　汇总某月的销售额

在按日期进行数据汇总时，有时只需要汇总其中某个月的数据做同期比较。如图 12-3 所示为一份销售额统计表，现要求出其中 5 月份的销售额，该如何操作呢？

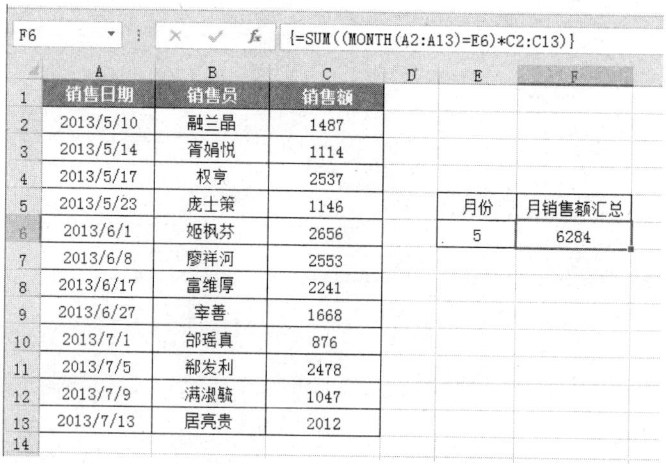

F6 {=SUM((MONTH(A2:A13)=E6)*C2:C13)}

	A	B	C	D	E	F
1	销售日期	销售员	销售额			
2	2013/5/10	融兰晶	1487			
3	2013/5/14	胥娟悦	1114			
4	2013/5/17	权亨	2537			
5	2013/5/23	庞士策	1146		月份	月销售额汇总
6	2013/6/1	姬枫芬	2656		5	6284
7	2013/6/8	廖祥河	2553			
8	2013/6/17	富维厚	2241			
9	2013/6/27	宰善	1668			
10	2013/7/1	郜瑶真	876			
11	2013/7/5	郗发利	2478			
12	2013/7/9	满淑毓	1047			
13	2013/7/13	居亮贵	2012			
14						

图 12-3　计算 5 月份的销售额

【实现方法】：

选中 F6 单元格，在编辑栏中输入公式“=SUM((MONTH(A2:A13)=E6)*C2:C13)”，按 Ctrl+Shift+Enter 组合键确认输入，即可计算出 5 月份的销售额为 6284。

本例中使用 MONTH 函数求出 A 列日期的月份，然后与 E6 单元格的月份进行比较判断，再乘以 C 列对应数据，最后使用 SUM 函数对数组求和即可得出 5 月份的销售额。

12.3　统计不重复分数的个数

在处理各种业务时。经常需要统计某个数据区域内的不重复数据个数。如图 12-4 所示为某驾校学员理论考试成绩统计表，现要统计出其中不重复分数的个数，即重复出现的分数按 1 个计算，该如何操作呢？

	A	B	C	D	E
E2		fx {=SUM(1/COUNTIF(C2:C13,C2:C13))}			

	A	B	C	D	E
1	学员编号	学员姓名	分数		不重复分数的个数
2	KJ001	易淑欣	86		9
3	KJ002	邱香淑	95		
4	KJ003	长孙奇	89		
5	KJ004	胡浩辰	76		
6	KJ005	封琳兰	74		
7	KJ006	益莴莲	100		
8	KJ007	靳凡华	88		
9	KJ008	冷红华	95		
10	KJ009	干旭浩	75		
11	KJ010	刁婕	95		
12	KJ011	禹进天	93		
13	KJ012	令狐豪	100		
14					

图 12-4　统计不重复分数的个数

【实现方法】：

选中 E2 单元格，在编辑栏中输入公式"=SUM(1/COUNTIF(C2:C13,C2:C13))"，按 Ctrl+Shift+Enter 组合键确认输入，Excel 会自动在数组公式的首尾加上大括号{}，并计算出 C2:C13 单元格区域内不重复分数的个数为"9"。

本例先使用 COUNTIF 函数进行条件统计，返回 C2:C13 单元格区域内每个分数出现的次数的数组：

```
{1;3;1;1;1;2;1;3;1;3;1;2}
```

被 1 除后，生成数组：

```
{1;1/3;1;1;1;1/2;1;1/3;1;1/3;1;1/2}
```

即出现 N 次重复的，就变成 N 个 1/N，求和就是 1，达到重复值只算 1 次的目的。
然后使用 SUM 函数求和即可得到区域内不重复值的个数。

12.4　设置提成金额的上下限

在工作中，有时为了规范数据的取值范围，需要对数据设置一定的上限和下限，即当数值处于上下限区间时，取值为数值本身，超过限制时，则取极限值。如图 12-5 所示为某公司 2013 年 4 月份的员工销售业绩表，现在需要按照销售金额的 15%计算每个员工的提成金额，但奖金额度最高不超过 3 000 元，保底为 1 000 元，该如何让操作呢？

【实现方法】：

选中 D2:D13 单元格区域，输入下列两个公式之一（本例输入公式 2），按 Ctrl+Enter 组合键确认输入，即可计算出每个员工的提成金额。

```
公式 1：=MAX(1000,MIN(3000,C2*15%))
公式 2：=MIN(3000,MAX(1000,C2*15%))
```

本例使用 MAX、MIN 函数设置上限或下限。

D2 =MAX(1000,MIN(3000,C2*15%))

员工编号	员工姓名	销售金额(元)	提成金额（元）
1101	融兰晶	10500	1575
1102	胥娟悦	12838	1925.7
1103	权亨	6000	1000
1104	庞士策	20406	3000
1105	姬枫芬	11654	1748.1
1106	廖祥河	22524	3000
1107	富维厚	14821	2223.15
1108	宰善	25800	3000
1109	郜瑶真	27023	3000
1110	郗发利	12187	1828.05
1111	满淑毓	6729	1009.35
1112	居亮贵	8216	1232.4

图 12-5　设置提成金额的上下限

首先将销售金额乘以 15%与 3 000 进行比较，使用 MIN 函数提取最小值，当 15%的销售金额高于 3 000 时取 3 000，即给提成金额设置了上限。

然后将 MIN 函数返回的值与 500 比较，使用 MAX 函数提取最大值，当 MIN 低于 1 000 时取 1 000，即给提成金额设置了下限，达到限制提成金额处在 1 000～3 000 之间的目的。

使用 MAX、MIN 函数组合设置上限、下限的通用公式如下：

```
=MIN(上限,公式或数值)
=MAX(下限,公式或数值)
```

参数为错误值或为不能转换为数字的文本，将会导致错误。

12.5　去掉一个最大值和一个最小值后求平均值

在统计工作中，经常需要将一组数据的最大值和小值去掉，然后求剩余数据的平均值。如图 12-6 所示为某公司厨艺比赛评分表，共有 6 名评委给选手打分，现在需要根据“去掉一个最高分和一个最低分后计算平均分”的规则，来计算各位选手的最后得分，该如何让操作呢？

I2 =TRIMMEAN(C2:H11,2/COUNT(C2:H11))

选手编号	选手姓名	评委1	评委2	评委3	评委4	评委5	评委6	最后得分
1	喻茂绍	7	8	9	9	8	9	8.31
2	步固河	9	9	10	9	9	8	8.31
3	蒯羽青	9	8	8	9	8	78	8.22
4	巢冠祥	8	9	10	7	9	8	8.15
5	韩钧强	9	10	9	8	9	7	8.09
6	雍澜瑾	10	9	6	7	8	8	7.96
7	利友诚	7	9	6	7	8	6	7.95
8	吉星祥	10	6	9	9	10	7	8.25
9	空枝琦	7	6	9	8	9	10	8.10
10	古言文	8	9	9	8	8	6	8.25

图 12-6　计算平均得分

【实现方法】：

选中 I2:I11 单元格区域，输入公式 "=TRIMMEAN(C2:H11,2/COUNT(C2:H11))"，按 Ctrl+Enter 组合键确认输入，即可计算出各位选手的最后得分。

TRIMMEAN 函数用于返回数据集的内部平均值，即先从数据集的头部和尾部除去一定百分比的数据点，然后求平均值。

本例中需要去掉一个最大值和一个最小值，即去掉两个数后，再求平均值，因此，可以使用 2/COUNT(C2:H11)计算出两个数在数据集中所占的百分比，然后使用 TRIMMEAN 函数求出修剪平均值，即得出选手的最后得分。

如果需要去掉n个最大值和n个最小值，再求平均值，则可使用公式："=TRIMMEAN(数据区域,2*n/COUNT(数据区域))"。

12.6　统计不同分数段的学生人数分布情况

在教师的日常工作中，统计不同分数段的学生人数是非常常见的工作。如图 12-7 所示为某初中一年级期中考试成绩表，现在需要统计 0～59、60～69、70～79、80～89、90 分及以上五个分数段内的学生人数分布情况，该如何让操作呢？

	A	B	C	D	E	F	G	H
1	学号	姓名	语文	数学	英语	政治	历史	地理
2	1001	张希馨	70	32	70	52	80	40
3	1002	杭娜茗	55	74	60	100	73	70
4	1003	侯园希	43	90	76	49	56	24
5	1004	赵良	48	19	69	48	98	58
6	1005	祝姝素	100	99	89	21	60	100
7	1006	莘影姝	75	100	63	22	24	11
8	1007	安绍利	96	87	100	45	82	54
9	1008	戈红	52	44	99	97	86	48
10	1009	奚姬洁	95	26	100	95	63	56
11	1010	阚振	37	54	91	79	54	32
12	1011	何兴新	100	80	33	11	21	69
13	1012	富国晨	62	55	100	47	76	81
14	1013	尉迟昌	57	89	81	100	22	75
15	1014	亶琦融	39	53	43	83	91	46
16	1015	蒲颖婕	69	79	56	99	62	59

图 12-7　期中考试成绩表

【实现方法】：

（1）选中 B19:B23 单元格区域，输入公式 "=FREQUENCY(C2:H16, --RIGHT($A$19:$A$22,2))"，按 Ctrl+Shift+Enter 组合键确认输入，即可计算出语文各分数段的学生人数，如图 12-8 所示。

B19		×	✓	fx	{=FREQUENCY(C2:H16,--RIGHT($A$19:$A$22,2))}		

	A	B	C	D	E	F	G	H
18	分数段	语文	数学	英语	政治	历史	地理	
19	0~59	40						
20	60~69	9						
21	70~79	11						
22	80~89	10						
23	90及以上	20						
24								
25								

图 12-8　计算语文各分数的学生人数

（2）将光标移动到 B18:B23 单元格区域的右下角，当光标变成黑色十字形状时，按住鼠标左键向右拖动进行公式填充，即可计算出其他科目各分数段的学生人数，如图 12-9 所示。

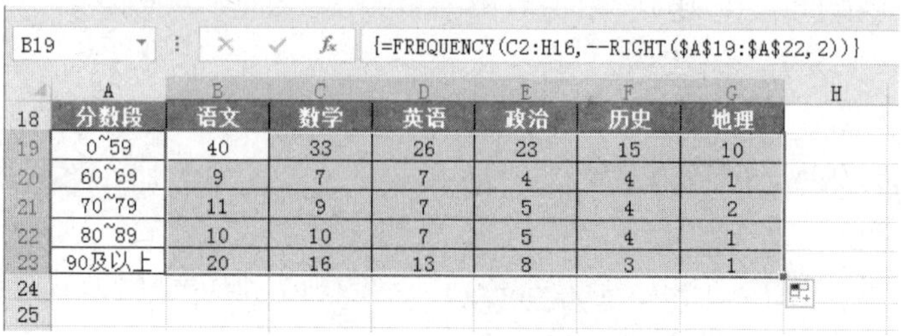

B19 {=FREQUENCY(C2:H16,--RIGHT($A$19:$A$22,2))}

分数段	语文	数学	英语	政治	历史	地理
0~59	40	33	26	23	15	10
60~69	9	7	7	4	4	1
70~79	11	9	7	5	4	2
80~89	10	10	7	5	4	1
90及以上	20	16	13	8	3	1

图 12-9　计算其他科目各分数的学生人数

FREQUENCY 函数用于计算数值在某个区域内的出现频率，然后返回一个垂直数组。本例中使用 RIGHT 函数截取 A19:A22 单元格字符串右侧的两个字符，然后使用减负运算转换为数值，返回以下 1 列 4 行的数组作为统计学生人数的分段点：

```
{59;69;79;89}
```

使用 FREQUENCY 函数统计出各分段区间的数据个数，返回如下的 1 列 5 行数组：

```
{40;9;11;10;20}
```

此数组比分段点多 1 个元素，用于返回大于最后一个分段点的数据个数，其他第 1～4 个元素分别小于等于相应等分点且大于前一分段点的数据个数，即得出 0～59、60～69、70～79、80～89、90 分及以上五个分数段内的学生人数分布情况。

12.7　合并连续单元格区域的字符串

在日常工作中，经常会遇到 Excel 表格数据整个之类的操作。但是当数据量很大时，手工操作不仅费力，而且容易出错。如图 12-10 所示为某小学老师为学生出的加减乘除练习题，题目中的数据被分离在四列单元格中，现在要求把这些离散的内容重新合并起来，组成完整的题目，该如何让操作呢？

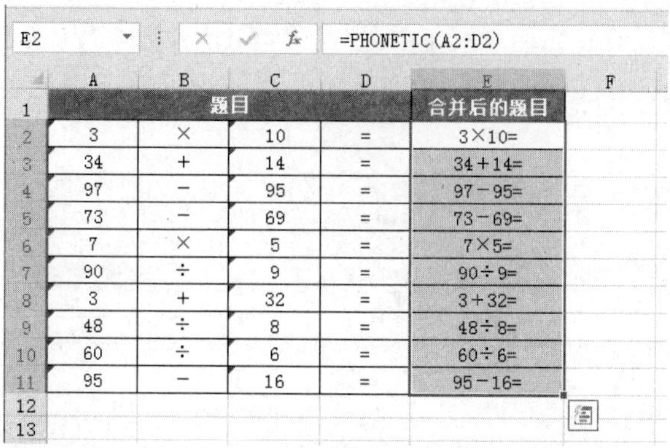

E2 =PHONETIC(A2:D2)

题目				合并后的题目
3	×	10	=	3×10=
34	+	14	=	34+14=
97	−	95	=	97−95=
73	−	69	=	73−69=
7	×	5	=	7×5=
90	÷	9	=	90÷9=
3	+	32	=	3+32=
48	÷	8	=	48÷8=
60	÷	6	=	60÷6=
95	−	16	=	95−16=

图 12-10　合并连续单元格区域的字符串

【实现方法】：

选中 E2:E11 单元格区域，在编辑栏中输入公式"=PHONETIC(A2:D2)"，按 Ctrl+Enter 组合键确认输入。

本例是利用 PHONETIC 函数将单元格区域内文本类型的单元格内容相连接的特性，将 A:D 列单元格内的文本型字符串依次连接起来，形成一个完整的题目。

12.8　提取包含特定字符的所有记录

在一个大的数据表中，有时需要提取其中某些特定的数据条目。如图 12-11 所示为某驾校的学员信息表，现在需要将 E-mail 地址后缀为"@126.com"的学员信息提取到新表中，该如何让操作呢？

▲	A	B	C	D	E
1	学员编号	学员姓名	性别	联系电话	E-mail
2	101	王海	男	88778901	yishuxin@126.com
3	102	张悦	女	88778902	zhangyue@163.com
4	103	王鸣	男	88778903	wangming@souhu.com
5	104	赵青莲	女	88778904	zhaoqinglian@126.com
6	105	高楠松	男	88778905	gaonansong@126.com
7	106	李欢瑗	女	88778906	lihuanyuan@souhu.com
8	107	葛海良	男	88778907	gehailiang@163.com
9	108	万美可	女	88778908	wanmeike@163.com
10	109	罗宏振	男	88778909	luohongzhen@126.com
11	110	张思思	女	88778910	zhangsisi@126.com
12	111	何娟璐	女	88778911	hejianlu@souhu.com
13	112	何亮亨	男	88778912	heliangheng@163.com
14					

图 12-11　学员信息表

【实现方法】：

（1）选中 A17 单元格，在编辑栏中输入公式"=INDEX(A:A,SMALL(IF(ISNUMBER(SEARCH("@126.com", \$E\$2:\$E\$13)),ROW(\$2:\$13),4^8),ROW(1:1)))&""""，按 Ctrl + Shift + Enter 组合键确认输入，即可在 A17 单元格中返回字符串的位置编号为 101。

（2）将 A17 单元格公式先向右填充至 E17 单元格，然后再向下填充至 E24 单元格，即可提将 E-mail 地址后缀为"@126.com"的学员信息提取到新表中，如图 12-12 所示。

本例使用筛选满足条件记录的通用公式如下：

```
INDEX（引用列,SMALL(IF(条件,ROW(引用区域行号),较大的空行行号),ROW(1: 1)))&""
```

其中，条件模块使用 SEARCH 函数在 E 列中查找"@126.com"字符串，如果单元格中包含该字符串，则返回字符串的位置编号，否则返回错误值#VALUE!，然后使用 IF 函数和 ISNUMBER 函数返回对应行号数组为：

```
{2;65536;65536;5;6;65536;65536;65536;10;11;65536;65536}
```

使用 SMALL+ROW 函数组合排序模块，从条件模块返回的数组中由小到大依次提取行号，本例中依次提取的行号是 2、5、6、10、11。再使用 INDEX 函数引用源表中对应的行的数据，最后使用&""容错模块处理空单元格。

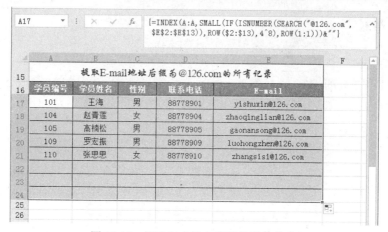

图 12-12　提取包含特定字符的学员信息

12.9　转换单双字节字符

在收集整理数据时，有时需要将全角（双字节）字符转换为半角（单字节）字符。如图 12-13 所示为某网站注册用户的信息数据表，现在需要将包含全角字符的"用户名"转换为半角字符，该如何操作呢？

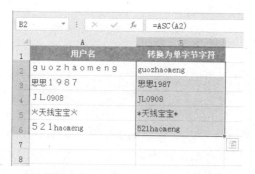

图 12-13　将全角字符转换为半角字符

【实现方法】：

选中 B2:B6 单元格区域，在编辑栏中输入公式"=ASC(A2)"，按 Ctrl+Enter 组合键确认输入。即可将双字节字符用户名转化为单字节字符。

12.10　加密手机号码

Excel 中有很多数据是需要保密的，比如电话，所以我们需要用星号来替换掉电话号码中的部分数字，达到保密的作用。如图 12-14 所示为某企业的客户通讯录，现在需要将客户手机号码的中间 4 位替换为"****"，实现隐藏加密效果，该如何操作呢？

【实现方法】：

选中 D2:D14 单元格区域，在编辑栏中输入公式"=REPLACE(C2,4,4,"****")"，按 Ctrl+Enter 组合键确认输入，即可获得加密后的手机号码。

D2　=REPLACE(C2,4,4,"****")

序号	客户姓名	手机号码	加密中间4位号码
1	任燕可	15852173669	158****3669
2	贺强	13852074631	138****4631
3	郭彬树	13921975593	139****5593
4	梦滢	13198876555	131****6555
5	冀姣琬	13378777517	133****7517
6	越琼莺	18258678479	182****8479
7	谢广安	13738579441	137****9441
8	齐苑素	13918480403	139****0403
9	丁园	18298381365	182****1365
10	任卿	13378282327	133****2327
11	贾贞	13158183289	131****3289
12	部会进	15838084251	158****4251
13	谭环洁	15917985213	159****5213

图 12-14　加密手机号码

本例中从手机号码的第 4 位开始替换，总共替换 4 位数字，用相同位数的星号“*”代替手机号码的中间 4 位数字，即可实现手机号码隐藏加密的效果。

12.11　计算员工的退休日期

做人事的经常使用 Excel 计算退休时间。通常男性的退休年龄是 60 周岁，女性的退休年龄是 55 周岁。如图 12-15 所示为某事业单位员工基本信息表，现在需要根据员工的出生日期计算出员工的退休日期，该如何操作呢？

E2　=DATE(YEAR(D2)+(C2="男")*5+55,MONTH(D2),DAY(D2))

工号	员工姓名	性别	出生日期	退休日期
1001	郦瑶纨	女	1968/5/5	2023/5/5
1002	尹素茗	男	1955/2/15	2015/2/15
1003	尹素茗	男	1955/2/15	2015/2/15
1004	莫友东	男	1959/10/23	2019/10/23
1005	闵菲璐	女	1970/4/12	2025/4/12
1006	甘毓	女	1981/9/30	2036/9/30
1007	甘伦政	男	1973/3/20	2033/3/20
1008	常达梁	男	1957/9/8	2017/9/8
1009	李岩维	男	1978/2/26	2038/2/26
1010	封纨芳	女	1982/8/16	2037/8/16
1011	赵世若	男	1954/2/3	2014/2/3
1012	裴枝荔	女	1966/7/24	2021/7/24
1013	张丹薇	女	1968/5/5	2023/5/5
1014	解之飞	男	1959/10/23	2019/10/23

图 12-15　计算员工的退休日期

【实现方法】:

选中 E2:E15 单元格区域，在编辑栏中输入公式“=DATE(YEAR(D2)+(C2="男")*5+55,MONTH(D2),DAY(D2))”，按 Ctrl+Enter 组合键确认输入，即可计算出员工的退休日期。

本例使用 YEAR 函数提取员工出生日期的年份，再加上退休年龄，得出退休的年份。然后使用 MONTH、DAY 函数分别取得出生日期的月、日，最后使用 DATE 函数求出退休日期。

12.12　设置生日提醒

许多公司都有向员工赠送生日礼物的传统，对于人事部门而言，需要经常利用 Excel 根据员工的出生日期制作生日提醒。如图 12-16 所示为某公司员工基本信息表，现在需要设置生日提醒，即提示 10 天内有哪些员工快过生日了，几天后过生日，该如何操作呢？

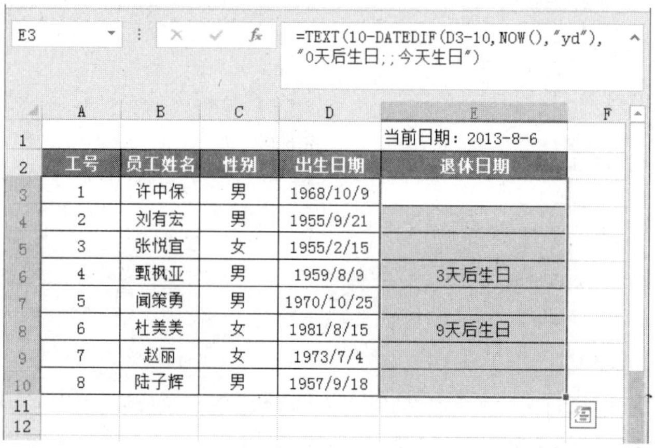

工号	员工姓名	性别	出生日期	退休日期
1	许中保	男	1968/10/9	
2	刘有宏	男	1955/9/21	
3	张悦宜	女	1955/2/15	
4	甄枫亚	男	1959/8/9	3天后生日
5	闻策勇	男	1970/10/25	
6	杜美美	女	1981/8/15	9天后生日
7	赵丽	女	1973/7/4	
8	陆子辉	男	1957/9/18	

图 12-16　设置员工生日提醒

【实现方法】：

选中 E3:E10 单元格区域，在编辑栏中输入下列三个公式之一（本例输入公式 2），按 Ctrl+Enter 组合键确认输入。

```
公式 1：=TEXT(10-DATEDIF(D3-10,TODAY(),"yd"),"0 天后生日;;今天生日")
公式 2：=TEXT(10-DATEDIF(D3-10,NOW(),"yd"),"0 天后生日;;今天生日")
公式 3：=TEXT(10-DATEDIF(D3-10,NOW()+10,"yd"),"0 天后生日;;今天生日")
```

本例首先使用 DATEDIF 函数忽略日期年份求天数间隔的特性，公式 1 求出当前日期与出生日期相差的天数，公式 3 求出当前日期 10 天后的日期与出生日期相差的天数，然后用 10 减去这个数，即可得出还有几天过生日，最后使用 TEXT 函数设置生日提醒的显示内容。

其中，TODAY 函数、NOW 函数分别用于返回系统的当前日期、当前时间（含日期）的序列号，由于 NOW 函数的小树并不影响计算结果，因此，可以用它代替 TODAY 函数，例如公式 2、3 这两个函数均不需要参数，且易失性函数。

DATEDIF 函数语法如下：

```
DATEDIF(start_date,end_date,unit)
```

【参考说明】：

start_date：为一个日期，它代表时间段内的第一个日期或起始日期。

end_date：为一个日期，它代表时间段内的最后一个日期或结束日期。

unit：为所需信息的返回类型。

12.13　制作加减乘除随机练习题

做小学低年级的老师，经常需要给学生们出加减乘除速算练习题，每次都要绞尽脑汁，一百题中不小心就会出现多处重复。那么，如何让使用 Excel 函数公式来制作 100 以内的整数加减乘除随机练习题呢？

【实现方法】：

（1）选中 A2:A13 单元格区域，在编辑栏中输入公式"=TEXT(ROW(A1),"(0)")"，按 Ctrl+Enter 组合键确认输入。

（2）选中 C2:C13 单元格区域，在编辑栏中输入公式"=MID(" ＋ － × ÷ "，RANDBETWEEN(1,4),1)"，按 Ctrl+Enter 组合键确认输入。

（3）选中 D2:D13 单元格区域，在编辑栏中输入公式"=IF(OR(C2={"×";"÷"}), INT(SQRT(RAND()*99)) +1, RANDBETWEEN(0,99))"，按 Ctrl+Enter 组合键确认输入。

（4）选中 B2:B13 单元格区域，在编辑栏中输入公式"=CHOOSE(FIND(C2,"＋ － × ÷"), RANDBETWEEN(0,99-D2), RANDBETWEEN(D2,99), RANDBETWEEN(0, INT(99/D2)), RANDBETWEEN(0,INT(99/D2))*D2)"，按 Ctrl+Enter 组合键确认输入。

（5）选中 E2:E13 单元格区域，在编辑栏中输入"="，按 Ctrl+Enter 组合键确认输入。即可完成加减乘除随机练习题的制作，效果如图 12-17 所示。

	A	B	C	D	E
1	题号		题目		
2	(1)	12	×	5	=
3	(2)	64	÷	4	=
4	(3)	14	÷	7	=
5	(4)	74	−	61	=
6	(5)	24	÷	8	=
7	(6)	28	÷	7	=
8	(7)	90	−	87	=
9	(8)	7	×	7	=
10	(9)	87	÷	1	=
11	(10)	1	+	98	=
12	(11)	11	+	86	=
13	(12)	77	−	36	=
14					

图 12-17　加减乘除随机练习题

【步骤解析】：

（1）步骤 1 公式用于生成题目的编号，使用 TEXT 函数将编号设置为带括号的数字。

（2）步骤 2 公式用于生成随机的加、减、乘、除符号。

（3）步骤 3 公式首先判断 C 列是否为乘或除符号，如果是，则生成 1～10 的随机整数，反之，生成 0～99 的随机整数。

（4）步骤 4 公式首先使用 FIND 函数查询加、减、乘、除符号的位置，然后通过 CHOOSE 函数选择对应的随机数范围。

其中，RAND 函数没有参数，用于返回大于或等于 0 且小于 1 的平均分布的随机数字，每次重新计算工作表时都将返回一个新的随机实数。RANDBETWEEN 函数用于返回指定的两个数字之间的范围中的随机整数，每次重新计算工作表时都将返回新的数值。CHOOSE 函数可以根据给定的索引值，从多达 29 个待选参数中选出相应的值或操作。

12.14 随机生成一组不重复的整数

不重复随机整数在很多领域都有着广泛应用，比如，安排随机座位号、抽奖、随机播放等，如图 12-18 所示为参加某次数学竞赛考试的学生名单，现在需要给学生安排考试座位号，该如何操作呢？

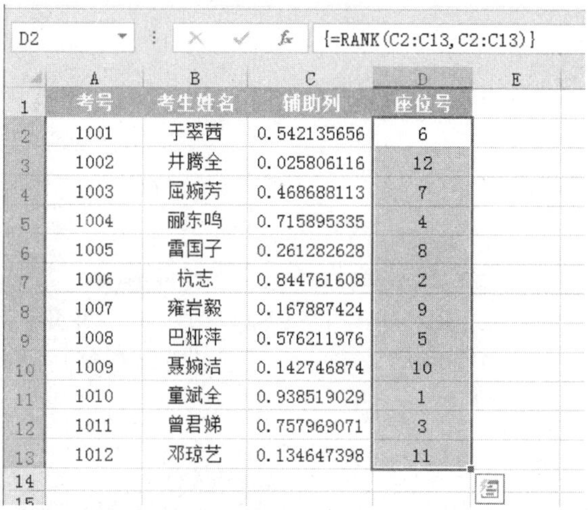

考号	考生姓名	辅助列	座位号
1001	于翠茜	0.542135656	6
1002	井腾全	0.025806116	12
1003	屈婉芳	0.468688113	7
1004	郦东鸣	0.715895335	4
1005	雷国子	0.261282628	8
1006	杭志	0.844761608	2
1007	雍岩毅	0.167887424	9
1008	巴娅萍	0.576211976	5
1009	聂婉洁	0.142746874	10
1010	童斌全	0.938519029	1
1011	曾君娣	0.757969071	3
1012	邓琼艺	0.134647398	11

图 12-18　设置员工生日提醒

【实现方法】：

（1）选中 C2:C13 单元格区域，在编辑栏中输入公式“=RAND()”，按 Ctrl+Enter 组合键确认输入。

（2）选中 D2:D13 单元格区域，在编辑栏中输入公式“=RANK(C2:C13,C2:C13)”，按 Ctrl+Shift+Enter 组合键确认输入。

本例首先使用 RAND 函数在 C 列产生随机数，然后使用 RANK 函数将 C 列随机数进行排名，从而得出随机座位号。

12.15 防止重复输入姓名

如图 12-19 所示，如何防止在学生信息表中输入重复姓名？

【实现方法】：

（1）选中 B2:B13 单元格区域，单击“数据”选项卡下“数据工具”选项组中的“数据验证”按钮，打开“数据验证”对话框，在“允许”下拉菜单中选择“自定义”，在“公式”编辑框中输入公式“=COUNTIF(B:B,B2)=1”，如图 12-20 所示。

（2）切换至“出错警告”选项卡，在“标题”和“错误信息”编辑框中输入相应信息后，单击“确定”按钮，如图 12-21 所示。

	A	B	C	D	E
1	学号	姓名	性别	班级	出生日期
2	20801	刘希蓓	女	二（1）班	2005/2/1
3	20802	霍仪勤	男	二（1）班	2005/2/14
4	20803	符平承	男	二（1）班	2005/2/27
5	20804	张荔枝	女	二（1）班	2005/3/12
6	20805	冯琼韵	男	二（2）班	2005/4/7
7	20806	吴大鹏	男	二（2）班	2005/4/20
8	20807	张瑞娣	女	二（2）班	2005/5/3
9	20808	邓卿	女	二（2）班	2005/5/16
10	20809			二（3）班	2005/6/11
11	20810			二（3）班	2005/6/24
12	20811			二（3）班	2005/7/7
13	20812			二（3）班	2005/7/20
14					

图 12-19 学生信息表

图 12-20 "设置"选项卡

图 12-21 "出错警告"选项卡

（3）在 B10 单元格中输入重复姓名"张瑞娣"后，按 Enter 键确认输入，弹出如图 12-22 所示的出错警告对话框，并中断输入。

图 12-22 出错警告对话框